新编川菜大全

董惠敏 编著

U0256360

农村读物出版社

目　录

盐、牛肉粉或鸡精，用筷子朝一个方向将碗里的全部材料搅拌均匀。

2. 里脊肉在清水里浸泡20分钟，去掉血水。用刀将其切成2～3厘米厚的大片。

3. 将肉片放在步骤1调好的浆里，用手朝一个方向搅拌，使肉片上劲儿。

4. 煮一锅水，沸腾后转微火，下入里脊肉片，待肉片变色后捞出来，用清水冲掉上面的血沫子，备用。

5. 将豆花/嫩脂豆腐切成半厘米厚的大片，码放在另一个碗里。

6. 锅里放入底油，加入辣豆瓣酱炒出红油，放进葱片、姜片、蒜片、白糖炒香，烹入料酒和酱油。

7. 倒入足量的高汤或清水（水量以没过肉片为最佳），下入汆好的里脊肉片，煮3～4分钟至汤汁变浓稠，关火，将肉片和辣汤一起倒在盛豆腐的碗里。

8. 在肉片表面撒上花椒粉和辣椒粉。

9. 另起锅倒入15克食用油，油烧至八九成热时关火，浇在肉片上，最后撒上葱花即可食用。

小提示：这道菜制作的关键点是里脊片的处理：150克的里脊要预先用一个蛋清、10克淀粉、8克酱油、3克料酒、少许盐和牛肉粉腌制，用手抓匀、上劲儿，再用水汆。这样做好的里脊片口感绵软滑嫩，在水煮辣汤里煮过后味道更是有层次感。

此外，也可以像吃水煮鱼一样，在辣汤里加入黄豆芽、绿叶菜等食材。在最后一个步骤用滚烫的油浇肉片时，油温一定要够热，大约要8～9成热，也就是看到油面冒出很多烟的状态。这样做不仅肉片表面的花椒粉和辣椒粉受热会散发诱人的香气，而且用热油呲过后的里脊肉片吃起来更加滑嫩绵软。

水 煮 肉 片

原料：

猪里脊肉 150 克，白菜 50 克，鸡蛋 1 个，胡椒 3 克，豆瓣酱、姜、大葱、淀粉、酱油、盐各 10 克，辣椒（红、尖、干）、花椒、味精各 5 克，料酒 8 克，植物油 50 克。

制作：

1. 将猪里脊肉切成片，将鸡蛋清和淀粉、盐、味精、料酒调匀成糊，涂抹在肉片上。

2. 白菜叶、姜洗净切片；葱白切段。

3. 将辣椒、花椒切成细末备用。

4. 将 35 克植物油放入锅中烧热，倒入花椒、干辣椒慢火炸，待辣椒呈金黄色时捞出。

5. 用锅中油爆炒豆瓣辣酱，然后将白菜叶、葱白、姜、肉汤、酱油、胡椒粉、料酒、味精等调料放入，略搅几下，使之调匀。

6. 随即放入肉片再炖几分钟，肉片熟后，将肉片盛起，将剁碎的干辣椒、花椒末撒上。

7. 用剩余的植物油烧开，淋在肉片上，用热油把干辣椒、花椒粉、肉片再炸一下，使麻、辣、浓香味四溢。

合 川 肉 片

原料：

猪腿肉 400 克，水发玉兰片 100 克，水发木耳 30 克，鲜菜心 50 克，泡辣椒、姜、蒜、葱各 10 克，盐 3 克、酱油、醋各 10 克，糖 15 克，味精 1 克，料酒 10 克，鲜汤 40 克，豆粉、鸡蛋各 25 克，素油 150 克。

制作：

1. 猪肉切成长约 4 厘米、宽 4 厘米、厚 0.3 厘米的片，用盐、料酒、鸡蛋、豆粉拌匀；水发玉兰片切成薄片；泡辣椒去籽切成菱形；姜、蒜切片；葱切成马耳朵形，用酱油、糖、醋、味精、水豆粉、鲜汤兑成芡汁。

2. 炒锅置于旺火上，放油烧热（约120℃），将肉片理平入锅，煎至呈金黄色时翻面，待两面都呈金黄色后，将肉片拨至一边，下入泡辣椒、姜、蒜、木耳、兰片、菜心、葱迅速炒几下，然后与肉片炒匀，烹入芡汁，迅速翻簸起锅，装盘即成。

小提示："合川肉片"系重庆合川地方菜肴，至今已有一百多年历史，是川渝菜系中的风味菜肴。

宫保猪肉丁

原料：

瘦猪肉200克，鸡蛋清30克，花生油50克，大葱、辣椒（红、尖、干）、白皮大蒜、姜、料酒、白砂糖、醋各3克，酱油、豌豆淀粉各5克，香油2克。

制作：

1. 先将猪肉切成厚片，用刀背将肉拍松，在肉上打上纵横花刀，切成1.5厘米见方的丁，放入蛋清和淀粉少许，拌匀。

2. 将拌好的猪肉放入温油（四五成热）里炸，用筷子将猪肉拨动，使其分开，约炸2分钟将猪肉捞出备用。

3. 将辣椒切成末，和姜片、葱、蒜一同放入油锅里，先炒一炒，随即放入料酒、酱油、糖及少量醋，炒至糖溶化后倒入猪肉，同炒半分钟，出锅时浇一些香油即成。

辣子肉丁

原料：

猪里脊肉350克，青椒1个，干辣椒、干花椒、蒜、生抽、盐、料酒、淀粉、香油等各适量。

制作：

1. 猪里脊肉切成小丁，加入适量的料酒与淀粉抓均匀上浆。

2. 干辣椒切段；蒜切片；青椒切小块备用。

3. 锅里放油加热后，把肉丁下入锅中，滑油变色后，推在一边，把干辣椒，花椒与蒜片入锅爆香，与肉丁混合炒均匀。

4. 起锅前，倒入青椒快速翻炒几下，加入生抽与香油调味出锅即可。

麻 辣 肉 丁

原料：

瘦猪肉 200 克，炸花生米、植物油各 75 克，花椒 10 粒，干辣椒 8 克，辣椒面、盐各 2 克，料酒 25 克，味精 3 克，湿淀粉 20 克，酱油、葱各 20 克，姜、蒜、糖各 12 克，醋少许。

制作：

1. 将猪肉切成中指大小的四方丁，用盐、料酒、酱油拌匀，用湿淀粉浆好，拌些油备用。

2. 用料酒、湿淀粉、葱、姜、蒜、糖和酱油、味精兑成汁备用。

3. 将炒匙烧热放入油，油开后下花椒，炸黄后挑除掉花椒，再下辣椒炸成黑紫色后下入肉丁，翻炒几下，再加上辣椒面。将兑好的汁倒入匙内，汁开时翻动数次，滴醋少许，加入炸花生米即成。

麻 辣 猪 肉

原料：

猪前腿肉 300 克，麻椒、姜、蒜、小米椒、蒜苗（也可不用）、油、生抽、胡椒粉、生粉、料酒、鸡精、老抽等各适量。

制作：

1. 前腿肉先切成片，再切成丝；肉丝用油、生抽、胡椒粉、生粉、料酒、鸡精腌制备用。

2. 麻椒、姜、蒜、小米椒，蒜苗分别切好备用。

3. 锅中倒入油，中小火将麻椒放入爆香；然后将麻椒捞出倒掉不用。

4. 转大火，将姜、蒜、小米椒，蒜苗白色部分倒入麻椒油中翻炒。

5. 再将腌入味的肉丝倒入，用筷子迅速搅散，倒入蒜苗绿色部分。

6. 肉丝变色后，调入适量老抽掂锅上色，即可出锅。

麻 辣 肉 粒

原料：

梅头肉 1000 克，生姜 1 块、干辣椒 1 把，辣椒面、花椒粒、花椒面、小茴香、八角、生抽、老抽、砂糖、料酒、香叶等调料各适量，主要是辣椒粉和花椒粉要足够多，其他香料可据自己喜好添加。

制作：

1. 梅头肉切块，放入少许菜油到热锅中，把干辣椒、花椒粒、姜块等先炒香。

2. 放入肉块反复煸炒，直到水分收干。

3. 相继放入其他配料，最后加入香叶，料酒要足够多。

4. 继续慢慢煸炒，肉块变成肉粒，表面微焦黄，起锅前撒入红辣椒面和花椒面即可。

香 辣 肉 丝

原料：

猪肉净肉丝 200 克，干红辣椒丝、香菜、葱、姜、蒜、生抽、盐、蚝油等各适量。

制作：

1. 先将干红辣椒丝放入油锅中炸熟炸香，一定要油开之后先凉一下，再把干红辣椒丝放入，否则油温过热会使干红辣椒丝糊掉，炸好后盛出备用；葱、姜切丝，蒜切片，香菜切段备用。

2. 另起一锅，放入少许油，加入葱、姜、蒜、爆锅、炒香。

3. 放入生抽后接着放入肉丝翻炒，至八分熟时，放入香菜段，加少许盐、蚝油出锅。

4. 盛到盘中后，将炸好的干红辣椒丝码到菜的上面即可食用。

原料：

猪肉 300 克左右，冬笋（或者玉兰片）、木耳、泡椒若干，食用油、酱油、厨宝高汤、香醋、盐、白糖、鸡精等适量。

制作：

1. 将猪肉切成约 7 厘米长、0.3 厘米细的丝；冬笋（或者玉兰片）、木耳也均切成丝；泡椒切末。

2. 把白糖、香醋、酱油、葱花、湿淀粉和厨宝高汤、精盐、姜末、蒜末、厨宝高汤、鱼骨粉、水放进同一碗内，调成鱼香汁。

3. 锅内放油，烧至油五成热时倒入肉丝，炒散后下入泡椒末，待炒出色时，再将木耳、冬笋丝（或者玉兰片）和鱼香汁倒入，急炒几下即可。

蒜香麻辣肉

原料：

猪肉 300 克，蒜泥（大点的蒜瓣 6 粒），味极鲜酱油、香油、盐、糖、辣椒面、花椒、姜丝等各适量。

制作：

1. 腌肉。将猪肉切成厚两厘米的肉块放入碗中，把蒜泥、酱油、少许的盐、糖和香油放入肉块中，搅拌均匀，让肉块儿充分入味。

2. 炸肉。将腌制好的肉块儿放入少许的淀粉搅拌均匀，锅内放入油，中火把油烧热后，转小火开始炸肉（火太大会使肉炸不透），把肉炸透后捞出沥干油。

3. 将锅内的油倒出时，留少许底油，再放入姜丝、花椒、辣椒面爆出香味后，把刚才炸好的肉放入锅内用小火不停地翻炒，炒出香味后，再用大火炒一下，撒上些芝麻就可以出锅食用。

> **小提示：** 蒜香麻辣肉制作其实很简单，但是需要时间。主要是把肉腌制入味，可以让蒜的香味更好的渗透到肉里。最好是头天晚上把肉腌制好，第二天操作。

回 锅 肉

原料：

五花肉 400 克，青蒜 250 克，郫县豆瓣酱 1 大匙，料酒、糖、酱油、葱、姜、蒜、干红辣椒、花椒各适量。

制作：

1. 带皮五花肉冷水下锅，加入葱段、姜片、花椒和适量的黄酒，煮开。

2. 撇净浮沫，煮至八成熟将肉取出，自然冷却。

3. 将肉切成薄片；姜、蒜切片；葱切成斜段。

4. 将青蒜的白色部分先用刀拍一下，然后全部斜切成段备用。

5. 炒锅上火，放入较少的油煸香辣椒、花椒及葱、姜、蒜。

6. 下入肉片煸炒，至肉片颜色变透明，边缘略微卷起。

7. 将肉拨到锅一边，下入郫县豆瓣酱（可以先剁细）炒出红油。

8. 适当的加入少许酱油或甜面酱调色，与肉片一起翻炒均匀。

9. 下入青蒜，点入少许料酒，加一点糖调好味道即可出锅。

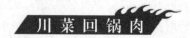

原料：

肉 350 克，泡姜、泡海椒、豆瓣、甜酱、味精、盐、蒜苗各适量。

制作：

1. 把锅烧热，越热越好，加点色拉油进去，将肉切成肉片爆炒。

2. 锅内留底油，改小火煸炒泡姜、泡海椒和豆瓣。

3. 佐料炒好后，肉再回到锅里。这时再加入甜酱上色，也是提味的一个关键。

4. 加味精少许。这时肉基本已经炒好了，如果觉得差点味道还可以再加点盐。

5. 放入蒜苗，再加火小炒一下即可出锅。

原料：

五花肉 1 块（约 600 克），豆瓣酱 1 匙，青辣椒 6 个，红椒 1 个，豆豉、老抽各适量，白糖少许。

制作：

1. 五花肉切薄片备用。

2. 锅内放入少许油，沾满锅底即可。当油五成热时，放入 1 匙豆瓣酱和少量豆豉，炒出香味后倒入五花肉片翻炒。

3. 翻炒片刻至五花肉出了一部分油后（大约 1 分钟），加入 1 匙老抽继续翻炒。

4. 待锅中油比较多了之后，放入青椒和红椒，翻炒至它们变软后，撒一点儿糖提味即可出锅。

小提示：豆瓣和豆豉的选择很重要，郫县豆瓣最好。开始时少量油即可，因为五花肉里会爆出很多油。可以将青红椒替换成蒜苗也会很好吃。豆瓣和老抽里就有盐，所以不用再放盐。

沙茶辣回锅肉

原料：

带皮五花肉 400 克，蒜苗 160 克，豆干 80 克，蒜末 10 克，牛头牌麻辣沙茶酱 2 大匙，豆瓣酱 1 大匙，细糖、香油各 1/2 茶匙。

制作：

1. 将带皮五花肉整块放入沸水中煮约 30 分钟至熟，取出浸泡冷水至凉透，切薄片备用。

2. 蒜苗及豆干切斜片备用。

3. 热锅，倒入 1 大匙油，放入步骤 1 的五花肉片，以中火炒至肉边微焦后取出肉片备用。

4. 用步骤 3 的原锅，以小火爆香蒜末，加入牛头牌麻辣沙茶酱及豆瓣酱炒香后，加入步骤 2 的豆干片煸炒，再加入细糖及步骤 3 的五花肉片、蒜苗，以大火快炒约 1 分钟后洒上香油即可。

烟笋东坡肉

原料：

五花肉 1 块（约 400 克），水发烟笋 100 克，老姜、花椒、鸡汤、复制酱油、盐、高度四川白酒、泡椒、花椒、纯豌豆淀粉等各适量。

制作：

1. 五花肉加老姜和花椒下锅煮熟（30 分钟左右），捞出后抹去表面水分并趁热刷上糖色。

2. 锅内放入油，当油温七成热时，下入五花肉制皮，然后将五花肉用温水泡 1 个小时以后洗净。

3. 去除边角余料以后，将肉切成正方形，从瘦肉部分下刀将肉切块（不要伤皮和切断）。

4. 将自制的鸡汤复制酱油放入肉上拌味后，放入碗中，皮面向下。切好的水发烟笋用复制酱油拌味以后，加在肉的表面，再加入调味以后的调料（鸡汤复制酱油、盐、高度四川白酒），再在表面加上泡椒、花椒和姜片就可以上笼了（蒸制过程中切忌上水，大火蒸 2 小时以上）。

5. 蒸好的烟笋东坡肉出锅，找一个盘子准备翻碗，将碗中的鲜汤沥出准备勾汁（一定要将鲜汤尽量沥干净）。

6. 鲜汤用纯豌豆淀粉勾玻璃芡（淀粉的好坏直接决定芡汁的漂亮程度）勾芡太清或太浓都会影响成菜效果。

7. 揭开蒸碗，勾芡挂汁即可。

粉 蒸 肉

原料：

带皮五花肉（500 克左右），玫瑰红腐乳 1 块，糖、盐各少许，麻辣蒸肉粉 1 袋。

制作：

1. 把带皮五花肉切成小块，然后在沸水里面煮一会儿，去除血水和脏东西。

2. 在一个干净的容器里面，放上 1 块玫瑰红腐乳，捣碎，加入 3 小匙糖。

3. 然后加入少许料酒和清水混合，再加入大概 150 克左右的麻辣蒸肉粉，再加入 3 小匙盐搅拌均匀，做成蒸肉粉汁。

4. 把搅拌好的蒸肉粉汁均匀地倒在五花肉上，用手抓一下，大概腌 1 个小时。

5. 把腌好的肉放到电饭煲里面，蒸 1.5 个小时左右就可以出锅。

夹 沙 肉

原料：

五花肉1块，糯米（需提前24小时泡上）、豆沙（自制）、白糖、猪油、蜂蜜、酱油（老抽）各适量。

制作：

1. 锅中放入水，将五花猪肉放进煮至断生后捞出。

2. 擦干猪皮表面水分，涂抹酱油上色，再涂上一层蜂蜜。

3. 另起锅，加油（不要太多），油温六七成热时，肉皮朝下，放入锅中。

4. 炸至肉皮表面焦黄后，捞出放入刚才的煮肉水中，继续煮上7~8分钟，这样做一是可以去油腻，二是最后蒸出来的肉皮会起皱。

5. 锅子洗净、擦干，放1大匙猪油进去，小火炒化。

6. 将糯米控干水分后倒入，加入适量白糖，也可以最后吃时在表面撒白糖。

7. 中火翻炒均匀，将炒好的糯米铲出来。

8. 这个时候肉块也放凉了（或放入冰箱冷冻室急冻一下，更好切），切成"连夹片"，即第一刀不切断，第二刀再切断。

9. 将准备好的豆沙纳入连夹肉片中，合起来压平整。

10. 将肉片肉皮朝下依次摆放在碗底。

11. 上面放上炒好的糯米，压实。

12. 放入蒸锅中，水要加足，先大火再中小火，至少蒸2个小时。

13. 取出扣于盘中，撒上白糖即可食用。

四川小酥肉

原料：

五花肉1块（猪五花肉最精华的部分），蒜苗（青蒜，也可以用小葱或洋葱）若干，鸡蛋1个，四川小黄姜、豌豆豆粉（淀粉）、盐、白糖、鸡蛋、花椒面、料酒各适量。

制作：

1. 五花肉去皮、切片（厚度约等于筷子厚度）。

2. 小黄姜剁细，加入切好的肉片中，再加入豌豆豆粉（淀粉）、盐、一点白糖、鸡蛋（全蛋）。

3. 加入料酒，用筷子拌匀后码味20分钟。

4. 锅内油温至六成时，用筷子一片一片将肉片下入油锅，下锅前需要再次拌匀。

5. 锅内油温一直保持在六成热左右。

6. 待到肉片被炸得金黄色时即可出锅，将蒜苗（青蒜）洗净后，剁细成蒜苗花。

7. 炸好的小酥肉起锅，趁热均匀撒上花椒面、放入蒜苗花即可盛出。

川味咸烧白

原料：

连皮的猪五花肉500克，宜宾芽菜（也可以用霉干菜、冬菜等）150克，红酱油（深色酱油）1汤匙、料酒、糖各1茶匙，花椒10粒，葱1根，姜3～4片，油、盐各适量。

制作：

1. 锅中烧一锅开水煮肉，放入少许料酒、姜片、花椒、葱结烧开，将整块的五花肉放入水中，煮20～30分钟，捞起沥干水分晾凉。

2. 滴少许红酱油在冷却后的肉皮上，用手指将酱油抹开，让肉皮均匀地沾到酱油，等酱油被肉皮吸收后，可以再抹一遍加深颜色。

3. 炒锅或者平底锅内放入少量的油，将肉的肉皮朝下放入锅中，炸至肉皮呈棕红色且微微起泡时捞起。

4. 将肉切成 2 毫米厚的大片，将剩余的红酱油（深色酱油）、料酒、糖和 1 汤匙的油混合成料汁。

5. 将切好的肉片一片片地在料汁中浸一下，肉皮朝下整齐地码在一个大碗内，从碗中间向两边排列，然后将肉片列队侧面的空隙填满。

6. 将芽菜（袋装的芽菜、雪菜等不用处理直接可以使用，如果是干的霉干菜或者散装芽菜需要清洗切碎炒制）铺在肉片上面，压实。

7. 将铺好的肉片放入蒸锅内蒸 40～60 分钟，吃的时候用一个大盘扣在蒸肉的碗上，翻转过来，将碗拿走即可。

芽 菜 蒸 扣 肉

原料：

五花肉一块约 500 克，宜宾芽菜 150 克、汉源花椒、老姜片、料酒、豆豉、泡辣椒、花椒粒、酱油、白糖等各适量。

制作：

1. 五花肉加汉源花椒、老姜片、料酒，下锅煮透（时间在 30 分钟左右）。

2. 煮透的五花肉趁热刷上糖色后晾冷。

3. 将刷上糖色的五花肉下入八成热的油温锅中制皮。

4. 捞出炸好的五花肉晾冷，然后将整块五花肉切成筷子那么厚的肉片，加入酱油拌匀上色。

5. 上色以后的肉片定碗装盘，将芽菜洗净并拧干水以后剁细，加入老姜片、豆豉、泡辣椒、花椒粒（都不要加太多）。

6. 将芽菜放入装盘的肉片上，淋上汁水（汁水是用酱油、白糖、料酒、豆豉、泡辣椒、花椒粒）。

7. 上笼大火蒸 1 小时（喜欢软点的可以加长时间），扣碗装盘后即可食用。

川 味 卤 肉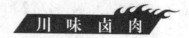

原料：

带皮五花肉 500 克，八角 2 个，花椒 2 匙，干红椒 6 个，盐、料酒、老抽等适量。

制作：

1. 五花肉切块，炒锅加入少量的油烧热，放入肉块煎炒至微黄。

2. 加入干辣椒、八角、花椒炒香后，再放进料酒、老抽和少量的盐炒匀。

3. 加水，水需没过肉块，煮滚以后，转用小火 1 小时，煮软入味即可出锅。

大蒜香干川味熏腊肉

原料：

熏二刀肉 250 克，大蒜、豆腐干、胡萝卜、白糖、盐、酱油、鸡精等适量。

制作：

1. 熏肉切薄片备用；大蒜切马耳朵状；豆腐干、胡萝卜切象眼片。

2. 起油锅，放入熏肉片和胡萝卜煸香，炒到肉片边缘微微金黄，肥肉部分变透明时，放入豆干和大蒜翻炒，加 1 大匙白糖、少许盐和酱油，再加一点点鸡精调味。

3. 大火炒至大蒜发软即可起锅。

小提示： 口味重的，可以加豆豉和花椒增香。喜欢辣的可以加新鲜或者干辣椒一起炒。糖一定要比平时做菜稍微多放一点，一方面中和熏肉的咸味，另一方面让鲜味更持久。

川味冬菜扣肉

原料：

带皮五花肉 300 克，冬菜若干，姜、蒜、盐、糖、腐乳（红）、料酒、芝麻酱、酱油、食用油等适量。

制作：

1. 五花肉洗净后，下锅煮至表面发白、发硬后捞出控水备用。

2. 将煮好的五花肉皮上抹上少许酱油，肉皮向下放入锅内煎至肉皮呈金红色捞出晾凉，将炸好的五花肉切成 6 厘米长、一厘米厚的片备用。

3. 用盐、糖、腐乳、料酒、芝麻酱调成酱汁备用。

4. 冬菜洗净盐分后切小段、下锅焯水 5 分钟左右，出锅控去水分备用；姜、蒜切片备用。

5. 锅中做少许底油，七成热时放入姜、蒜爆出香味，下入冬菜炒出香味后装入碗中备用。

6. 将五花肉均匀地蘸上酱汁后，皮朝下依次码入碗中。

7. 将炒好的冬菜堆放在肉片上面，上锅蒸 2 小时左右出锅，将蒸好的扣肉扣入盘中即可食用。

青蒜炒腊肉

原料：

腊肉 200 克，青蒜（也可以用蒜苗）100 克，蒜片、生姜颗、盐、味精等适量。

制作：

1. 腊肉煮上 20～30 分钟，至半熟，稍微晾凉一下切成薄片。

2. 青蒜苗切成马蹄状（叶子和杆分开）。

3. 锅里放入少许油，烧热后，放入蒜片和生姜颗爆香，然后将腊肉片放入一起炒，用小火炒至肉片吐油，变得透明，先放青蒜苗杆的部分，少来一点点盐，快炒几下至断生。

4. 再放入青蒜苗叶部分，依旧是快炒几下，关火后调入一点味精，即可盛盘食用。

老成都腊肉烩萝卜

原料：

烟熏熟腊肉 1 小块，红皮萝卜、蒜苗、淀粉、盐各适量。

制作：

1. 烟熏熟腊肉切成粗丝（筷子条）；红皮萝卜去皮（萝卜皮是四川人最喜欢的泡菜原料之一）；萝卜切粗丝（筷子条）；蒜苗切段。

2. 锅内加少的油，待达到五成油温时，放入烟熏熟腊肉条，煸得肉吐油，出来香味。

3. 将萝卜条下锅，适当放入盐和水，加盖焖 10 分钟左右。

4. 10 分钟以后，萝卜熟软、汤汁浓厚醇香时，加入蒜苗段，勾芡（玻璃芡）后起锅装盘。

蚂　蚁　上　树

原料：

牛肉 100 克，鲜粉条 150 克，芹菜适量，郫县豆瓣 25 克，黄酒 10 克，花椒油 2 克，白糖 5 克，酱油 10 克，姜适量。

制作：

1. 牛肉切成细末；芹菜和姜切细；郫县豆瓣剁细备用。

2. 锅内倒入少许油，煸牛肉末至熟，把牛肉末盛出，在案板上重新剁细，越细越好。

3. 再次把剁细牛肉末加姜末，用小火煸炒至酥，然后下入豆瓣酱。

4. 小火煸豆瓣酱出红油，放黄酒和酱油爆香，加入适量热水，放入白糖和花椒油烧开。

5. 将鲜粉条提前用开水焯一下，然后放进汤里大火烧开，改中小火烧 3 分钟，放入切好的芹菜粒出锅即可。

生爆盐煎肉

原料：

五花肉一块约 500 克，蒜苗、豆瓣酱、豆豉、酱油、白糖等各适量。

制作：

1. 将肉切成长约 5 厘米，宽为 3 厘米，厚为 0.3 厘米的薄片；蒜苗切段。

2. 炒锅内放入油，至七成热时，下入肉片煸炒至吐油（火千万不宜大，一定要炒至肉片吐油）。

3. 下入豆瓣、豆豉炒香并上色，接着放入酱油和糖炒匀。

4. 下入蒜苗炒至断生即可起锅（蒜苗不宜久炒，断生即可，也可以用蒜薹、青椒等代替）。

> **小提示：** 豆瓣要炒出红色，肉味才香辣。青蒜下锅不宜久炒，要快速起锅，方能保持翠绿色。如无青蒜，可用大葱代替。

酸辣碎米肉

原料：

猪瘦肉 200 克，红尖椒 2 个，酸萝卜 150 克，蒜薹 50 克，淀粉、料酒、生姜、大蒜、葱花、酱油、蚝油、高汤、鸡粉、白糖各适量。

制作：

1. 瘦肉洗净沥干，片去筋膜后切成小丁，加入少许盐与淀粉拌匀腌制 20 分钟，再倒入少许食用油，拌匀待用。

2. 红尖椒洗净去蒂、去籽后切成小丁；生姜与大蒜切成末；蒜薹与酸萝卜均切成和瘦肉同样大小的丁。

3. 热锅放油，投入肉丁，将其一直翻炒至表面有微微的焦黄色后，放入少许料酒炒匀，再加入适量的酱油炒匀。

4. 放入酸萝卜与红尖椒炒匀，再放入蒜薹与适量的蚝油、鸡粉、少许白糖与盐，翻炒约 2 分钟。

5. 最后放入少许高汤与葱花炒匀，起锅装盘即可。

小提示： 瘦肉丁要炒至表面有微微的焦黄，口感会香一些；蒜薹炒的时候不要太长，以保持其清香之味；如加一些略带肥肉的猪肉，口感会更香；热锅翻炒的时候要将肉末炒至脱水出油，效果会更好一些。

麻 辣 香 肚

原料：

香肚一个，黄豆芽 200 克，胡萝卜、泡椒、老姜、蒜头、花椒粉、辣椒油、料酒、盐等各适量。

制作：

1. 香肚在温水中浸泡 20 分钟左右，撕去外皮，洗净切片。

2. 黄豆芽菜洗净沥干水分；胡萝卜洗净切片；蒜拍碎；姜切片备用。

3. 炒锅烧热，放入辣椒油、蒜、姜、泡椒炒香，再放入料酒加水烧开，此时放入香肚和豆芽菜，盖上盖儿，转中火烧 10 分钟左右，放入胡萝卜及适量盐、花椒粉，大火收汁即可出锅食用。

小提示： 香肚又叫小肚，是用猪的膀胱做外衣，内装配制好的肉馅，经过晾晒而制成的。外形如苹果，皮薄富有弹力，肉质紧密，红白分明，吃在嘴里香嫩爽口。

麻 辣 猪 肚

原料：

猪肚 200 克，玉兰片 50 克，黄瓜 25 克，红尖椒、姜、大葱、盐各 5 克，白砂糖、醋各 10 克，豆瓣酱 60 克，鸡精、花椒各 2 克，辣椒（红，尖，干）50 克，植物油 40 克。

制作：

1. 将猪肚洗净，煮七八成熟捞出，切片。

2. 玉兰片洗净片成薄片；葱、姜切末；黄瓜洗净切片；红辣椒去蒂、籽洗净切丝。

3. 坐锅点火，待油达到七成热时，倒入姜末、葱末、干辣椒煸出香味，加入猪肚、盐、白糖、郫县豆瓣酱、玉兰片、黄瓜片、红辣椒丝、醋、花椒水翻炒，再加鸡精即可出锅。

缠 丝 肚

原料：

熟猪肚 150 克，熟猪肉皮 100 克，鲜青、红辣椒各 15 克，葱汁、姜汁、香油、酱油、盐、花椒粉、鸡精各少许。

制作：

1. 将熟猪肚及熟猪肉皮切成细丝，加入少许盐和鸡精抓匀腌入味；鲜青、红椒去蒂去籽洗净，切成细丝。

2. 炒锅内放油，旺火烧至八成热时，先放入辣椒丝下锅爆炒一下，再放入肚丝、肉皮丝炒，接着放入盐、酱油、葱、姜汁再炒，加入少许鸡精、花椒粉，出锅淋少许香油即可。

麻 辣 香 肠

原料：

猪后臀尖 4000 克，腌渍肠衣 4 条，高度白酒 150 毫升，辣椒面 60 克，花椒面 60 克，盐 100 克，五香粉 10 克，姜汁 30 毫升，矿泉水瓶 1 个。

制作：

1. 猪肉洗净后沥干水分，切成 1 厘米见方的小丁备用。腌渍肠衣用清水浸泡 10 分钟，然后反复用盐搓揉 3～4 次，洗去表面的盐，最后换成清水浸泡备用。

2. 生姜洗净后，用压蒜器压出姜汁，将矿泉水瓶沿瓶口一边煎成漏斗状。

3. 肉丁中加入白酒、盐、白糖、辣椒面、花椒面、姜汁，戴上一次性手套，用手将肉丁翻拌均匀，然后沿着同一个方向搅打，直到肉开始粘连出筋。

4. 将洗净后的肠衣套在水瓶口，用线绑紧，或者直接用手捏紧，肠衣的另一端用线绑紧封口或者直接打结。

5. 将拌好的肉馅放在瓶子里，用筷子轻轻戳几下，使其填充到肠衣里，直到肠衣中填满肉馅为止。

6. 将灌好的一条香肠平均分成3~4份，用棉线扎紧，然后用针在香肠上扎一些小眼。

7. 做好的香肠挂在阴凉处，避免阳光直射，让其自然风干，然后蒸食、煮食或者切片炒菜均可。

> **小提示：** 学会了麻辣香肠的制作，可以举一反三，如果不用辣椒、花椒，将白糖的比例提高，就是经典的广式香肠。无论做哪种香肠，建议肥瘦肉的比例最好控制在3：7，这样做出的香肠鲜嫩多汁，无论蒸还是炒，口感都不会发柴；用针扎一些小眼可以使香肠里面彻底晾干，避免变质。做好的香肠要避免阳光直射，否则容易变质。香肠一旦水分收干，表面开始出皱褶后，就可以食用了，如果长时间晾晒，香肠会脱水，口感会很干。

麻辣香肠炒花菜

原料：

花菜一个，麻辣香肠一根，油、盐、葱花等适量。

制作：

1. 花菜洗净，撕成小朵，麻辣香肠切片备用。

2. 锅中放油，烧热后放入葱花，再放进香肠翻炒。

3. 花菜先用热水焯一下后，也放入炒锅，淋入一些水，盖上锅盖。

4. 加一点点盐，不加也可，麻辣香肠可以调味，翻炒几下，装盘即可。

酸黄瓜炒腊肠

原料：

酸黄瓜 5 小根，腊肠 2 根，麻辣花生 1 小把，生抽 1 汤匙，盐 1/2 茶匙，辣椒仔辣汁 2 滴，葱花少许。

制作：

1. 用料很简单，不能吃辣的可以选择不放辣椒仔辣汁。

2. 腊肠用刀切成片；黄瓜也斜刀切片；切少量葱花。

3. 锅中倒入油，加入葱花爆香锅底，再放入腊肠炒至变成通体同色，接着放入酸黄瓜同炒。

4. 淋入生抽、辣汁，用盐调味后即可出锅，最后撒上碾碎的麻辣花生。

干煸肥肠

原料：

猪大肠 500 克，干辣椒、花椒、香葱、姜、盐、味精、花生油、料酒、白糖各适量。

制作：

1. 将大肠洗净，放入锅内，加料酒、葱、姜煮至熟烂，捞出过凉、切条；干辣椒切段。

2. 锅内注入油烧热，下入切好的大肠，炸至上色、皮脆捞出。

3. 锅中留油少许，下入花椒、辣椒炒出香味，下入炸好的肥肠、香葱，加盐及味精，翻匀出锅即成。

青椒干煸肥肠

原料：

肥肠 300 克，青椒 100 克，料酒 1 匙，大王酱油 2 匙，盐 1 小匙、姜、葱、料酒、花椒、油、蒜、干辣椒各适量。

制作：

1. 肥肠洗干净后冷水下锅，放姜、料酒、花椒煮至 40 分钟左右，捞起沥干晾冷后，切成滚刀。

2. 放油，烧至 6 成油温时，下入姜、蒜炒出香味。

3. 加入切好的肥肠，淋入料酒继续煸炒，加入干辣椒和花椒，大王酱油，再放入青椒和盐。

4. 最后加入葱节，起锅装盘即可。

辣 子 肥 肠

原料：

猪大肠 500 克，干辣椒、花椒、八角、香叶、桂皮、白糖、味精、料酒、生姜、蒜等各适量。

制作：

1. 肥肠需要先彻底处理和清洗，把肠的内壁那一面翻出来，清除肠壁上的污物和油脂，再翻转回来，然后装入一个较大的容器内。

2. 倒入醋与食盐，混合后来回揉搓，洗去肠子上的粘液，最后用流水冲洗大肠，直到冲洗干净为止。

3. 将洗净的肥肠放入锅里，加水、姜片、料酒、八角，用大火煮开，打去浮沫。

4. 再用中小火将肥肠煮熟，捞出冷却备用。

5. 蒜切成片，辣椒切段去籽，将冷却后的肥肠切为滚刀块。

6. 炒锅里放油，油热后放入蒜片、辣椒段，花椒，小火炒至变色后倒入大肠，加入白糖及盐继续翻炒，至调料被肥肠吸收入味后，起锅装盘。

小提示：做这道菜洗净大肠很重要，用面、醋、盐都可以很容易的清洗干净，在煮的时候加入料酒和姜片，也能更好的去除异味。

麻辣卤肥肠

原料：

肥肠2条，麻辣卤汁1000毫升，葱2根，姜20克，水2000毫升，料理酒30毫升。

制作：

1. 将葱、姜以刀背拍松；肥肠以流动的清水冲洗干净备用。

2. 取一个汤锅，加入约1/2锅的清水，以中火煮滚沸，放入步骤1的葱、姜及料理酒略煮一下，再放入肥肠煮至水再度滚沸后，转小火续煮约1.5个小时后，取出肥肠，用冷水冲凉并切片。

3. 另取一汤锅，倒入麻辣卤汁煮滚，加入已切片的肥肠，转小火煮滚约30分钟后熄火，让肥肠浸泡30分钟至入味即捞起。

大蒜红烧肥肠

原料：

肥肠400克，大蒜两头，桂皮、八角、汉源花椒、香叶、老姜、白酒、冰糖、油等适量。

制作：

1. 将肥肠汆过水以后，切块，下入五成油温的锅中将肥肠煸香（油不要太多，肥肠本来会出油）。

2. 煸制的过程中加入桂皮、八角、汉源花椒、香叶、老姜和白酒。

3. 香料下锅以后继续中小火煸炒，让香料的香味炝入肥肠中。

4. 肥肠全部吐油并微微发脆时，加入郫县老豆瓣酱1匙（豆瓣酱有咸味无需再加盐）。

5. 豆瓣酱下锅以后继续煸炒至豆瓣酱出香味，然后加入冰糖上糖色。

6. 加水（加水要一步到位中途不可再加），加水的同时加入大蒜，大火烧开转中小火加盖儿闷1小时左右（喜欢肥肠软点的可以再焖1小时）。

7. 起锅前用大火收汁后出锅装盘。

山椒爆脆肠

原料：

脆肠1副，野山椒若干，泡辣椒、姜、蒜、萝卜干各适量。

制作：

1. 脆肠1副洗净（脆肠又叫儿肠），加料酒、川盐、姜、葱等码味1小时，1小时后将脆肠取出改刀成小节。

2. 将改刀后的脆肠滚水下锅汆水，汆透即可。

3. 锅内放油，油温五成热时加入花椒，再加入泡辣椒段和姜、蒜片炒香。

4. 加入野山椒（加与不加以及加的量，依据自己喜好而定）。可加点萝卜干增加风味，再下入汆水以后的脆肠。

5. 大火爆炒，加点料酒继续爆炒，最后加入葱段并加入适量鸡精提味，勾芡起锅。

四川粉蒸排骨

原料：

特级肋排400克（约2根），紫心番薯2只，蒸肉米粉1/2

杯，葱花适量。腌料：海天铁强化草菇老抽、料酒、油、蒜末各1汤匙、白糖1/4汤匙、鸡粉1/3汤匙、盐1/5汤匙。

制作：

1. 洗净排骨，斩成5厘米长的段，加入腌料抓匀，腌制30分钟入味。

2. 紫心番薯去皮洗净，切成滚刀块备用。

3. 往排骨上倒入1/2杯蒸肉米粉和1/2杯清水抓匀，让每根排骨都均匀地裹上一层米粉。

4. 取一深盘，先铺上一层番薯块，然后将排骨排放在上面，倒入腌排骨的酱汁。

5. 烧热半锅水，隔水放入腌好的排骨，加盖以大火清蒸45分钟。

6. 取出后洒上葱花，即可上桌食用。

小提示： 排骨厚度不一致，要切得大小均匀，可使排骨既容易入味，又容易蒸熟蒸透；蒸肉米粉本身有咸味，腌排骨的酱油和盐不可多加，否则排骨蒸熟后会过咸发苦。蒸肉米粉要加点清水化开，否则排骨会较干，也不容易蒸得入味。除了用番薯垫底，还可以用土豆或芋头，它们皆属吸物类食材，清蒸时可吸入油脂和鲜味。番薯应切成滚刀块再垫底，它可使排骨容易蒸熟蒸透，又能吸入排骨的鲜味。

家常荷叶粉蒸排骨

原料：

排骨500克，成都米粉、荷叶适量，辣油、白胡椒粉、糖、料酒、盐、鸡精、葱、姜、蒜、老抽等各适量。

制作：

1. 排骨改刀成段，焯水撇去浮沫，捞出后放入米粉和葱、姜、蒜等调料拌匀装盘，上下都盖上荷叶。

2. 上笼隔水蒸 40 分钟起锅，揭去荷叶，淋上辣油即可食用。

麻辣排骨土豆

原料：

排骨 600 克，土豆 1 个，重庆火锅底料 1 包，油、糖、生抽、海鲜酱油、白胡椒粉、料酒、五香粉、干红椒、花椒、淀粉、葱、蒜、姜各适量。

制作：

1. 排骨洗净，斩小块，然后用生抽、胡椒粉、五香粉、生粉、料酒、葱姜蒜腌 2 小时，土豆切块备用。

2. 将腌好的排骨与土豆入高压锅压制 20 分钟，然后拿出用厨房纸吸去表面的汤。

3. 炒锅放油烧热，放入排骨大火炸至表面金黄色，捞出备用。

4. 热锅放油，然后放入花椒炒出香味后，加入葱白、姜和蒜末一起翻炒出香味，放入重庆火锅底料继续翻炒出香味。

5. 加入排骨及土豆翻炒均匀即可。

麻辣干锅排骨

原料：

排骨 180 克，洋葱 80 克，青、红辣椒各 2 根，干辣椒 5～10 个，姜 1 块，葱 3～5 根，蒜 3～5 瓣，花椒 1 小把，豆瓣酱 1 大匙，糖 2 匙，料酒 6 匙，盐、淀粉、芝麻各适量。

制作：

1. 葱切段、姜切片，排骨洗净斩断，用清水浸泡 10 分钟后，将血水倒掉，洗净沥干，加葱段、姜以及适量的料酒和盐腌制备用。

2. 青、红辣椒切段；干辣椒剪段；蒜切片；洋葱切圈；剩下的葱切末。

3. 锅中放油，大火烧热转小火，排骨裹上一层干淀粉，放入油锅炸制 10 分钟，捞出沥油。

4. 锅内留底油，大火烧热转中火，放入豆瓣酱、干辣椒、花椒、姜蒜片，翻炒爆出香味。

5. 放入青红椒、排骨、洋葱、葱翻炒均匀。

6. 转小火，调入料酒、糖、盐炒匀，关火装盘，撒上芝麻即可食用。

干　锅　排　骨

原料：

排骨 500 克，干茶树菇（袋装）60 克，土豆 1 个，花菜、藕片、香菜、洋葱、花生米、豆腐皮（其他可根据自己想吃的食材而添加）等适量，葱、姜、蒜、干海椒、胡椒、花椒、豆瓣、料酒、酱油、香料等适量。

制作：

1. 把切成小块的生排骨用大碗装上，倒点儿料酒、酱油，再把姜、蒜片、洋葱片和香菜根放进去腌制 15 分钟以上。

2. 在排骨腌制期间，把辅料洗出来切好。

3. 炸排骨时油一定要多，锅里油到七八成热时下入排骨，如果感觉炸不好的话可以事先把排骨煮成七八分熟，然后放进油锅里炸。

4. 排骨炸好了接着炸辅料，如土豆、茶树菇等。

5. 排骨和辅料都经过油炸后，将锅里的油留够做干锅排骨的量，把干辣椒和花椒放入锅内，注意小火，不要烧焦食材。

6. 把豆瓣倒入锅内，接着再把洋葱、葱、姜、蒜片等依次倒入。

7. 最后把之前炸好的食材倒入翻炒几下，想吃辣的可以放些干辣椒面或者放点生的小米椒。

8. 最后关火，撒上芝麻、花生米、香菜即可盛出食用。

干锅排骨香辣虾

原料：

猪小肋排400克，草虾50克，干红椒、藕、芹菜等各根据情况自定数量。辣椒、花椒、姜、蒜、葱、熟芝麻、盐、料酒、白糖、干锅调料等各适量。

制作：

1. 肋排砍成小段放入锅里，加适量水、盐、花椒和拍破的姜，煮20分钟。

2. 虾剪去嘴壳和长须，洗净，在虾背上横切一道口子，这样更容易入味。加少许盐、料酒和干锅调料均匀码味备用。

3. 红椒、葱、芹菜切段；姜、蒜、藕切片。

4. 炒锅内放入较多的油，油热后下姜、蒜爆出香味，再下干辣椒、花椒和一半干锅调料炒出香味，放入虾和排骨，炒至表面有点酥，将排骨和虾捞起备用；锅内再放入剩下的半碗干锅调料翻炒片刻，下入红椒丝、芹菜、藕片，加适量清水煮3分钟，垫在盘底。

5. 将炒好的排骨和虾倒在菜上面，撒少许白芝麻，撒上芹菜叶点缀即可食用。

腊排骨麻辣火锅

原料：

腊排骨500克，自制火锅底料150克（或市售底料按包装说明适量），干辣椒30克，干花椒8克，高汤500克，醪糟50克，料酒30克，葱、姜和部分香料适量。

配菜：毛肚、黄喉、鸭肠、千张（北方称为豆皮，是一种薄的豆腐干片，色白，可凉拌、清炒、煮食）、豆腐、西兰花、莴笋、土豆、肥牛、猪里脊、莲藕、茶树菇、折耳根、杏鲍菇、生菜、芍粉等。

小料：香油、蒜泥（这两种为标配，其次还可准备切碎的二荆条和小米辣，葱末和香菜末，盐）

制作：

1. 腊排骨洗净，冷水入锅，用大火煮沸后撇去浮沫，捞出洗净后，重新加水、葱、姜和黄酒，转小火炖 1 小时左右，待排骨汤炖至发白可以关火保温。

2. 锅中倒入足量的油，下入姜片和葱段，先煸炒出香味，再下入辣椒、花椒和余下香料小火煸炒。

3. 倒入自制的火锅底料（或市售底料）炒化，炒出香味后加入醪糟充分翻炒。

4. 倒入熬制好的腊排骨高汤，大火煮开后，整锅倒入电炉自带的适合煮火锅的汤锅中。

5. 再视锅中汤水的多少补一定的高汤，将整锅火锅汤料煮沸。

6. 炖高汤的时候可以准备各种配菜，洗净、切片、码料、装盘备用。

7. 整锅煮沸后，转小火再炖 5 分钟即可将配菜放入锅内开涮，若咸度不够还可补盐。

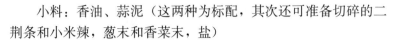

魔芋烧排骨

原料：

排骨 500 克，魔芋 400 克，干辣椒 10 颗、八角 5 粒、火锅底料半袋、豆瓣酱、料酒、糖、醋、老抽、葱段、姜片、蒜片各适量。

制作：

1. 排骨剁成小段，过开水氽一下，捞起备用。

2. 魔芋切条状，开水里加盐煮几分钟入味，捞起备用。

3. 小火准备热锅，放入适量油，将干辣椒下锅炒出辣味，再将葱、姜、蒜下锅炒出香味，加入豆瓣酱和火锅底料，直至油变成红色。

4. 下入排骨大火炒，同时加入少量料酒、醋、糖、酱油，让排骨尽量上色、出油。

5. 加入开水，以没过排骨为宜，用大火炖。

6. 约20分钟后，加入魔芋共炖，变小火，至排骨烂熟后起锅。

豉汁蒸排骨

原料：

排骨200克，阳江豆豉、糖、味精、胡椒粉、老抽、生粉、料酒、陈皮末、葱花、姜、蒜末、辣椒米、香油、生油各适量。

制作：

1. 排骨用水冲去血污，斩成3厘米见方的小块。

2. 豆豉切碎，锅中放少许生油，下入姜、蒜末炸出香味，加入豆豉同炒，同时加入陈皮末、糖、胡椒粉、老抽、料酒、味精，炒出香味即成。

3. 将炒好的豆豉加辣椒米、生粉、香油与排骨拌匀后，上屉蒸15分钟，出锅时撒上葱花即成。

啤酒排骨

原料：

排骨500克，口蘑50克，春笋75克，鸡蛋1个，香葱1棵，生姜1小块，大蒜5瓣，食用油500克（实耗30克），辣椒油、香油1小匙，酱油2小匙，高汤3大匙，啤酒9大匙，料酒2大匙，豆瓣1大匙，胡椒粉1小匙，精盐、花椒、淀粉各适量。

制作：

1. 姜、蒜洗净切末；葱洗净切段；鸡蛋打入碗中，滤去蛋黄；口蘑洗净切成十字花刀；春笋洗净切段，放入沸水中煮至断生，捞出用冷水浸泡。

2. 排骨洗净、切段，放入碗中，将盐、料酒、蛋清、淀粉、食用油、葱、姜、蒜、水拌匀，放入冰箱冷藏2小时。

3. 锅内放入油，烧至七成热时，放入排骨，炸至断生捞出。

4. 锅内留底油，下入姜、蒜、葱、花椒炒香，倒入高汤，熬出香味，捞去料渣，放入排骨、口蘑、春笋、啤酒、盐、酱油、胡椒粉烧至入味。

5. 再加入味精、香油、辣椒油拌匀即可。

> **小提示：** 排骨段要大小一致，烧制的时间要充足，以便入味。

蚝 香 春 排

原料：

排骨 500 克，海天蚝油 100 毫升，广东米酒 10 毫升，鲜笋1 个，水淀粉适量。

制作：

1. 排骨剁成中节后，洗净并挤干水分。加入海天蚝油和广东米酒，让这道菜口味更加纯正（没有米酒用料酒或黄酒、花雕也行）。加了这两味调料以后拌匀，蒙上保鲜膜，放冰箱冷藏 5个小时码味（冬天常温放置就行）。

2. 鲜笋用刀切开，不要切透，会快捷地剥笋皮，剥皮后的笋子从中间切开，放入冷水锅里煮一下，去除笋子的苦涩味，煮好并漂洗后的笋子切片备用。

3. 5 小时后，将码味的排骨从冰箱中取出并再次拌匀，在蒸碗中摆好，表面放上笋片，上笼蒸制 2 小时（如果高压锅 40分钟即可）。

4. 将蒸碗反扣在盘中并滤出汁水下锅准备勾芡，水淀粉勾芡的芡汁不宜太浓，二流芡即可，芡汁浇在排骨表面即可食用。

大 漠 风 沙 骨

原料：

猪腰排 1500 克，花生米 20 克，黑芝麻、白芝麻、洋葱、青红椒各 10 克，豆豉 250 克，牛肉汁一瓶，李锦记蚝油一瓶，盐、味精、詹王鸡粉、辣椒面各适量。

制作：

1. 猪腰排洗净，加入调料，整块腌制入味，放入四成热的油温中炸成金黄色，捞出沥净油，入卤锅卤至将熟，装盘备用。

2. 炒锅放入豆豉、牛肉汁、辣椒面、芝麻、花生米、青红椒粒炒匀，淋在排骨上即可食用。

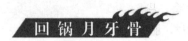
回锅月牙骨

原料：

月牙骨 350 克，青蒜、黑木耳、红椒、香菜、生姜、豆瓣酱、豆豉、白糖、酱油、黄酒、香醋各适量。

制作：

1. 月牙骨洗净，放入高压锅，加进没过骨头一半量的水，放入一块拍散的生姜和少量黄酒，大火煮开，上气后，转小火压 15～20 分钟，取出放凉后垂直于骨头切小块。

2. 黑木耳泡发洗净，焯熟备用；豆瓣酱和豆豉一起剁细；青蒜切段；红椒切小块。

3. 起油锅，油五成热时下入豆瓣、豆豉酱，小火煸炒至出油，下入切块的月牙骨。

4. 待月牙骨均匀地炒上红油时，加入小半匙白糖、适量酱油和黄酒，继续翻炒。

5. 月牙骨炒入味后加入青蒜、木耳和红椒，炒至青蒜变软加入香菜，滴数滴香醋拌匀即可出锅。

小提示： 油要比炒回锅肉稍多点，因为月牙骨不会出油；豆瓣酱一定要小火煸出红油；豆瓣酱很咸，酱油不要加多；起锅前滴数滴香醋并不会有酸味，只是增香去腻，不喜欢的可以不加。

串 串 香

原料：

猪肉 500 克，洋葱半个，姜 1 小块，孜然粉 30 克，孜然粒少许，熟白芝麻 30 克，麻辣鲜、盐少许，料酒、植物油各 2 汤匙，生抽、老抽各 1 汤匙。竹签若干。

制作：

1. 猪肉洗净，剔除猪皮，切约 2 厘米薄片，尽量长一些，最好肥瘦肉分开，肥肉切 3～5 厘米的丁，放入盆中加入料酒、洋葱丝、生抽、老抽和姜片、盐、麻辣鲜（没有可以不放）腌制 2 小时左右备用。

2. 腌制好后，放入植物油搅拌。用竹签先穿 1 块肥肉，再穿 1 块瘦肉；依此类推。

3. 将穿好后的肉串摆入烤盘上。

4. 烤箱预热 5 分钟，达到 220℃，将肉串放入烤箱烤 15 分钟，然后取出再在上面涂抹一层香油，翻个儿再烤 10 分钟取出，撒上孜然粉和孜然粒，略撒一些辣椒粉，再放入烤箱烤到肉质变色，即可取出。把肉串装入盘中，撒上熟白芝麻即可趁热食用，味道鲜美。

香酥山药肉丸

原料：

猪绞肉 500 克，山药 300 克，鸡蛋 1 个，淀粉 50 克，清水 100 毫升，胡椒粉 2 克，老姜适量，竹签若干。

制作：

1. 猪绞成肉馅，山药切段，用大火蒸 20 分钟，蒸熟冷却后去皮，将山药压成泥。

2. 绞肉中加入剁细的老姜，再加进鸡蛋、淀粉、清水、胡椒粉，顺时针搅动（由慢到快），再加入山药泥，同样顺时针搅动至均匀上劲。

3. 用手挤出丸子。

4. 锅内油达到六成油温时，下入山药肉丸子，炸至金黄色捞出。

5. 趁热将竹签插入丸子，串好的丸子插入小花瓶中即可上桌食用。

香 吻 豆 干

原料：

烟熏猪嘴、烟熏豆干各 1 块，韭菜（用青蒜苗、蒜薹或芹菜也可）干辣椒、花椒、盐各适量。

制作：

1. 烟熏拱嘴切片，烟熏豆干切条后，少加点盐码味，韭菜洗净后切段。

2. 锅内下油少许，等油温五成热时，放入干辣椒和花椒炝香（辣椒和花椒一点点就好，此菜是取其炝锅的香味而非麻辣），猪拱嘴下锅后快速煸炒，马上把烟熏豆干也下锅快速煸炒。

3. 接着下入韭菜段，快速炒匀即可出锅食用。

烟熏培根茄子煲

原料：

茄子 200 克，蒜苗 1 把，美人椒 50 克，培根 40 克，油、耗油、淀粉各适量。

制作：

1. 培根片改刀成小片；茄子滚刀切块；蒜苗切成段。

2. 锅内加少许油，等五成油温时，放入培根片．在锅中用中火煸香吐油。

3. 加入美人椒及茄子后，微微煸炒．再加入清水及耗油后炒匀（培根和耗油都有咸味所以不用再加盐）。

4. 盖上锅盖，焖烧五分钟左右让茄子熟软，茄子烧熟以后下入蒜苗、勾芡（芡汁不宜太浓）。

5. 将成熟的菜装入烧烫的煲仔中即可上桌（家里没有煲仔也可装入碗中直接上桌）食用。

干锅腊肉包菜

原料：

卷心菜半颗，腊肉 200 克，青蒜 1 根、大蒜 2 粒，灯笼椒些许。

制作：

1. 腊肉切成小片备用。

2. 锅热加油，放进小辣椒、蒜丁爆香，倒入腊肉条稍加翻炒。

3. 加入手撕的包菜抖匀后，再加入些许生抽。

4. 将所有菜倒入酒精炉上的小锅子里，继续煮 20 分钟，起锅即食。

麻 辣 牛 肉

原料：

牛后腿肉 700 克，黄酒 25 克，葱段、大葱白、香油各 15 克，酱油 50 克、芝麻仁、白糖、干辣椒粉各 5 克、精盐 1 克、花椒 30 粒、味精 2 克、清汤 1500 克、姜块 10 克。

制作：

1. 将牛后腿肉洗净，切成两块，放在冷水里浸泡一小时后捞起，放在汤锅中，加清汤、葱段、姜块、花椒、黄酒，上火烧沸，撇去浮沫，转小火，煮 3 个小时，待牛肉九成烂时捞出控去汤水，晾凉。

2. 芝麻仁炒熟，晾凉；葱白洗净切成末；干辣椒粉放碗中，加适量开水调湿，浇入八成热的香油搅匀。

3. 花椒放锅内，微火焙至焦黄，取出研成粉，和辣椒油、白糖、精盐、味精、花椒粉、酱油调匀成麻辣汁。

4. 将煮熟的牛肉切成长方形薄片，码在盘中，浇上麻辣汁，撒上熟芝麻仁与葱末，吃时拌匀即成。

麻辣牛肉干

原料：

牛肉 200 克，盐 3 克，豆瓣酱 l0 克，干辣椒 20 克，酱油、芝麻各 5 克。

制作：

1. 牛肉洗净后切块、余水，捞起沥干水分。

2. 干辣椒洗净、切段。热锅放入油，倒入牛肉块炒至呈深褐色，放进盐、干辣椒、酱油、芝麻、豆瓣酱翻炒至熟，出锅盛盘即可。

麻辣牛肉丝

原料：

鲜牛肉 400 克，盐、曲酒、姜、葱、红油辣椒、花椒油、白糖、味精、香油、熟菜油等各适量。

制作：

1. 牛肉洗净切成较大薄片，加盐、曲酒、姜、葱码味 6 小时，入笼内蒸熟，出笼晾凉，撕成细丝备用。

2. 将牛肉丝放入油锅内炸酥捞出，加入白糖、味精、红油辣椒、花椒油、香油拌匀，装盘即成。

干煸牛肉丝

原料：

牛腿肉 200 克，葱花 10 克，芹菜段 50 克，蒜泥、姜末 5 克，豆瓣酱 20 克，花椒粉、辣椒粉各 1 克，醪糟汁 20 克，酱油 5 毫升，汤少许，麻油 2 毫升，油 50 毫升，盐、味精、醋各适量。

制作：

1. 将牛肉剔筋，切成 0.4 厘米粗、4 厘米长的丝。

2. 铁锅烧热，用油滑锅后留油 50 毫升，放入牛肉丝煸炒，用小火不断煸炒至牛肉丝干酥。

3. 放入葱花、蒜泥、姜末、豆瓣酱，炒至油色发红后，下入辣椒粉、醪糟汁、芹菜段、酱油。

4. 用中火炒至汁干，再淋入醋和麻油，撒上花椒粉即可出锅食用。

> **小提示：** 牛肉丝切丝要粗细一致；锅一定要烧热并用油滑过以防黏底；煸牛肉丝不能焦。

麻辣牛肉豆腐

原料：

嫩豆腐 3 块，牛肉 380 克，葱、蒜、辣椒粉、豆豉、花椒粉、盐、味精、辣豆、青蒜末、太白粉等各适量。

制作：

1. 豆腐去硬皮、硬边，切成小丁块。

2. 牛肉也切成小丁块；青蒜切碎；豆豉碾碎与花椒粉混合搅匀。

3. 豆腐丁放入热水中过一次，捞起备用。

4. 把油放入锅中烧热，先将葱、蒜炒香，倒入牛肉炒至半熟，再将豆腐和辣椒粉、花椒粉、盐、味精、辣豆等一并放入锅中翻炒均匀。

5. 炒好后，撒下青蒜末并用太白粉勾芡，即可食用。

香辣牛肉豆花

原料：

牛肉（后腿）450 克，豆腐脑 150 克，芽菜、猪油、辣椒酱各 20 克，花椒粉、盐 4 克，味精 2 克，料酒 10 克，香油、大葱各 5 克，胡椒粉、玉米淀粉各 3 克。

制作：

1. 牛肉洗净，剁成细粒。

2. 豆花（豆腐脑）放入加盐的清水锅内煮沸，捞出沥水入碗，备用。

3. 锅内放入猪油烧至四成热，放入牛肉粒炒酥香，再放入辣椒酱、芽菜炒香出色，烹入料酒，加入少许鲜汤、胡椒粉、味精，用湿淀粉勾芡，淋香油起锅，倒在豆花上，再撒上花椒粉、葱花即可。

川式粉蒸牛肉

原料：

无筋膜细嫩牛肉 250 克，大米、糯米各 100 克，香菜 20 克，八角一枚，花椒 20 粒左右，蒸肉粉 80 克，鲜汤 40 毫升（用水代替亦可），豆瓣酱（可先铡碎用油炒一下）、醪糟汁各两汤匙，酱油、腐乳汁、黄酒、菜油、香油各一汤匙，辣椒粉和花椒粉各 5 克，五香粉 1～2 克，糖、熟油辣子各半汤匙，葱、姜、蒜末各适量，粽叶几张（荷叶、竹叶或者菜叶皆可）。

制作：

1. 大米糯米混合，洗净后晾干水分，晾干后米粒会极易碾碎，用擀面杖轻松制粉。

2. 八角掰城小块，晾干的米和八角、花椒一起入锅用小火翻炒，炒至米粒微黄，香料的香味十分浓郁后关火、晾凉。

3. 先挑出八角在石舂里舂碎，再加入米粒和花椒，一起舂成粗粉状，没有石舂和料理机，可以少量分次用擀面杖在案板上擀碎。

4. 蒸肉粉用鲜汤或水打湿后搅拌备用。

5. 整块牛肉先顺着纹理切成 3～4 厘米宽的条后，转 90 度，逆着纹理将牛肉条切成约 5 厘米长，0.3～0.5 厘米厚的薄片，用清水反复漂洗掉血水。

6. 洗净的牛肉中加入黄酒、醪糟、姜末、腐乳汁、酱油、辣椒粉、五香粉、糖和炒过的豆瓣酱后，充分搅拌均匀，腌渍备用，腌肉 20～30 分钟后，加入菜油和香油拌匀。

7. 锅中烧开水，将打湿过的蒸肉粉加入肉中搅拌均匀，将蒸笼底铺上粽叶，将拌好的肉松散的装入蒸笼中（量大可用碗装盛），锅中水烧开后放入蒸笼，盖盖蒸半小时（若使用牛肉部位偏老或量较大，蒸 1～2 小时，以牛肉蒸粑为准）。

8. 蒸好后取出，将提前准备好的熟油辣子（或者辣椒面）、蒜蓉、葱末、花椒粉和香菜末等配料洒在表面，趁热食用即可。

小提示：如果没有蒸笼，这道菜也可用碗装来蒸，还可加土豆、南瓜等垫底，蒸好后倒扣食用。腌肉时的酒酿、腐乳汁、豆瓣酱（讲究的要先炒过后切碎）等都是这道川式粉蒸肉有别于其他菜系粉蒸肉的标志，最后辣椒面、辣椒油、花椒面或花椒油的加入，又使这道川味小吃味觉再上了一个层次。

小笼粉蒸牛肉

原料：

牛瘦肉 250 克，粉蒸肉粉 50 克，葱花 20 克，姜末、花椒粉各 5 克，卷心菜叶 10 克，豆瓣酱 15 克，辣椒粉 2 克，甜面酱 30 克，酱油 5 毫升，味精 2 克，糖 3 克，油 10 毫升，麻油 5 毫升。

制作：

1. 将牛肉去筋膜，切成 0.3 厘米厚的片，放入碗里，再加入酱油、姜末、葱花、花椒粉、甜面酱、糖、豆瓣酱、味精拌匀，加入辗细的粉蒸肉粉及麻油，使每片牛肉均匀黏裹上粉蒸肉粉。

2. 将卷心菜叶切成丝，然后在小蒸笼里铺上菜丝，将牛肉放入铺有叶底的小笼内。

3. 加盖用大火蒸 5 分钟，熟后取出，撒上葱花浇上热油（约 10 毫升）即可。

> **小提示：** 牛肉除筋要干净。将市售之粉蒸肉粉再辗细，使之成粗粉状较易蒸熟。菜叶打底时需留出蒸气通道使热量均匀。

香酥腊牛肉

原料：

腊牛肉 150 克，麻辣花生 50 克，白芝麻 1 大匙。

制作：

1. 腊牛肉洗净切细丝，锅中放宽油，烧至 6 成热时，放入牛肉丝，用大火炸 1 分钟，将牛肉丝捞出沥干油分。

2. 继续加热油至九成热时，再次放入牛肉丝炸 1 分钟。

3. 捞出牛肉丝，彻底沥干油分（也可用厨房纸将油份吸干）。

4. 将牛肉丝放入一只大碗，趁热加入白芝麻，迅速搅拌均匀，再加入麻辣花生拌匀即可食用。

香酥牛肉条

原料：

牛肉 500 克，葱段、姜丝各 10 克，淀粉 40 克，料酒 15 克，精盐 3 克，味精 2 克，白糖 5 克，胡椒粉 0.5 克，五香粉 1 克，辣椒面 20 克，油 800 克。

制作：

1. 牛肉切成粗丝；葱段拍松。

2. 牛肉丝放入容器内，加入料酒、葱段、姜丝拌匀，腌渍入味后，拣去葱段、姜丝，再加入辣椒面、精盐、味精、白糖、胡椒粉、五香粉拌匀。

3. 锅内放油，烧至六成热时，下入牛肉条炸熟捞出。待油温升至七成热，再下入牛肉条炸至酥脆捞出，装盘即成。

小提示：牛肉条要切的粗细均匀，牛肉条放入油里时，要快速拨散，以免粘连。

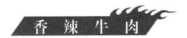

香 辣 牛 肉

原料：

牛肉 400 克，香菜、花椒粉、辣椒粉、孜然粉、盐、酱油、糖、白芝麻各适量。

制作：

1. 将牛肉切成片，然后用适量的盐、酱油、糖和淀粉腌上。

2. 锅中倒入适量的油，将牛肉倒入其中慢慢煸干。如果要快速的，可以用油把牛肉水分去除。

3. 锅中留下少量的油，将牛肉、辣椒粉、花椒粉、孜然粉、香菜、白芝麻一起搅拌均匀。如果味道不足，还可以再加入适量的盐、酱油和糖进行调味。

香 辣 牙 签 牛 肉

原料：

牛肉 300 克，孜然（颗粒＋粉末）、辣椒粉、花椒粉、生抽、老抽、糖、料酒、水淀粉、芝麻、食用油、牙签等各适量。

制作：

1. 牛肉切成拇指大小的粒，加入适量生抽、老抽、糖、料酒、水淀粉，将孜然（颗粒＋粉末）、辣椒粉、花椒粉、芝麻混合均匀后，加入一半的量，然后抓捏腌制 15～20 分钟。

2. 将腌制好的牛肉粒按三个一组的样子，串在牙签上。

3. 起锅倒入油，油温至八成热时，放入串好的牛肉，高温快炸 1～2 分钟捞起。转大火，将牛肉裹上剩下的腌制料，高温快炸半分钟，提起漏勺沥干油分即可食用。

麻辣牙签牛肉

原料：

牛肉 250 克，姜一小块，大蒜 2 瓣，朝天椒 3 个，香菜一棵，白芝麻 10 克，孜然粉、五香粉、花椒粉各 1 小匙，生抽、料酒各 10 毫升，盐少许，油适量。

制作：

1. 牛肉洗净后切成薄片，用盐、料酒、蛋清、淀粉腌制 30 分钟左右。

2. 大蒜和姜切成碎末，朝天椒切圈备用，将腌制好的牛肉用牙签串好。

3. 锅内倒入足量的油，大火烧至七成热后，放入串好的牛肉，高温炸半分钟后捞出。

4. 将锅内多余的油盛出，留少许底油，放入姜、蒜末、朝天椒段爆香，调入孜然粉、五香粉、花椒粉、白芝麻、少许盐。

5. 放入牛肉串，调入料酒、生抽翻炒均匀，最后撒上白芝麻即可食用。

香辣孜然牙签肉

原料：

牛肉 400 克，料酒少许，淀粉、糖、盐、十三香、孜然、辣椒面、白芝麻等各适量。

制作：

1. 牛肉切成长条形的薄片，用刀背拍松。

2. 用少许料酒、淀粉、糖和盐腌制 20 分钟后，将每片牛肉折三折，用牙签串起来。

3. 锅内放入油，烧至九成热时，放入牙签肉爆炒，加入十三香和糖，颜色变了以后再加盐并烹入料酒。翻炒至颜色发红时，放孜然和辣椒面继续炒，炒均匀后，洒上白芝麻装盘即可食用。

孜 然 牛 肉

原料：

瘦牛肉 500 克，小葱 15 克，姜、辣椒（红，尖，干）、盐各 5 克，花椒 2 克，孜然、植物油各 30 克，香油、辣椒油各 10 克，料酒、辣椒粉各 20 克，芝麻、五香粉、白砂糖各 10 克，味精 2 克，高汤适量。

制作：

1. 葱、姜洗净后切成末。

2. 牛肉洗净去筋，漂净血水后片成薄片，用盐、料酒、姜、葱腌 15 分钟。

3. 往锅内注入食用油，烧至五成热时，倒入牛肉片，炸至酥香捞出。

4. 锅内留底油，放入干辣椒、花椒翻炒出香味，然后下入牛肉片炒匀。

5. 加入高汤、酒、五香粉、糖，烧开后放入辣椒粉、孜然炒香。

6. 放入红油、味精、香油，翻炒均匀，装盘，撒上芝麻即可食用。

煎烤孜然牛肉串

原料：

澳洲牛肉 250 克，研磨胡椒、辣椒面各 3 克，孜然、盐各 5 克，橄榄油 15 毫升，黄油 1 小块。

制作：

1. 牛腹肉切小块，块不要太小，太小没口感。肉上带的牛油不要剔除，带油的肉烤出来更香，不会发柴。

2. 把切好的牛肉穿成串，每块肉之间稍微隔出一小段距离，在煎烤的时候比较容易熟。

3. 把穿好串的牛肉用研磨胡椒和盐腌制一会儿。

4. 再淋入橄榄油滋润牛肉。

5. 把腌制好的牛肉裹上保鲜膜或者保鲜袋，避免风干，放入冰箱冷藏腌制一小时。

6. 煎锅中火烧的很热，放入黄油融化，把肉串放入煎锅中，用中小火煎烤肉串。煎锅底部有棱最好，可以避免肉直接大面积接触烤盘而烤得焦糊。

7. 见锅子冒白烟时，撒盐、孜然、辣椒碎后即可出锅食用。

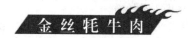

金丝牦牛肉

原料：

精牛腿肉 1000 克，精盐、五香粉、白糖各 10 克，红油、熟芝麻各 5 克，花椒粉 2 克，川味卤水 3000 克，色拉油 1000 克。

制作：

1. 将牛肉放入盆中用精盐、五香粉、白糖腌渍 24 小时。

2. 将腌好的牛肉放入沸水锅中大火余 5 分钟，取出后再放入卤水中，用小火卤 1 小时至松软时捞出，晾凉后用手撕成 6 厘米长的丝状待用。

3. 锅置于中火上，倒入色拉油，烧至五成热时，放入牛肉丝，用小火浸炸 5 分钟至水分快干时捞出，拌入红油、花椒粉、熟芝麻即可。

> **小提示：** 炸牛肉时不可炸得太干，应尽量保持牛肉的松软。

瓦片牛肉

原料：

牛后臀精瘦肉 400 克，花椒 50 克，芝麻、干辣椒、白糖、鸡精、酱油、料酒、盐、葱、姜、蒜末等各适量。

制作：

1. 牛肉切 2 毫米左右的薄片，稍稍撒点盐，轻柔地抓匀。

2. 牛肉片展开，平铺在竹箅箕上，稍稍阴干几个小时到牛肉八成脱水定型，揭下来是硬硬平平的一张。

3. 油锅烧至八成热，下入牛肉片，稍稍炸到颜色枣红捞起，沥干油。

4. 另起热锅，放少许油，下入大量花椒粒、干辣椒、葱、姜、蒜末爆香，倒入炸好的牛肉片，加入白糖 1 大匙，少许酱油，料酒 2 大匙，鸡精 1 小匙，芝麻粒 2 大匙一起翻炒，到调料收干汁并且均匀裹住牛肉片时起锅。

小提示： 牛肉片切约 1～2 毫米的薄片，略略晒干定型，再炸起来既不费油也不费时，形状舒展，吃起来会酥脆。晒之前加少许盐是防止牛肉片变质，也加速脱水。油炸时要防止牛肉炸过头变得过于焦脆。煸炒过程中逐步分次烹入料酒，既有去异增香上色功效，还能缓解煸炒过程中的火力，同时将"煸干"原料外表过硬的质地，吸水回软，使成菜质地干香而不坚硬，变得滋润化渣。干煸调料中，糖和鸡精相辅相成的味道很独特，不可省略鸡精或者味精，糖的量不可太少，否则无法达到干煸特有的风味，不吃辣可以省去辣椒。

川福香烤肉

原料：

牛里脊肉 350 克，洋葱 200 克，盐酥花生 50 克，香菜 10 克。蒜末、辣椒面各 20 克，花椒油、精盐、味精、酱油各 10 克，孜然粉、生粉各 15 克，色拉油 1000 克（实耗 50 克），鸡蛋 1 个。

制作：

1. 将牛里脊切成规格为 3.5 厘米×4 厘米×0.3 厘米见方的片，漂尽血水，用盐、生粉、鸡蛋码味约 8 分钟，上浆备用。

2. 将洋葱切成 0.1 厘米粗的丝，入锅中煸香，倒入吊炉中垫底。

3. 将油温升至六成热，倒入牛里脊片，小火滑散后捞出沥油。锅留油少许，烧至六成热时放入蒜末煸香，依次放入牛肉片、酱油、辣椒面、花椒油、味精炒匀至香味溢出，撒上孜然粉、花生米，出锅放入吊炉中，撒上香菜即成。

> **小提示：**牛肉上浆应搅打上劲，保证滑嫩。孜然粉不宜在锅中久炒，否则有苦味。

水煮牛肉

原料：

牛肉 400 克，生菜 300 克，蒜苗 50 克，大葱 1 根，生姜 1 小块，大蒜 5 瓣，干辣椒 10 个，食用油 10 克，酱油、料酒、豆瓣酱各 3 小匙，精盐一小匙，味精 0.5 小匙，淀粉适量。

制作：

1. 牛肉切片，用少许盐、料酒、淀粉拌匀上浆；生菜洗净掰开，下锅略微焯下水，捞出垫在碗底；蒜苗切段；葱、姜、蒜切片；干辣椒切段。

2. 将食用油烧热，加入豆瓣酱、葱、姜、蒜、干辣椒煸香，烹入料酒、酱油，加入一大碗开水，稍煮，捞净豆瓣酱的渣子备用。

3. 汤汁烧开后，把牛肉片放入锅中，再放进蒜苗、盐、味精，水再次烧开后即可倒在生菜上。

> **小提示：**煮牛肉片的时间不要太长，否则牛肉的口感不好。

水煮牛柳

原料：

牛柳 400 克，青笋、蒜苗、芹菜各 80 克，鸡蛋 1 个，葱、姜、干豆粉、干辣椒、花椒、嫩肉粉、盐、料酒、辣豆瓣、鲜汤、植物油等各适量。

制作：

1. 将青笋、芹菜、蒜苗择洗净；青笋切片；芹菜、蒜苗切段；锅内加少许油烧热，放入青笋片、芹菜、蒜苗段炒至断生，装入盘内垫底。

2. 干辣椒、花椒用小火炒出香味，剁成刀口辣椒待用。牛柳洗净去筋，切成片，用盐、料酒、嫩肉粉、鸡蛋清、干豆粉上浆入味。

3. 锅内注油烧热，下入辣豆瓣、葱、姜末炒香，加鲜汤烧沸、去渣，放入牛柳、盐，煮熟后倒在盘内蔬菜上，撒上刀口辣椒，再浇上热油即成。

酸辣肥牛

原料：

肥牛片 250 克，金针菇 100 克，粉丝 20 克，油、盐、郫县豆瓣酱、酱油、料酒、糖、干辣椒等各适量。

制作：

1. 豆瓣酱剁碎，姜切姜末，蒜切蒜末，香葱洗净切葱花，粉丝用开水泡发，干辣椒剪成段去掉籽。

2. 金针菇去根部，洗净，用少量油炒断生。

3. 将金针菇铺在一个深盘底部备用。

4. 锅烧热放油，爆香豆瓣酱、蒜末（一半）、姜末。

5. 加入 3 碗肉汤或者开水，放入料酒、酱油、醋、盐、糖等烧沸。

6. 放入肥牛片和粉丝氽熟，肥牛片变色即可，起锅前淋少许醋。

7. 连汤将肥牛倒入大盘中，将剩余的蒜末撒在上面。

8. 锅洗净，倒入适量油，放入干辣椒段，待辣椒段变色（需注意不要炸糊）捞出剁碎，撒在肥牛之上。

9. 油烧至十成热（冒烟）浇在肥牛上，再撒上葱花即可食用。

酸汤肥牛

原料：

肥牛片 250 克，金针菇 80 克，白糖、盐、蒜末、葱末各 5 克，酱油 10 毫升，醋 25 毫升，郫县豆瓣 10 克，泡椒 15 克，姜末 3 克。

制作：

1. 锅里烧热水，下入金针菇焯熟捞出备用。

2. 肥牛冷水下锅焯熟，捞出备用。

3. 锅里倒入底油烧热，放入葱末、姜末、蒜末爆香。

4. 倒入切成段的泡椒和泡椒水及切碎的郫县豆瓣，翻炒出香味。

5. 放入醋、酱油、白糖、盐。

6. 加入开水，用中火煮酸汤约 3 分钟左右。

7. 下入金针菇再煮约 2 分钟。

8. 倒入焯熟的肥牛，煮半分钟到 1 分钟即可出锅。

麻辣百页丝

原料：

百页丝 300 克，青红辣椒、麻辣油适量，盐 1 匙，香菇精半小匙。

制作：

1. 百页丝先用热水煮过，捞起沥干备用。

2.青、红辣椒斜切，用麻油先稍微爆香，然后关火，再倒入百页丝，加入麻辣油，用铲子拌匀盛盘即可食用。

> **小提示：** 麻辣油的制作方法：
>
> 　　**原料：** 花椒 30 克，八角 40 克，老薑、粗辣椒粉各 160 克，沙拉油 250 毫升，盐、香菇精适量。**制作：** 1.将沙拉油及花椒、八角、老薑片倒入锅中，以小火加热。2.另取一个锅子，倒入辣椒粉、盐、及香菇精一起拌炒均匀备用。3.待步骤 1 锅内的油慢慢加热至老薑片微焦黄，即可关火，并将锅内的老薑片、花椒、和八角捞起丢弃。4.将步骤 3 的热油缓缓倒入步骤 2 的锅中即完成，待凉了之后装罐。

麻 辣 牛 筋

原料：

牛筋 450 克，葱 2 根，姜 3 片，八角 2 颗，蒜蓉、麻油各 1 大匙，干红辣椒、白糖、花椒碎各 1 匙，黑醋 10 毫升，生抽 20 毫升，老抽 15 毫升，煮牛筋的汤 120 毫升，料酒、香菜少许。

制作：

1.牛筋洗净后放入开水内焯 1 分钟后捞出，切除皮膜及肥油部分，用冷水冲洗干净。

2.煲里放入开水 200 毫升左右，放入牛筋、姜片、葱白和八角，用中小火焖煮 2.5～3 小时，至牛筋酥烂，可用筷子戳进为止。

3.将煮酥烂的牛筋放入一容器内，凉后放入冰箱冷藏 2～3 小时后取出切片。

4.锅里油热后放入蒜蓉、干红辣椒碎和花椒碎爆香，然后加黑醋、生抽、老抽、白糖、料酒、麻油和小半杯煮牛筋的高汤拌匀成麻辣汁备用。

5.把牛筋片倒入一只大碗中，然后加入热的麻辣浇汁，搅拌均匀后浸泡20分钟左右即可。吃的时候上面撒一些香菜碎。

麻 辣 牛 蹄 筋

原料：

牛蹄筋500克，辣妹子酱、红椒米、蒜薹米各15克，高汤500克，色拉油40克，花椒油、葱结各10克，姜片、姜米、葱花、湿淀粉各5克，味精2克，精盐1克。

制作：

1. 牛蹄筋洗净后，置于锅中，用冷水加料酒、姜片、葱结，旺火煮15分钟至断生，捞起沥干水分。

2. 将牛蹄筋改成4厘米长的段放入砂锅中，加高汤，用小火炖1小时。

3. 锅内放底油烧至六成热，下入辣妹子酱煸出油，放蒜薹米、姜米、红椒米、牛蹄筋大火翻炒1分钟，烹料酒，加入精盐、味精调味，用湿淀粉勾芡，撒上葱花、淋上花椒油即可出锅装盘。

麻 辣 板 筋

原料：

牛板筋1条（约450克左右），青椒两个，炒香花生米、炒香白芝麻、干辣椒、花椒各1把，油100克，盐适量。老抽两匙，豆豉辣酱1大匙，白糖1匙，黑胡椒粉少许，姜1大块，蒜1头，陈皮、茶叶各1撮，香叶两片。

制作：

1. 姜切成片，牛板筋洗净，放入高压锅，加3～4片姜、陈皮、茶叶、香叶（调料可以用纱布包起来），加进适量水（要盖过锅内材料大半），盖上盖子，加上压力阀，开大火煮。

2. 煮到高压锅冒大气后，再继续煮30分钟左右关火，待热气散净，开盖，用筷子穿一下锅中的板筋，能顺利穿透就是煮好了，如果还不烂，继续再煮10分钟左右。

3. 将板筋捞出，斜切成片或用手撕成小条，蒜去皮切成粒，干辣椒剪成段，青椒去蒂，切成块。

4. 炒锅内放油烧热，下入姜、蒜煸炒出香味，再加入 1 大匙豆豉辣酱，炒出红油后，将干辣椒、花椒一起放入锅中炒出香味，将切好的板筋倒入，加少许水炒匀。

5. 调入盐、白糖、老抽，再分次、少量的加入些许水，让板筋吸收汤汁入味，同时放入青椒块持续翻炒。

6. 到青椒变软熟了时，撒入少许黑胡椒粉，再撒入炒香的花生和炒香的芝麻，翻匀起锅。

小提示：板筋放入高压锅煮时一定不能放盐，否则炖不烂。此菜的盐要少放，豆豉辣酱已经有咸味，糖有提鲜和让板筋味道醇厚的效果，不能省略，但可以根据个人口味调整用量。还可根据个人口味调整花椒、辣椒用量，也可用孜然粉换掉花椒，起锅时加粗孜然粒就是烧烤口味的辣板筋了，味道也非常香。还可用羊板筋代替牛板筋，做法一样，另外还可以增加一些自己喜欢的蔬菜做配菜，比如放入莴笋、黄瓜、胡萝卜或洋葱等。

宫 保 牛 筋

原料：

新鲜牛筋 700 克，生花生米 100 克，大葱 1 段、姜少量，蒜 3 瓣，青红美人椒各 1 个、干辣椒 10 个左右，花椒适量。

备三种料：

A 料为自制卤汁 1 碗；

B 料为生抽 2 大匙、料酒 1 大匙、糖 1 小匙、水淀粉适量；

C 料为花生油 3 大匙、辣椒粉 1 小匙、盐少量。

制作：

1. 凉锅洗净准备好，放入花生米后再入油，开小火不停翻炒，听到花生米噼啪响声稍密集，且花生有少量脱皮的时候，关火盛出备用。

2. 将牛筋投入 A 料卤汁中，用小火卤制两小时左右至熟。

3. 将卤好的牛筋放凉、切成小段。

4. 将大葱切段；姜切丝；蒜切片；青红椒切圈；干辣椒切段。

5. 锅内放入花生油，小火炸香花椒和干辣椒。

6. 加入葱、姜、蒜炒香。投入牛筋丁、辣椒粉炒匀。

7. 将 B 料依次倒入小碗中调成汁。再将调好的汁倒入锅中炒匀，放入花生米、青红椒圈及盐翻炒片刻即可出锅。

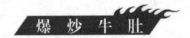

原料：

牛肚 350 克，毛芹 80 克，八角 1 个，料酒、香叶、姜、辣皮子、洋葱、盐、鸡精、胡椒粉等各适量。

制作：

1. 把熟牛肚洗净，去掉牛肚上的筋，用开水加进八角、料酒、香叶煮 20 分钟捞起切丝。

2. 毛芹洗净去叶切段；姜切末；辣皮子泡泡洗净切末；洋葱切丝。

3. 热锅、凉油，加入花椒粒、姜、辣皮子炒香。

4. 加进牛肚翻炒，再倒入料酒调味、炒匀。

5. 加进洋葱炒出香味，再放入毛芹、盐炒匀，加鸡精和胡椒粉炒匀后出锅。

泡 椒 牛 肚

原料：

熟牛肚 250 克，红辣椒 30 根，野山椒 20 根，水芹菜 1 棵，生抽1匙，精盐、鸡精各2克，湿淀粉10克，八角2粒，鸡汤1小碗，香油适量。

制作：

1. 将熟牛肚切成丝；红辣椒、野山椒（如怕辣，野山椒可不切）切成小块；芹菜切成段备用。

2. 牛肚丝放进水锅，加葱丝、料酒、八角煮开。

3. 锅内放油烧热，下入辣椒丝、肚丝爆炒，加入料酒、鸡汤、生抽、精盐、鸡精炒开。

4. 加入鸡精、芹菜炒匀，再用湿淀粉勾芡，淋香油后即可出锅。

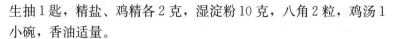

麻辣牛肚丝

原料：

牛肚1个，西芹100克，辣豆瓣酱、生抽、糖、麻油、姜、蒜头、盐、鸡精等各适量。

制作：

1. 牛肚清水煮熟，待冷却后切条，坐锅下油，爆香辣豆瓣酱、姜、蒜头。

2. 下入牛肚，加水与生抽，开锅后熄火，下入西芹、糖、麻油，再加入盐、鸡精调味即成。

小提示：西芹不要煮太久，要脆才好吃。喜欢吃大辣的可以加辣椒干。

鲜 香 牛 肝

原料：

牛肝200克，水发木耳15克，荸荠、泡椒50克，生姜1小块，大蒜8瓣，食用油30克，香油2小匙，酱油、料酒各1大匙，淀粉、高汤适量，花椒粉、香醋、精盐各1小匙，白糖、味精各 0.5 小匙。

制作：

1. 荸荠去皮后洗净切片；泡椒去蒂、去籽切片；牛肝撕去表皮，洗净切片；木耳洗净；姜、蒜洗净切末。

2. 把牛肝放在碗里，加盐、糖、水、淀粉、高汤拌匀上浆，再把泡椒、姜、蒜一同放入牛肝中拌匀腌制。

3. 把酱油、醋、味精、水、淀粉同盛于碗内，加少许高汤兑成芡汁。

4. 锅里放油，烧至七成热时，下入牛肝、泡椒、姜、蒜，炒至牛肝散开发白时，烹入料酒，放入荸荠、木耳煸炒，再倒入芡汁，炒匀后盛入碗内，淋入香油，撒上花椒粉即可。

> **小提示：** 牛肝比较粗糙，炒制的时间不要过长，以防牛肝变老、变硬。

麻婆牛骨髓

原料：

牛骨髓 150 克，内酯豆腐 1 盒。永川豆豉 5 克，豆瓣酱 15 克，醪糟酒、味精、刀口辣椒面各 10 克，葱、姜、蒜、白糖、鸡精、生粉各 5 克，老汤 500 克，四川省产的花椒面 2 克，秘制红油 20 克。

制作：

1. 将牛骨髓改刀成 1.5 厘米见方的丁；豆腐用刀尖划开外皮，将豆腐盒反过来放在案板上，用刀从盒底一角切一小口，待空气进入后将盒提起，豆腐自然留在案板上，再将豆腐改刀成 2 厘米见方的块。

2. 锅内放入秘制红油，烧至七成热时，放入葱、姜、蒜、豆瓣酱、豆豉，小火煸炒 3 分钟后放入老汤、醪糟酒大火烧开，然后用笊篱将葱、姜、蒜等杂质捞出，放入豆腐、牛骨髓、白糖、辣椒面小火烧2分钟，用味精、鸡精调味后，放入生粉勾芡、出锅，撒上花椒面即可食用。

啤酒煮牛肉土豆

原料：

牛肉400克，土豆1个，姜、蒜头、香叶、花椒、八角、茴香、丁香粉、柱侯酱、腐乳、啤酒、生抽、老抽、糖等各适量。

制作：

1. 牛肉用姜片焯水；土豆切块；姜切片或拍烂。

2. 坐锅放油，爆香花椒、八角、茴香、姜、蒜及两汤匙柱侯酱，放入牛肉、土豆、半块腐乳，再放入大概小半尾指的丁香粉和香叶翻匀；丁香粉不要放太多，否则会掩盖其他调料的香味。

3. 倒入1罐啤酒，再放适量生抽、老抽和1汤匙左右的糖搅拌几下，盖锅盖儿，先大火焖5分钟，再收小火焖，焖到土豆熟软，大火收汁，倒进预热好的砂锅里即可。

节 节 高 升

原料：

带皮牛尾300克，鲜笋100克，红油100克，郫县豆瓣酱50克，干辣椒、泡辣椒、花椒、料酒各20克，盐、酱油各10克，白糖、鸡精各5克，胡椒粉3克，水1500克。

制作：

1. 将牛尾洗净，改刀成3厘米长的节，入沸水中焯水2分钟捞出备用；笋子切成2厘米长的节备用。

2. 锅中加红油烧至六成热时，用小火炒香郫县豆瓣酱，加入干辣椒、泡辣椒、花椒，用中小火炒香，再入牛尾、笋子、盐、白糖、鸡精、胡椒粉、料酒、酱油及1500克清水，盖上盖儿，小火烧2小时入味。

3. 用锅仔点火上桌。

麻辣毛肚涮涮锅

原料：

汤底 1 罐，水 4 罐，火锅料 3 片，蒜苗 1 根，鸭血 1 块，毛肚（牛百叶）1 盘，高丽菜 50 克，金针菇 1 把。

制作：

1. 先将全部的火锅料洗净备好。

2. 鸭血切块状；高丽菜剥成适当大小的块状；蒜苗切段；金针菇去尾备用。

3. 取一锅，放入汤底材料后，以大火煮开，再加入鸭血块后，转中小火煮约 10 分钟。

4. 待步骤 3 的汤煮滚后，放入牛百叶涮 5 秒即可直接食用。

5. 其余火锅料可依个人喜好顺序放入步骤 4 的锅中，以大火煮熟即可食用。

毛 肚 火 锅

原料：

牛毛肚、牛肝、牛脊髓、牛腰、牛柳肉等各 50 克左右，鲜菜任意选数种 400 克左右，葱、姜、青蒜、花椒、盐、味精、麻油、辣椒粉、绍酒、豆豉、豆瓣酱、牛肉汤、熟牛油等各适量。

制作：

1. 将牛毛肚洗净切成片；葱切段；姜切末；鲜菜洗净撕成片。

2. 锅内加牛油烧热，放入豆瓣酱、姜末、辣椒粉、花椒炒香，再添入牛肉汤，倒入火锅内，加盐、绍酒、豆豉烧沸，撇去浮沫。

3. 食用时，先将牛脊髓放入火锅内烧沸，其他原料装盘，随吃随烫。

羊 肉 炉

原料：

羊肉（后腿肉）1200 克，高丽菜半棵，老姜 2 块，米酒 1 瓶，香菜、葱花适量；

中药材：当归 2 片，枸杞 1 大匙，黄耆 5 片，陈皮 75 克，川芎 11.25 克，甘草 1 片；

制作：

1. 羊肉洗净切块，放入滚水中汆烫后捞起。

2. 姜切片，热油锅将姜片爆香后，加入羊肉拌炒至香，加米酒、水、中药材（以纱布袋装好）一同入锅内炖煮约 1 小时。

3. 高丽菜洗净切片状，加入锅中再煮约 20 分钟，起锅前淋少许酒、撒上葱花、香菜。

> **小提示：**克羊肉腥味的良方是陈皮及米酒，不但去腥味，还可使羊肉细嫩鲜甜并增添米酒香。

特 制 羊 肉 炉

原料：

羊肉带皮 500 克，蒜 5 头，姜 3 片，老姜 200 克，酒 1 杯，水 15 毫升，麻油 1 大匙，葱 3 根，中药材（八角、参须、枸杞各 10 克，黄耆 25 克，党参、黑枣、广皮各 15 克，桂皮、丁香各 5 克），火锅配菜随意。

制作：

1. 将中药材用米酒浸泡 10 分钟备用。

2. 羊肉切块洗净，连姜片、葱段放入滚水中汆烫，用冷水洗净，除去血水。

3. 将步骤 1 浸泡的中药材与 15 杯水先以大火煮滚，捞除浮沫后改为小火，炖煮约 2 小时，将药渣取出备用。（将此汤作为汤底)。

4. 老姜洗净拍破,取锅加热倒入麻油,放入姜爆香,加入羊肉炒香,再倒入作法 3 的汤中煮熟,加入其他火锅配菜即可。

香辣啤酒羊肉

原料:

羊肉 350 克,啤酒 80 克,干辣椒、葱各 20 克,生抽 5 克,盐 3 克。

制作:

1. 羊肉洗净切小块,入开水余烫后捞出;葱洗净,切碎;干辣椒洗净,切段。

2. 锅内倒油烧热,放入羊肉炒干水分,加入干辣椒煸炒。之后加入啤酒、生抽、盐煸炒至上色,加入葱花炒匀,起锅即可。

藤椒焖羊腿

原料:

羊腿 2 根,青花椒、大葱节、老姜片、大蒜、白糖、料酒、盐、高级生粉、香菜末各适量。

制作:

1. 将绿油油的青花椒、大葱节、老姜片、大蒜,在五成油温时下锅煸香,煸香以后加水。

2. 加入羊腿、白糖、料酒、盐,水开以后打去浮沫,小火加盖儿焖烧 2 小时至羊腿熟软。

3. 羊腿捞出后装盘备用,同时滤去锅内的各种浮渣(用细丝漏)。

4. 锅里用高级生粉勾玻璃芡,给羊腿挂汁,撒上脱水的香菜末即可食用。

香辣羊肉锅

原料：

羊肉 500 克，料酒、冰糖、老干妈香辣酱、生姜、葱白、干辣椒、陈皮、莲藕干、无花果干、红枣、大蒜、花椒、香叶、桂皮、八角、草果、小茴香、老抽、蚝油、生抽、盐、食用油等各适量。

制作：

1. 水烧开加入葱白、生姜、料酒，放入羊肉块汆烫几分钟，捞出羊肉，洗净血水。

2. 锅里加入适量油，放入冰糖、老干妈香辣酱、生姜、葱白、干辣椒、陈皮、大蒜、花椒、香叶、桂皮、八角、草果、小茴香小火炒香，放入汆烫好的羊肉爆炒几分钟，喷入料酒。

3. 加入适量老抽，炒匀上色，再加入适量生抽、蚝油、莲藕干、无花果干、红枣继续翻炒均匀。

4. 一次性加入漫过所有材料的开水。

5. 大火煮开，转中小火慢炖 1～2 小时，炖至肉烂汤香，加入少许盐调味即可。

小提示： 羊肉最好选用肥瘦相间、稍带骨头的绵羊肉，肥嫩好吃，膻味小；各种配料可以自己搭配，香料、红枣等可以部分去除羊肉特有的膻味，可酌情添加；爆炒羊肉的时候，趁热喷入料酒，酒精受热挥发的同时，可以带走部分羊肉特有的膻味，老抽只有在食物受热的时候，才能为食物挂上好看的颜色，生抽、蚝油主要是调味；炖煮肉类最好一次性加入足够的水，不要中途添加水（实在不行，加开水），否则味道会大打折扣；调味的盐最后放，以免肉质紧缩，不宜炖烂，香辣酱、老抽、生抽、蚝油、盐都有咸味，请注意用量，以免太咸。

川味烤羊排

原料:

羊排1块,洋葱、姜片、料酒,花椒、盐、辣椒油、花椒面、辣椒面、孜然粉等各适量。

制作:

1. 羊排去头去尾,保留中间精华部分备用(羊排的边角余料可做其他菜)。

2. 先加入切碎的洋葱,再加点姜片(姜片和洋葱都可以切得粗犷点,因为烤制时这些腌制料是不需要的)、料酒、花椒以及盐(每500克羊排用5~10克盐)腌制。

3. 调料和羊排拌匀后,放入密闭容器内,放进冰箱冷藏室冷藏腌制3个小时,中途搅拌一次。

4. 腌制好的羊排从冰箱取出后,清理干净腌制调料并放入烤盘,用160℃预烤15分钟,之后从烤箱取出羊排刷上辣椒油。

5. 刷好辣椒油的羊排再次放入烤箱(温度设定为200℃、30分钟),到时候将羊排取出,再在上面撒点花椒面(嗜辣的重口味朋友还可以再加点辣椒面)、孜然粉。

6. 撒好调料以后,再次入烤箱,定200℃、烤2分钟,再撒点葱花即可食用。

香辣腐乳羊腿煲

原料:

羊腿肉500克,芋头3个,豆腐乳1块,豆腐乳汁4匙,酱油6匙,麻辣香水鸡酱3匙,香叶2小片,花椒十几粒,白酒、葱、姜、蒜等各适量。

制作:

1. 买来的新鲜羊腿肉切小块洗净,加入1匙白酒,数片姜片，2匙六月鲜酱油腌制10～15分钟；2～3匙麻辣香水鸡酱提前放油锅炒香后备用。

2. 炒锅放入油后，放入香叶、花椒、姜片、葱段爆香（爆香后沥出炒过的花椒粒），放入一整块豆腐乳、2匙豆腐乳汁炒均，倒入腌好的羊肉翻炒，加入1匙白酒、3匙酱油，翻炒5～8分钟。

3. 弃去炒料，将炒好的羊肉捞出放入砂锅中，加入清水（清水以刚刚没过羊肉为准），加入姜片、蒜块、1匙白酒，3匙酱油、2匙豆腐乳汁，提前炒好的麻辣香水鸡酱，水开后小火炖15分钟。

4.15分钟后，将芋头去皮切小块，放入羊肉煲中，继续炖煮30分钟即可。

小提示：在腌制羊肉或炒制过程中用白酒替换料酒，这样去膻效果会更好，采用先炒后炖的方法一是炒制后羊肉多多少少会出些浮末，需要撇出浮沫，二是加入香料、豆腐乳炒也会有去膻的效果，使羊肉炖制前更加入味，在整个制作的过程中不放盐，因为酱油，腐乳及辣椒酱均带咸味。

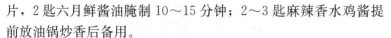

喜气洋洋(水煮羊肉)

原料：

火锅羊肉片500克，菜油2大匙，花椒粉2茶匙，干辣椒、豆瓣酱各20克，葱、姜末、料酒各1大匙，大蒜3瓣。

制作：

1. 锅内烧热油，爆香姜、蒜、葱段、干辣椒、花椒和豆瓣酱，加入料酒，煮沸2分钟。

2. 下入羊肉片滚熟，熄火，撒葱花在面上。

原料：

熟羊杂（可以是羊肚、羊头肉、羊腰、羊肠、羊血，用量可自配）750 克，菜心 80 克，胡萝卜丝、白芝麻各 10 克，油麦菜 100 克，郫县豆瓣、辣妹子酱、红油、灯笼椒、鸡粉各 50 克，白胡椒粉 10 克，盐 8 克，白糖、花椒油各 30 克，高汤 150 克，葱段、姜片、蒜片各 5 克。

制作：

1. 熟羊杂切成重约 5 克的块，放入沸水中大火汆 1 分钟捞出。

2. 油麦菜洗净，切成长 5 厘米、宽 1 厘米的条，垫入碗底，上面放入羊杂；菜心根部插上胡萝卜丝，放入沸水中大火汆 1 分钟，捞出放在碗的边缘。

3. 锅内放入红油 30 克，烧至五成热时，放入郫县豆瓣、辣妹子酱小火煸炒 2 分钟，放入葱段、姜片、蒜片小火煸香，再放入盐、鸡粉、白糖、高汤、白胡椒粉小火烧开，出锅倒入碗中。

4. 锅内放入剩余的红油、花椒油、灯笼椒，小火烧至八成热时，放入白芝麻，出锅浇入碗中即可。

> **小提示：**羊杂的煮制：羊肚、羊肠、羊头肉用盐水反复冲洗，洗净后加料酒 30 克腌渍 30 分钟备用；羊腰洗净，去外面薄膜，将羊肚、羊肠、羊头肉、羊腰、羊血同时放入锅中，加八角、桂皮、小茴香各 10 克，干辣椒 5 克，盐 8 克，用小火煮 30 分钟取出即可。
>
> 红油的制作：四川泡椒、小朝天椒各 500 克剁碎，放入 3000 克的色拉油中烧至五成热时，加入葱段、姜片、蒜片各 50 克、花椒 100 克，以小火煸炒 20 分钟，取出即可。

椒 麻 蹄 筋

原料：

鲜羊蹄筋 200 克，花椒油 15 克，辣椒油 30 克，盐 3 克，味精 5 克，白醋 10 克，葱花 2 克，干红辣椒 10 克。

制作：

1. 将羊蹄筋放入 500 克沸水中，用大火烧开后，改为中火煮 25 分钟取出，控水备用。

2. 将花椒油、辣椒油、味精、盐、白醋调成汁，放入蹄筋中拌匀再腌渍 1 小时后取出装盘，上桌时撒上葱花、干红辣椒即可食用。

麻 辣 烤 兔

原料：

仔兔 1 只（约 1250 克），姜末、盐、花椒粉各 5 克，花椒 0.5 克，孜然粉、五香粉各 10 克，味精 1 克，料酒 25 克，辣椒粉 15 克。

制作：

1. 将盐、五香粉、花椒、料酒调制成腌料；再将盐、辣椒粉、花椒粉、孜然粉、味精、食用油调成味汁；将辣椒粉、花椒粉、盐、味精、孜然粉等调成辣椒碟。

2. 仔兔治净，将调好的腌料在兔身里外抹匀，腌制 3 分钟以上。

3. 烤炉生火，将仔兔上叉，放于烤炉上烘烤，至表面将干时，在其表面刷上调制好的味汁，继续烤制，兔表面烤熟时，在兔腿肉厚处用刀划上几刀，刷上油，再烤制，如此反复，直至将兔完全烤熟，表面呈金黄色时取出，再将兔斩成块，配上制好的辣椒碟蘸吃。

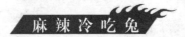

麻辣冷吃兔

原料：

新鲜兔肉 500 克，盐、干辣椒、花椒、八角、老姜、大葱、酱油、醋、酒、白糖、味精、鸡精等各适量。

制作：

1. 首先要将整块的兔肉下锅，同时在锅内加入花椒、八角、姜片、大葱段一起过一下水，兔肉就定型了，同时香料的味道也进到了兔肉里面。

2. 水开后将兔肉煮至九成熟捞出，冷却后切成手指节左右大小的肉丁，肉一定要现剐新鲜的，肉丁不宜切的太小，放一旁备用。另准备花椒、干辣椒切成段，生姜、蒜切片备用。喜食麻辣味重的，花椒、辣椒可多准备点。

3. 将油放入锅中（量宜多），同时将姜、大葱、八角、花椒放到漏匙里面，放进锅里炸至大葱颜色泛黄，捞出倒掉，然后加盐，盐不要太多，因为接下来还要加酱油，咸了就没法减了。盐一定要先于兔肉加入热油中，这样下兔肉的时候油不会乱溅。

4. 之后将火开至中火，倒入准备好的兔肉丁，迅速翻炒至兔肉基本脱水。加料酒翻炒两下后加入备好的辣椒段，继续迅速翻炒，不然干辣椒段容易糊，翻炒几下立即放入酱油和少量白糖，翻炒至颜色变金黄，最后加少许醋，闻到香味后关火。

5. 最后加入味精、鸡精炒匀，放在锅里，等冷了之后便可起锅装盘。

酱香麻辣兔头

原料：

兔头 1 个，豆瓣酱、花椒粉各 1 大匙，辣椒粉两大匙（可依个人喜好增减），卤水适量。

制作：

1. 将兔头整理干净后，放入卤水中卤制约半小时至软，捞出装盘待用。

2. 锅中留约 1 汤匙卤水烧沸，放入豆瓣酱，改微火略炒。

3. 再放入辣椒、花椒粉炒约半分钟，下入兔头不停翻炒。

4. 炒至卤汁干时，起锅装盘即可食用。

荷叶麻辣兔卷

原料：

兔肉 300 克，荷叶饼 10 张，酱油、豆豉、白糖、香葱、黄瓜、盐、蘑菇精、花椒面、泡辣椒及小红尖椒丁各适量。

制作：

1. 将兔肉洗净，放入开水锅内煮熟，捞出晾凉，用刀剁成 2 厘米的方丁。

2. 香葱切粒；豆豉略剁一下；泡辣椒和小红尖椒均切成丁备用。

3. 锅内放油，煸炒泡辣椒出来辣椒油、煸炒尖椒丁及豆豉出来香味后放入兔丁，淋上酱油，加进白糖、盐、蘑菇精、花椒面，煸炒入味关火，盛在盘中。

4. 将荷叶饼铺开，卷入适量的麻辣兔丁插入黄瓜条，用切好的绿尖椒圈套住成卷，用黄瓜片，辣椒花装饰即可食用。

香辣火锅兔

原料：

兔肉 400 克，青笋 1 根，火锅料 50 克，干辣椒、花椒、蒜、嫩姜丝、淀粉、泡椒、豆瓣、火锅料、盐、酱油、鸡精、大葱等各适量。

制作：

1. 兔肉切丁，加入适量的淀粉和酱油拌匀码味 1 小时。

2. 锅内倒入油，烧热，放入码好味的兔肉快速翻炒，速度要快，过下油就起锅，装盘待用。

3. 锅内再加点油，放入花椒炸出麻味，加入蒜、豆瓣炒香。

4. 加入火锅料翻炒化开（用大概 50 克火锅料）。

5. 加入干辣椒、泡椒、少量嫩姜丝翻炒入味，加水烧开。

6. 加入剩下的姜丝，翻炒匀再加入青笋。

7. 随后马上加入兔肉，翻炒均匀，中火烧一会儿。

8. 兔肉煮透后马上加入少量鸡精和大葱翻炒，出锅即可。

小提示：兔肉很容易煮熟，煮熟后马上起锅，这样不但兔肉鲜嫩，青笋也很脆。

宫廷兔肉

原料：

野兔肉 500 克，红油、白糖各 10 克，料酒 25 克，味精 15 克，辣椒酱、豆瓣酱、花椒各 20 克，蒜蓉 30 克，八角、香叶、葱各少许。

制作：

1. 野兔宰杀去内脏，洗净，用刀改成 1 厘米见方的小方丁，放入沸水锅里焯水，捞出后用冷水漂洗干净，姜洗净切片。

2 锅留底油少许，下入蒜蓉和红油、花椒煸香，再下入兔肉，煸炒出香味，接着下入其他调料，放入高汤，加上盖儿焖大约 15 分钟，不需要勾芡，把水分烧干，起锅即可。

小提示：兔肉不能切得太大，一定要将水分烧干，还需要淋麻油。

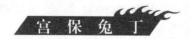

宫保兔丁

原料：

兔肉 500 克，炸好的花生米 50 克，鸡蛋 1 个，笋、干辣椒、花椒、糖、醋、盐、味精、生抽、淀粉、花生油、葱姜、料酒各适量。

制作：

1. 将兔肉切丁，加盐、蛋清、淀粉上浆；干辣椒切小段；笋切丁；葱姜切片。

2. 将兔丁滑油捞出，炸花生米去皮；取一碗，加入生抽、糖、醋、味精、盐、湿淀粉，制成调味汁。

3. 锅内留少许油烧热，下入葱、姜、辣椒、花椒炸香，烹入料酒，下入笋丁略炒，倒入调味汁、兔肉炒匀，撒入花生仁，出锅即可。

毛 血 旺

原料：

猪血或鸭血150克，修好的鳝鱼2条，卤肥肠半根，白百叶60克，方火腿80克，黄豆芽60克，香菜2根，花椒、冰糖、大葱各10克，独蒜1~2个、姜8克，干红椒20只左右，香叶3~4片，丁香4粒左右，八角1个，桂皮1片、草果若干，植物油6大匙，高汤2杯，老抽1大匙，米酒50毫升，盐、鸡精适量。

制作：

1. 将一半量的干红椒切段；葱、姜、蒜都切小粒；将香叶、丁香、八角、桂皮、草果入食品料理机中打碎。

2. 锅内放入一半的油，小火炸香干红椒和花椒，再加入葱、姜、蒜粒大火炒香。

3. 加入打好的香料碎炒香，将炒好的调味料盖上锅盖儿焖1小时左右待用。

4. 卤肥肠切小段，火腿切方片备用。

5. 烧开半锅水，放入黄豆芽，焯制半分钟左右捞出。

6. 锅内换水，放入猪血焯制半分钟左右捞出。

7. 再换水烧开，加入鳝段焯制1分钟左右捞出，去除掉其表面黏液。

8. 焖好调味料后开盖，加入高汤烧开，放入冰糖、老抽、盐，加入肥肠段和火腿片煮1分钟左右，再加入猪血片煮2分钟左右。

9. 最后加入米酒、鸡精、鳝鱼、百叶、豆芽煮片刻盛出。

10. 净锅放入另一半油，小火炸香另一半的干红椒和花椒，将其倒在盛有毛血旺的碗中，撒上香菜段即可食用。

水煮血旺

原料：

熟猪血300克，油菜、芹菜各50克，香葱2棵，生姜1块，大蒜5瓣，花椒适量，干辣椒15个，食用油30克，豆瓣酱1大匙，精盐1小匙，味精1/2小匙。

制作：

1. 将油菜洗净后备用；猪血切成厚片；葱、芹菜洗净切成段；姜、蒜洗净切末。

2. 锅烧热后，将花椒、干辣椒入锅炒香后剁成细末。

3. 锅内再放油烧热后，加入大半匙豆瓣酱、姜末、蒜末爆香，再放入油菜、芹菜炒至断生，起锅装入汤碗。

4. 锅中留底油，再加大半匙豆瓣酱炒香，加入少许清汤，放入猪血煮透，调入盐、味精，再盛入装有油菜、芹菜的碗中，撒上辣椒末、花椒末，烧热油淋于其上即可。

> **小提示：** 烧热油淋菜时，油温一定要高。

麻辣血旺

原料：

猪血（或鸭血）400克，泡椒、泡姜、干海椒、老姜、蒜、香芹菜、蒜苗、菜子油、盐、味精、芡粉、红海椒油、花椒油、青笋各适量。

制作：

1. 猪血或鸭血切成 5 毫米厚的片；泡椒、泡姜、干海椒、老姜一起剁碎；蒜切片；香芹菜和蒜苗成切段；青笋叶切成 3 厘米左右的段。

2. 先热油，油辣后把剁碎的泡椒、泡姜、干海椒、老姜下锅炒香。

3. 加入适当的水、食盐和蒜片，再烧开 1 分钟时，将青笋叶下锅烫一下，捞起放在大碗里做垫底。

4. 把血旺片下锅，煮至血旺颜色一变，就把芡粉水调入锅内勾淡一点的芡，并加入适量的味精后就可以起锅。

5. 起锅后，把适量的红海椒油、花椒油浇在表面即可。

原料：

大肠 300 克，酸菜心 150 克，猪血 500 克，蒜苗 25 克，食用油 40 克，高汤 8 大匙，蚝油、酱油、花椒、冰糖各 1 大匙，生姜 1 小块，大蒜 3 瓣，淀粉适量。

制作：

1. 大肠洗净后用水煮软，切段；酸菜心切薄片；猪血切小块；蒜苗切斜段；蒜、姜洗净切片。

2. 锅内放油烧热，先爆蒜片、姜片、花椒，再加入高汤、大肠、酸菜心、猪血，用小火煮沸后，加入蚝油、酱油、冰糖、蒜苗，再煮 5 分钟后，用少许水淀粉勾芡即可。

小提示：猪血可晚点放进去，以免煮的时间过长而变老。

原料：

大肠 600 克，酸菜心 150 克，猪血 1000 克，蒜苗 1 根，蒜头 1 瓣，姜 40 克，花椒 1/2 大匙，高汤一杯半，蚝油、酱油、冰糖、太白粉各 1 大匙。

制作：

1. 把大肠洗净，先用水煮软，再切成小段；酸菜心切成薄片；猪血切小块，蒜苗切斜段；蒜头、姜切片备用。

2. 锅内放入 2 大匙油烧热，先爆香蒜片、姜片及花椒，再加入高汤、大肠、酸菜心、猪血，用小火煮滚后，加入蚝油、酱油、冰糖、蒜苗，再煮 5 分钟后，用少许太白粉水勾芡即可出锅。

麻辣肠旺臭豆腐

原料：

处理好的大肠 1 条，大块臭豆腐 2 块，鸭血 1 块，花椒、蒜末 20 克，干辣椒 30 克，姜末 10 克，豆瓣酱 40 克，红辣椒片 1 只，酸菜丝适量，月桂叶 2 片，蒜苗片一只，高汤 1000 毫升，酱油、细砂糖、鲜鸡粉各 1 小匙，辣油 1 大匙，盐 1/2 小匙。

制作：

1. 将臭豆腐洗净，沥干水分；处理好的大肠切片备用。

2. 鸭血洗净，切块后放入滚水中氽烫约 2 分钟后，捞出沥干水分备用。

3. 锅中倒入 2 大匙油烧热，放入花椒，用小火炒出香味后盛出，放入纱布袋中绑好备用。

4. 续将步骤 3 的锅继续烧热，放入干辣椒、蒜末、姜末小火炒出香味，再加入豆瓣酱和红辣椒片续炒约 1 分钟。

5. 将高汤、酸菜丝、月桂叶和步骤 3 的花椒加入步骤 4 锅中，以中火煮滚。

6. 将步骤 5 改小火加入步骤 1 的臭豆腐、大肠片、步骤 2 的鸭血块和所有调味料拌匀，续煮约 20 分钟至完全入味，最后加入蒜苗片煮至变色即可出锅。

原料：

臭豆腐1块，高丽菜100克，大肠头100克，金针菇20克，玉米棒半根，鸭血100克，肉片50克，韭菜若干，麻辣汤底300毫升，姜50克，葱1根，八角4粒，花椒5克，盐、醋适量。

制作：

1. 大肠头用盐及醋搓洗冲净；玉米棒洗净沥干水分后切成段备用。

2. 鸭血洗净后，切四方块；臭豆腐切四等分，备用。

3. 韭菜洗净沥干水分切段；高丽菜洗净沥干水分切片备用。

4. 姜洗净后切片；葱洗净后，沥干水分切段备用。

5. 将步骤1的大肠头放入沸水中余烫一下。

6. 再于步骤5中加入步骤4的原料、八角及花椒再加水煮约20分钟后捞起，待凉切斜片，备用。

7. 另取一锅放入干净的水，待水沸腾后，放入高丽菜片余烫至熟后，捞起沥干水分，备用。

8. 取一锅，将步骤7的食材放入锅中，再依序放入玉米段及步骤2的原料、步骤3的菜段与步骤6的大肠片。

9. 再于步骤8中加入麻辣汤底后，加热即可食用。

麻辣臭豆腐锅

原料：

汤底8罐，麻辣锅底1罐，鸡粉少许，火锅料2块，高丽菜2片，胡萝卜片3片，卤牛筋200克，油条半根，金针菇1把。

制作：

1. 先将全部火锅食材料洗净。

2. 臭豆腐在表面划上2刀；高丽菜剥成适当大小的块状；油条切段；金针菇去尾备用。

3. 取一锅，放入汤底材料，以大火煮开，再加入步骤 2 的臭豆腐后，转中小火煮约 10 分钟。

4. 其余火锅食材可依个人喜好顺序放入步骤 3 的锅中，以大火煮熟即可食用。

麻辣烫新"煮"张

原料：

牛肉 500 克（或鱼片），豆瓣酱、辣椒酱各适量。调料：大葱、姜、青蒜、蒜泥、花椒粒、花椒粉、辣椒粉等各适量。素菜：唐好菜、生菜、芹菜、莴笋、冬瓜、海带（结）、豆皮（腐）、油面筋、平菇（新鲜菌类）、鸭血、土豆、魔芋、年糕、手擀粉（粉条）等可根据时令选择。

制作：

1. 青菜先用油炒好，不用放其他调料，放入事先准备好的大盆里，作为垫底。

2. 豆瓣酱、辣椒酱放入炒锅里炒出红油，也可以加适量的色拉油。

3. 放入切成段的青蒜、芹菜、蒜片炒香，加入高汤或水，放入盐、糖、鸡精、花椒粉烧开，咸淡酌情。

4. 放入不易熟的蔬菜，如菌类、冬瓜，海带等烧至九成熟，再放入易熟的豆皮，土豆片等，最后放入牛肉或鱼片，大约 2 分钟就熟。

5. 把所有已经煮好的菜捞入大盆，在大盘菜里放上蒜泥、葱末、辣椒粉，花椒粉等。最后熬尽量多点的油，把油浇在大盆菜上面即可食用。

麻 辣 香 锅

原料：

油菜、平菇、金针菇、菠菜、白菜、洋葱、藕、黑木耳、腐竹、蟹柳、五花肉、虾仁、鱿鱼卷、香肠等各适量。

八角、红辣椒、干辣椒、香菜、豆瓣酱、花生、白芝麻、孜然、辣椒油、盐、糖、花椒粉、葱、姜、蒜、青椒等各适量。

制作：

1. 木耳、腐竹事先用清水泡发；木耳清洗干净后去掉根蒂，撕成小块；腐竹切小段；其他各种蔬菜清洗干净，该去皮的去皮，再改刀成块状或片状。

2. 五花肉切片；葱切花；姜切丝备用；香肠切片；蟹柳切段；洋葱切丝；青椒切片；红辣椒和干辣椒切碎；豆瓣酱剁碎；香菜洗净切段。

3. 烧开一锅水，水中放 1 小匙盐，分别将各种蔬菜入锅焯熟，捞出后控干水分，将虾仁和鱿鱼片也一起焯熟。

4. 锅中放两匙油（和平时炒菜差不多），油烧热后，将剁碎的豆瓣酱下锅煸炒，炒出红油，放红辣椒和干辣椒（辣椒量随自己喜好），放入五花肉炒熟。

5. 加入葱、姜、蒜、洋葱、青椒片煸炒，加入蟹柳、香肠和焯熟的鱿鱼卷及虾仁煸炒。

6. 最后放入焯熟的各种蔬菜，随个人口味加入盐、糖、辣椒油和少许花椒粉，最后撒入烤熟的花生和白芝麻，撒些孜然即可出锅，在香锅上撒些香菜段。

凉 菜

夫妻肺片（猪）

原料：

猪心、猪舌头、猪瘦肉、猪肚各 300 克，老卤汤 500 克，嫩芹菜、香菜、酥花生米各适量。葱、姜、八角、桂皮、香叶、料酒、盐、老抽、糖、麻椒、辣椒、米醋、糖、生抽、大蒜等各适量。

制作:

1. 先将洗净的猪心、猪肚、猪舌头、猪肉焯水,然后放入汤锅,加入清水,大火煮开,撇去雪沫,加入葱段、姜片、八角、桂皮、香叶等调料。

2. 倒入老卤水,加入老抽、料酒,转文火煮至 1 小时,加盐后再继续煮一小时,捞出凉透,然后把猪心、猪肚、猪舌头、猪肉分别切成薄片。

3. 把香菜和芹菜洗净,切成寸段;准备好酥花生米,同时准备好麻椒和辣椒碎;大蒜剁成蒜蓉放入碗中,加入生抽、醋、鸡精、胡椒粉搅拌均匀。

4. 锅中注入油,下入麻椒和辣椒碎小火煸炒出红油,趁热倒入料汁中,做成麻辣料汁。

5. 将切好的肉片等食材上加入香菜和嫩芹菜段,撒上香酥花生碎,浇上麻辣汁搅拌均匀即可食用。

> **小提示:** 卤肉的汤汁可以过滤后放入冰箱冷冻,下次当老卤汁用。

黄瓜拌猪心

原料:

生猪心 400 克,黄瓜 100 克,红辣椒圈、蒜泥各少许。精盐、味精各 1/2 小匙,一品鲜酱油、醋各适量,辣油、麻油各 1 小匙,料酒 1 大匙,姜片少许。

制作:

1. 先将生猪心用清水洗净,然后剖成两半,用水洗净污血。

2. 起锅,烧开适量的清水,加入料酒、姜片,放入猪心用大火烧开,撇去浮沫,转中火煮 30 分钟,捞出冲凉备用。

3. 将熟猪心切片,黄瓜切块,与辣椒、蒜泥、调料拌匀入味,装盘即可食用。

小提示：原料中的猪心可换成酱肉、猪肘子，则成为酱肉拌黄瓜、猪肘子拌黄瓜。如果在调味料中重用红油，则成为红油拌猪心。

泡椒猪手

原料：

猪手1个，泡椒、姜片、红辣椒、八角、桂皮、香叶、花椒、小茴香、糖、白醋、白酒、盐等各适量。

制作：

1. 切成块的猪手凉水下锅，放入姜片烧开，将猪手撇去浮沫洗干净后放入慢炖锅中，加入适量的开水和少许的白醋，盖上锅盖，高火慢炖1.5小时。

2. 将桂皮、花椒、香叶、八角等放入调味料钢球中，冲洗干净放入锅中，再加入姜片、红辣椒、糖和盐，一起煮锅开水，水开后再煮上5分钟。

3. 将煮好的调料水放入碗中放凉，再加入泡椒及泡椒水。

4. 待猪手煮好后，加入适量的盐，再加盖焖煮10分钟后，将猪手捞出，放入准备好的泡椒水中。

5. 再加入点白醋、加入点高度白酒，使得猪手完全浸入泡椒水中，盖上盖，密封放入冰箱中泡上1天(24小时以上)即可食用。

小提示：将焯过水的猪手放入锅中加入开水时可放入几滴醋（这样利于钙质吸收），泡椒水的制作是将用花椒、红辣椒等八角煮开，加入盐等调味，完全放凉后加入泡椒及泡椒水，最后加入点白醋。

豆瓣拌蹄花

原料：

猪前蹄1个，老姜、花椒粒、韭菜节、美极鲜酱油、糖、白醋、盐、小青椒、小米辣、香油各适量。

制作：

1. 将猪前蹄加老姜和花椒粒，炖 2～3 小时，炖蹄花的汤需要完全打去浮沫，炖好以后加点素菜就是一碗好汤。

2. 炖好的猪蹄去骨后，切块；碗里用韭菜节打底，放上剁成小块的蹄花。

3. 加入美极鲜酱油、糖、白醋、盐（味精自便）。

4. 再加入小青椒和小米辣（口味依自己喜好，喜欢辣就多加），加点香油，淋上调好的味汁即可。

原料：

猪蹄 4 只，葱花适量，醋、糖、蒜末、豆豉、姜末、辣椒油各 1 大匙，花椒面、盐各 1 小匙，生抽 3 大匙，香油少许。

制作：

1. 豆豉冲洗一下剁碎备用。

2. 猪蹄清理干净，放入冷水锅中烧开后，用水冲洗干净血沫，重新起冷水锅，先大火再转小火炖煮猪蹄，直至能够轻松脱骨。把骨头剔除，皮肉、筋放浅盘子里晾凉备用。

3. 把凉透的猪蹄肉切片，成为蹄花的主料。

4. 另取一碗，把蒜末、姜末、花椒面和豆豉先混合，锅里烧热 2 大匙素油，趁热浇在蒜末、姜末、花椒面和豆豉上拌匀。然后把其余的调料生抽、盐、糖、醋、辣椒油和香油拌进去。

5. 蹄花上撒葱，再浇上准备好的调味料，拌匀即可。

> **小提示**：骨头和汤加点酱油、糖、八角红烧后啃一啃也不错，放点花生黄豆炖汤也可以。

麻辣拌牛腩筋

原料：

牛腩筋 400 克，酱油拌汁 3 匙，卤水、鸡精、盐、糖、芝麻油、红油、香菜等各适量。

制作：

1. 将牛腩筋洗净后，过一过热水，沥干。

2. 锅中加入 4 匙老卤水，再添加水，水量需没过牛腩筋，用大火煮开。

3. 加进鸡精、盐、糖，再转中小火，炖至牛腩筋至微软，捞出后放晾后再切薄片放在深盘中。

4. 倒入 3 匙酱油拌汁拌匀后，再添 1 大匙芝麻油与 3 大匙红油搅拌匀，装入另一个新盘中，撒上一大撮香菜末与花生碎即可出菜。

> **小提示：**酱油拌汁制作：半小匙卤汁加两大匙酱油、大半匙白糖，用中火烧开后转最小火熬制大约 3 分钟即可。

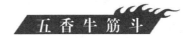

五香牛筋斗

原料：

鲜牛筋 400 克，红卤水 1 锅，特制麻辣椒盐 50 克。

制作：

1. 鲜牛筋用清水冲泡 1 小时后，放入沸水锅中过一下捞出备用。

2. 取一高压锅，放入红卤水，下入鲜牛筋，加盖，上火压至牛筋软后，捞出沥干水分，趁热放在垫有保鲜膜的方盒内，再盖上一层保鲜膜，然后用重物压 12 小时，直至牛筋凉透且粘连在一起。

3. 将压好的牛筋取出，切成长薄片后装入盘中，随特制的麻辣椒盐一起上桌即可食用。

五香牛肉干

原料:

瘦牛肉 2500 克,盐 80 克,辣椒粉 36 克,花椒 12 克,姜 3 克,丁香、八角、桂皮、小茴香籽各 7 克,白砂糖 10 克。

制作:

1. 先将牛肉去筋膜碎骨,漂洗干净后,入沸水汆一下即捞起。另换净水烧沸放进牛肉,用文火煮至七成熟,将肉捞出晾凉,牛肉汤捞去杂质,备用。

2. 将牛肉顺丝切成长 5 厘米、宽 3.3 厘米、厚 0.4 厘米的片。

3. 锅置中火上,倒进牛肉原汤约 750 克,将丁香、八角,桂皮、茴香、花椒、生姜(拍破)下锅,烧约 5 分钟后,加入精盐、白糖。待盐、白糖溶化后,放进辣椒面,最后下入牛肉片,不断搅动均匀。

4. 炒至锅内肉汁全部收干,起锅,将牛肉片摊开晾约 5 小时。

5. 烘烤:把晾干的牛肉片放在铁笊篱上,在距离火 30 厘米的高处烘干即可。烘干时需注意火候,做到牛肉干而不焦。

麻辣牦牛肉干

原料:

牦牛肉(或牛腿肉)800 克,辣椒粉、白砂糖各 30 克,花椒粉 20 克,白芝麻、生抽各 10 克,醋 5 克。

制作:

1. 牦牛肉浸在清水中浸泡出血水后,切成差不多的粗条,因为水煮后还会缩水,不过不会太多。

2. 锅中倒入清水,加入香叶、花椒、姜片等佐料,冷水放入牛肉，加入料酒，不要盖盖，烧开后撇去浮沫后盖上盖子，继续煮30分钟左右，捞出牛肉控干备用。

3. 锅洗净放油，中小火烧热后，放牛肉条炸制，无需炸太久，表皮焦脆变黑即可，太久会失去内部水分失去口感。

4. 备好辣椒、花椒粉、白糖。

5. 锅中留少许底油，放入糖小火加热，等白糖溶化后，熬制焦糖状。放入花椒粉和辣椒粉，再放入过油的牛肉条，加入醋、酱油快速翻炒，最后撒上白芝麻即可出锅食用。

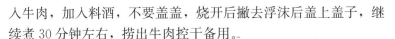

秘制麻辣牛肉干

原料：

牛肉1000克，辣椒粉60克，花椒粉20克，白糖30克，老抽2汤匙，盐2茶匙，味精少许，熟白芝麻1汤匙，香料（花椒1小把，八角2粒，小茴香少许，桂皮1块，香叶2片，草果1粒，丁香4粒，肉蔻1粒，陈皮4块）。

制作：

1. 烧一锅沸水，放入清洗过的牛肉，煮出血沫后捞出浸入凉水，倒掉血水。

2. 在砂锅（没有也可用别的锅）内倒入适量清水，放入所有香料和盐一起煮沸，再放入牛肉，如果水没有没过牛肉，添开水至完全没过，小火煮大约50分钟后捞出沥干水分放凉。

3. 将放凉的牛肉横着纹理切成手指大小的条。

4. 炒锅内倒入较多油烧至微热，倒入白糖小火炒出糖色儿后，放入牛肉一起翻炒1分钟后倒入老抽炒匀。

5. 一直用小火翻炒至牛肉较干以后，放入辣椒粉和花椒粉翻炒均匀，最后起锅前倒入白芝麻和少许味精炒匀即可。

小提示：1.1千克牛肉最后做出来大概只有1/3分量的牛肉干，而制作牛肉干最好选用无筋的瘦牛肉。

2. 牛肉煮出血水后捞出浸入凉水，可以使牛肉的肉质变

的肉质变得紧缩，而加上香料一起煮制可使牛肉口感更佳。

3. 最后炒制牛肉的过程一直使用小火，炒糖色的时候注意不要炒太焦就行了。

凉拌麻辣牛肉

原料：

卤牛肉一块（约 300 克即可），芝麻 1 把，香菜 2 根，卤汁 2 汤匙，自制椒麻红油 5 大匙，芝麻油 1 匙，蒜蓉适量。

制作：

1. 把卤牛肉切成薄片码放在盘中，上面放上用麻油炒香的蒜蓉，喜欢生蒜的也可以不炒。

2. 把调味料依次（卤汁、椒麻红油、麻油）淋在牛肉上。先淋卤汁是等牛肉吸收一下，最后撒上炒香的白芝麻和香菜末就可以了，吃时拌匀。

麻 辣 牛 腱

原料：

牛腱 1 块，香菜、葱各 2 根，花椒粉、糖各 1/2 茶匙，红辣椒 1 个，姜 2 片，桂皮 40 克，八角 2 颗，酱油 1 杯，水 5 杯，红油 2 大匙，卤汁 1 大匙。

制作：

1. 牛腱洗净，放入沸水中氽烫去除血水后，放入卤汁中，以小火卤约 90 分钟。

2. 将步骤 1 的牛腱取出放凉后，切片排入盘中。

3. 将葱切末，与香菜一起撒在步骤 2 中。

4. 将所有调味料调匀，淋上步骤 3 的牛肉片，再撒上花椒粉即可食用。

夫妻肺片（牛）

原料：

牛肉、牛杂（心、舌、肚）各60克，盐炒花生仁30克，老卤水、酱油、芝麻粉、花椒粒、花椒粉、味精、八角、肉桂、盐、白酒、辣椒油各适量。

制作：

1. 将牛肉、牛杂洗净，切成大块，放入锅内，加老卤水、料包（八角、肉桂、花椒）、盐、白酒煮透，捞出晾凉。

2. 将牛肉、牛杂切成薄片，花生仁剁碎。

3. 将味精、辣椒油、酱油、花椒粉调成汁，浇在牛肉及牛杂片上拌匀，撒上芝麻粉和花生仁装盘即成。

红油牛百叶

原料：

牛百叶300克，干辣椒、麻辣萝卜各10克，姜4片，蒜2瓣，料酒、辣椒酱各1大匙，白醋、糖各1茶匙，盐少许，鸡粉少许。

制作：

1. 牛百叶洗净、切粗丝。

2. 将两片姜切碎；蒜切末；锅中加水，放入姜大火煮沸后，放入切好的牛百叶焯烫。

3. 大约1分钟后加入料酒，再继续煮半分钟关火，将牛百叶捞出，立刻置入冷水，片刻后捞起，沥干水分待用。

4. 另起一锅，放两大匙油，大火加热，待油烧至六成热时，放入干辣椒。

5. 放入1大匙辣椒酱，小火炒1分钟关火，倒入一只干净的碗中。

6. 将红油倒入浸过冷水的牛百叶上，加入姜、蒜碎末，再依次加入少许精盐、鸡粉和细砂糖、白醋、切碎的麻辣萝卜，搅拌均匀即可食用。

红油肚丝

原料：

牛肚1份，姜1小块，葱4根；

调料A：酱油250毫升，水1000毫升，糖3大匙，卤包1包；

调料B：酱油膏3大匙，麻辣油5大匙。

制作：

1. 拿2根葱和姜分别拍松备用。

2. 取一汤锅，放入调料A、牛肚及步骤1的葱和姜一同熬煮。

3. 待牛肚卤至软烂后捞起放凉。

4. 将牛肚、剩余的葱分别切丝，再和调料B一起拌匀即可食用。

五香酱驴肉

原料：

驴肉2500～5000克，香油、酱油、白酒、精盐、白糖、姜片、葱段、花椒、八角各适量，调料袋（装入桂皮、丁香、小茴香、草果、甘草各5克）1个。

制作：

1. 先将驴肉切成500克左右的大块，放凉水内泡约4个小时捞出，放开水锅内煮5分钟捞出，洗净。

2. 再坐锅，放入驴肉，添加适量水，加入精盐、酱油、白糖、白酒、葱段、香油、花椒、八角、姜片、调料袋（扎住口）烧开，撇去浮沫，移微火上炖2小时左右，用筷子能扎透时驴肉已熟，捞出抹些香油，晾凉后切片装盘即可食用。

第二篇　河海鲜类

热　　菜

水　煮　鱼

原料：

草鱼1条，黄豆芽500克，小葱2棵，鸡蛋清，淀粉、葱、姜、蒜、豆瓣酱、干红辣椒、花椒、麻椒、料酒、大茴、菜籽油等适量。

制作：

1. 草鱼去除头、尾、鱼鳍，整理干净，将去除头尾的鱼立起来，用刀在背部划开。从剖开的位置慢慢将鱼肉取下来，将鱼肉片成薄薄的鱼片。将鱼头、鱼骨斩块备用。

2. 准备好各种调料，将葱打结，方便食用时捞出。

3. 炒锅放油烧至温热。下入黄豆芽翻炒，放入少许食盐调味，炒至黄豆芽断生即可，不用过分炒熟，将炒好的豆芽放入容器里备用。

4. 鱼片里加入蛋清、食盐、料酒和淀粉调制均匀，使鱼片都裹上一层粉浆静置备用，鱼骨也和鱼片一样加入蛋清食盐和淀粉。

5. 炒锅放油，下入花椒、麻椒和大茴炸香。将炸香的花椒和麻椒捞出一部分备用。

6. 将各类干红辣椒放入油中炸香，注意火候，以免炸糊影响口味，放入适量的豆瓣酱翻炒出红油，加入荤汤或者清水，下入葱结和姜片，煮至半开状态，下入鱼头和鱼骨接着煮至锅内汤沸腾，保持鱼肉鲜嫩。

7. 利用煮汤的时间将蒜剁碎，刚刚捞出炸香的花椒和麻椒也用擀杖擀碎备用。

8. 锅内的水沸腾后，将腌制好的鱼片逐片放入锅内，煮至肉片变色即可。

9. 将煮好的鱼片倒入装豆芽的容器内，将蒜蓉和擀好的花椒碎放在上面。

10. 取小锅加入菜籽油，放入剩余的干红辣椒炸香，将油和辣椒一起浇在装好鱼的盆里即可食用。

川味水煮鱼

原料：

活鲫鱼 1 条，鸡蛋 1 个，豆瓣、姜、蒜、葱、花椒粒、辣椒粉、干辣椒、盐、糖、味精、料酒等各适量。

制作：

1. 豆芽洗净后，过热水，捞出沥干，置于大汤碗中备用。

2. 将鲫鱼去鳞及内脏洗净，用刀取下两边的鱼肉，斜刀将鱼片成薄片，加入盐、糖、料酒、味精、蛋清拌匀，腌 2 小时备用。

3. 把鱼头、鱼骨砍成块，热油锅放 3 大匙油及 3 大匙豆瓣爆香，加入姜、蒜、葱、花椒粒、辣椒粉及干红辣椒，再转中小火煸炒出红油，出味后，加入鱼头尾及鱼骨再转大火翻炒均匀，放入料酒、酱油、胡椒粉、白糖再继续翻炒片刻后，加一些热水，放入盐和味精调好味后，再煮半小时，捞出鱼头与鱼骨，汤留用。

4. 大火滚热汤，将鱼肉一片片放入，用筷子拨开，煮 3 分钟即可将煮好的鱼及汤汁倒入盛豆芽的大汤碗中。

5. 再烧热油锅，放入 3 大匙油，多放些花椒及干辣椒，用小火慢慢炒出香味，辣椒变色后，把锅中的油及花椒辣椒一起倒入盛鱼的大汤碗中即可出菜。

原料：

黄豆芽 100 克，麻辣鱼调料 1 包，罗非鱼 6 条（按自食客多少定量），葱、红椒、姜片、蒜片、干辣椒段、花椒粒、盐、鸡粉、植物油各适量。

制作：

1. 鱼洗净，对剖两片备用；葱洗净，切 2 寸段；红椒斜切片；黄豆芽去根洗净备用。

2. 炒锅放入植物油烧热，下入姜片、蒜片、干辣椒段、花椒粒炒香，再把麻辣鱼调料倒入一起翻炒几下，出香味；加进适量清水煮开，成汤底。

3. 把汤底转入不锈钢大盆里继续煮（为了方便直接上桌），再加入黄豆芽煮开，加入适量盐和鸡粉调味；把剖成两片的鱼放入接着煮。

4. 煮至鱼熟，把葱段、红椒丝放在面上即可上桌。

原料：

回鱼 1 条（约 1800 克），鱼火锅调料 1 份，蟹味菇、竹笋、豆腐皮各 100 克，葱、豆瓣酱、酱油、盐、花椒粒、大蒜、生姜、永川豆豉、冰糖、鸡粉等各适量。

制作：

1. 将回鱼剖洗干净，剁成大块。这鱼胶质特重，剁完刀上会粘上好些鱼胶。

2. 蟹味菇择洗干净；竹笋用清水浸泡半小时后，撕成条，再用沸水余烫后备用。

3. 炒锅放油，油热后下入花椒粒、蒜瓣、姜片爆出香味，再放入永川豆豉、豆瓣酱、水煮鱼调料炒香；加入清水后，加进适量的酱油、盐和少许冰糖，再把鱼块放入煮沸。

4. 煮至鱼肉差不多熟了，下入竹笋、蟹味菇、豆皮煮几分钟；最后下鸡粉调味后起锅装盆，撒上葱段即可上桌食用。

水煮鲈鱼

原料：

鲈鱼两条约 1200 克，酸菜 200 克，料酒、胡椒粉、姜、盐、花椒、干辣椒、郫县豆瓣酱、葱花、香菜等各适量。

制作：

1. 鲈鱼洗干净，头尾去掉，中间骨头去掉，去皮切片。

2. 鱼骨、头、皮、尾一起放些料酒、胡椒粉、姜、盐腌制一下。

3. 鱼片另外腌制，也放同样的料，也可以用买来的水煮鱼腌制料腌制。

4. 锅里放油烧热，放入花椒、干辣椒、酸菜一起煸炒出香味，再加入郫县豆瓣酱或者是水煮鱼调料里的酱料。

5. 倒入鱼头、尾、皮一起翻炒一下，加水煮开，再煮一会，让酸菜的味道挥发到汤汁里。

6. 煮到差不多的时候，上面放入鱼片，用勺子把汤汁浇在鱼片上，不要去翻动。重复几次，盖上盖子滚一下后，开盖撒葱花和香菜即可出锅。

酸菜水煮鱼

原料：

黑鱼 1 条（约 600 克），酸菜 200 克，超市售麻辣鱼调料一包（用不完），葱、香菜、蒜头少许，干辣椒、花椒依据个人吃辣程度确定。

制作：

1. 将黑鱼宰杀，拆骨，片肉，鱼头切两半洗净；鱼肉加盐、料酒、淀粉、鸡蛋清抓匀，略腌一会儿。

2. 热锅下油，下入酸菜炒干，盛出。

3. 热锅下油，将鱼头略煎至金黄，然后加水，大火滚至汤变成奶白色，加入盐、胡椒粉、鸡精、糖少许调味，再加入酸菜略煮 1 分钟，装入大碗。

4. 锅洗净装入清水，煮开，把鱼片滑水至熟，鱼肉一变白再煮 30 秒就捞出（不然会变老），放入汤碗中，把葱、香菜段放在鱼肉上面。

5. 锅内加油烧热，转小火，加入蒜头煸香，接着加入干辣椒、花椒、少许麻辣鱼调料，炒出红油关火，将油泼在葱和香菜上面即可食用。

> **小提示：** 鸡蛋清的作用是锁住鱼肉的水分，使其更鲜嫩！不过鸡蛋清半个就够了，不要太多，不然鱼片落锅的时候就变成鱼片蛋花汤了。

麻辣水煮鱼

原料：

草鱼 1 条 1000 克左右，黄豆芽 200 克，鸡蛋 1 个，红油豆瓣 2 大匙，料酒半匙，鸡精、盐、生抽、孜然粉、白胡椒粉、油等调料各适量。

制作：

1. 将整理干净的鱼平放菜板上，用刀将鱼肉、鱼骨分离；鱼骨剁块，鱼肉切成薄片，放入少许生粉、料酒、生姜、1 个鸡蛋清、半匙油抓匀，腌半小时左右，鸡蛋清与油的放入会让鱼片特别的嫩滑。

2. 豆芽洗净；大蒜切末；葱、香菜切段备用。

3. 锅里放入适量水烧滚，倒入少许油、盐，将豆芽稍微烫30秒左右捞出垫在装鱼的碗里。

4. 锅中放入适量油，投入姜、蒜、葱白、花椒爆香，放入一半的干辣椒及适量红油豆瓣酱，炒出红油，倒入适量清水烧滚。

5. 放入少许盐、孜然粉、鸡精及生抽调味，汤烧滚后，先放入鱼头、鱼骨，盖上锅盖煮2~3分钟，再放入鱼片盖上锅盖，汤煮滚即可出锅，装在垫好豆芽的碗里。

6. 撒上葱与香菜，再撒上少许粗辣椒粉与白芝麻。

7. 锅里放入100克左右的油，烧到八成热，放下红辣椒和花椒爆香，淋在鱼片上即可，注意辣椒稍微变色就可以了。

小提示： 做好水煮鱼的关键点：一是鱼要用活鱼，装鱼的碗要够大，豆瓣酱一定要选红油豆瓣酱；二是要顺着鱼肉的纹路斜着片成半厘米厚的鱼片，这样才不会有那么多刺；三是鸡蛋清与油腌制鱼肉时必不可少，这样做出来的鱼片嫩；四是鱼肉汆烫的时间不要长，1~2分钟即可，这样鱼肉滑嫩。

过瘾酸菜鱼

原料：

龙利鱼柳400克，高汤一碗，胡椒粉、盐、老坛酸菜、泡椒、泡姜、泡胡萝卜、红薯粉条各适量。

制作：

1. 龙利鱼柳冲洗干净后擦干水，从中间剖开成两条，45度角斜切鱼片，一刀连着一刀切断，成蝴蝶鱼片。

2. 鱼片装入碗，加入适量胡椒粉和少许盐抓匀，腌制20分钟。

3. 酸菜切小段；泡椒斜切段；泡胡萝卜、泡姜均切片；红薯粉条泡软备用。

4. 炒锅放稍多点的油，油热后下入各种老坛酸菜一起炒香，加高汤和清水，盖盖儿稍煮一会儿，加入红薯粉条稍煮。

5. 放入鱼片，盖盖儿煮开约 3 分钟即可出锅。

> **小提示**：龙利鱼柳肉质滑嫩，因此不需要用淀粉和蛋清上浆；没有高汤加点泡菜水也行。酸菜和其他泡菜本身都是咸的，因此这道菜无需加盐；粉条很容易吸汤，汤要加足点，粉条煮好后最好先盛出来再下鱼片。

麻辣红白水煮鱼

原料：

鱼一条 750 克以上，郫县豆瓣、葱、姜、辣椒丝、花椒粉、花椒粒、蒜苗，豆芽、香菜等各适量。

制作：

1. 鱼洗净后将鱼片成片，从鱼背上线划开一条线，然后沿着线逐步往鱼肚子那里走，慢慢的片。片好的鱼片用盐、料酒和生粉腌制 20 分钟，可以多加一些生粉，这样出来鱼片很嫩很滑。

2. 姜切片；葱切段；辣椒剪成丝；另外把花椒粉和郫县豆瓣等材料准备好。

3. 鱼骨头切块做汤用，比直接用白水入味，锅中入水烧开，加入鱼骨，炖十几分钟，汤略带白色既可关火。

4. 准备底菜，黄豆芽或绿豆芽清炒一下，略放一点盐，倒入盆中备用。

5. 另起一锅烧开水，倒入腌制好的鱼片，倒入后可以马上关火，轻轻用筷子搅一下，分离鱼片就可以用漏勺捞出。

6. 锅中放油烧热，加入 3 匙郫县豆瓣酱，加入姜片、葱段、花椒粒、蒜苗稍炒，注入用鱼骨烧好的鱼汤，烧开后，将捞出来的鱼片倒入锅中。水一开赶紧出锅，倒入有底菜的盆子里，上面撒花椒粉和辣椒丝。

7. 锅烧干，倒入一定量的油，不能太少，烧的油冒烟时，倒在花椒粉和辣椒丝上，再点缀一点香菜，一锅麻辣红白的水煮鱼成型。

麻 辣 鱼

原料：

草鱼1条（约1000克），绿豆芽300克，葱、姜、泡山椒、花生油、盐、鸡精、干红辣椒、红薯淀粉、蒜等佐料各适量。

制作：

1. 用刀把鱼头剁掉，从中间劈开。从鱼尾开始片成鱼片，用红薯淀粉抓匀。

2. 豆芽洗净，各种调料预备好。

3. 锅里放入油，先下大蒜炸香，再下入花椒、葱姜爆锅，接着下入鱼骨炒一下，放入泡山椒。加水烧开后，炖10分钟，再放入绿豆芽烧开。

4. 豆芽熟后，加进盐、鸡精调味，捞到盆中，再把鱼片用筷子一片一片下入锅中。

5. 开锅后鱼片就熟了，连汤一起倒在豆芽上面。

6. 锅里加入花生油，放入干辣椒、花椒，小火把辣味熬出，约2分钟。

7. 把熬好的辣椒倒在鱼片上即可食用。

小提示： 从鱼尾开始片鱼片，不容易把鱼刺切断，用红薯淀粉鱼片不容易碎。

辣 鱼 片

原料：

鱼1条，大白菜半棵、鸡蛋1个，姜、蒜、郫县豆瓣酱、植物油、糖、盐、麻椒、花椒粉、干辣椒各适量。

制作：

1. 首先把鱼肉片成薄片，姜蒜切成片，白菜切块，放在大盆里垫底。

2. 把片好的鱼片用少量的糖、盐和花椒粉和蛋清抓匀，煨上片刻。

3. 起锅倒油，不用太多，然后将姜、蒜片放到锅中爆香后，加入郫县豆瓣酱，炒匀后添水，水需要多一些；等水烧开时将鱼片放到锅中煮，水再次开时捞出鱼片倒入盆里。

4. 再起锅，多放油，然后放入麻椒和辣椒，这两种调料要多放，因为关系水煮鱼的味道，等到辣椒和麻椒的味道已经飘出时关火，等油稍凉一点的时候淋到鱼片上。

麻 辣 鱼 片

原料：

龙利鱼400克，麻辣香锅调料半包，蒜2瓣，葱1根，料酒3匙，盐、香油、橄榄油少许，淀粉适量。

制作：

1. 龙利鱼用厨房纸巾吸干水分切片，加入料酒、盐、香油和淀粉抓匀腌一下。

2. 蒜剁成蒜蓉；葱切成葱花。

3. 用不粘锅小火加热，加一点橄榄油用铲子抹匀，加入蒜蓉爆香。

4. 加入麻辣香锅调料炒香，再加入龙利鱼翻炒。

5. 至鱼肉差不多熟了，加入葱花翻炒均匀后装盘。

小提示： 麻辣香锅调料有点咸，所以炒时可以不加盐。

麻辣涮鱼片

原料：

龙利鱼柳 1 片，干红椒 100 克，芥蓝、菜苗等适量，鸡汤 2 碗，葱 2 根，蒜瓣 5 粒，姜 5 片，花椒 2 大匙，郫县豆瓣酱 1 大匙，葱花少许，素油 4 大匙，姜蓉、白糖各少许，淀粉、料酒各 1 大匙，盐适量。

制作：

1. 冰冻鱼片解冻后，挤干水分，用刀片成斜薄片。

2. 用少许姜蓉、1 大匙料酒和一大匙淀粉把鱼片抓匀，静置至少 30 分钟。

3. 蔬菜洗净后放在开水锅里烫到断生，锅里加几滴油可以保持菜色翠绿。

4. 把蔬菜铺在砂锅里垫底。砂锅保暖性好，可以使成品中的香辣鲜味能够互相渗透。

5. 炒锅里放 1 大匙油，把葱段、姜片和蒜片加上 1 小匙花椒都放进去，小火爆香。花椒在锅里要注意控制油温，花椒焦了汤会发苦。然后把郫县豆瓣酱也入锅炒散，炒出味后，加入鸡汤，大火煮开后转小火煮 2 分钟。

6. 把鸡汤中的那些葱、姜蒜、花椒等用笊篱捞出丢弃，转大火，让锅中汤水保持沸腾状态，然后一片一片下鱼片涮之，摆放在蔬菜底上。

7. 全部烫完鱼片后，试一下汤水味道，不够咸可加点点盐，然后加一丁点白糖提鲜，也综合一下麻辣的刺激口感。汤味合适后就把汤汁注入有菜有鱼的砂锅里，加上盖子保温。

8. 重用一个干净锅子，放入 3 大匙素油，烧到快冒烟时候关火。把 2 大匙花椒和很多干红椒铺在鱼片上，不怕辣的可以把干红椒剪开让辣椒籽出来。把油浇在花椒和干红椒上，刺拉拉地响过之后香辣味扑鼻，撒上些葱花即可出锅食用。

麻辣香水鱼

原料：

鱼 1000 克，黄豆芽 250 克，生粉、料酒、香油、郫县豆瓣各 2 匙，葱 2 根，蒜 40 克，花椒 15～20 克，泡红椒、姜各 15 克，干红辣椒数个，香叶 2～3 片，草果 1 个，香菜、盐、鸡精等各适量。

制作：

1. 将鱼片成薄薄的鱼片，用生粉、盐，鸡精以及料酒腌 15～20 分钟。

2. 葱切小段；姜切片；蒜一半切片、一半切末。

3. 炒锅烧热放入 2 汤匙油，下入葱段、姜片、蒜片爆香，再加入郫县豆瓣、花椒、干红辣椒、泡红椒、香叶、草果翻炒至出红油，加入高汤或者清水煮开。

4. 另外烧一锅开水，加进少许盐，将黄豆芽放入煮熟，捞出垫碗底。

5. 用筷子将腌制好的鱼片依次放入制作 3 煮开的汤中煮 2～3 分钟，淋少许香油即可出锅食用。

6. 喜欢蒜末的可以放入一些蒜末，撒些香菜。

麻辣茄汁鱼

原料：

黑鱼 1 条，蛋清、料酒、干辣椒、葱、花椒、蕃茄酱、姜、蒜各适量。

制作：

1. 将鱼收拾干净，切块备用。

2. 锅内放入少许油，鱼块两面蘸上蛋清，放到锅里稍微煎一下，倒一些料酒去腥，煎的时间不要太长，否则肉会老，稍稍变色即盛出控油。

3. 干净锅里倒入水，放入干辣椒、花椒、葱、姜、蒜。

4. 水开后放入蕃茄酱煮几分钟，再放入煎好的鱼块，用小火煮 7～8 分钟。

5. 放少许盐关火即可出锅。

小提示：干辣椒、花椒、蕃茄酱根据个人口味决定放多少。

麻辣鲫鱼拼盘

原料：

鲫鱼 1 条，千张 100 克，鹌鹑蛋 6 个，豆瓣酱、葱、姜、蒜、剁椒、干辣椒、蒸鱼豆豉、香菜等各适量。

制作：

1. 鲫鱼洗净、下油锅煎脆备用；鹌鹑蛋煮好、下油锅煎脆备用。

2. 另起油锅下入豆瓣酱、姜、蒜末、剁椒、干辣椒、蒸鱼豆豉调成酱汁后待用。

3. 盘底铺上千张，将鱼和鹌鹑蛋均匀铺在盘内，撒上烧制好的酱汁，放入锅内蒸 8～10 分钟出锅，撒上葱花、香菜即可食用。

干 煸 鲫 鱼

原料：

鲜鲫鱼 2 条，灯笼椒、花椒、盐、料酒、葱姜、香油、花生油各适量。

制作：

1. 将鲫鱼宰杀洗净，从背部切两半，用盐、料酒、葱、姜腌 15 分钟。

2. 锅烧热油，下入鲫鱼炸至金黄色，捞出控油。

3. 锅留底油烧热，下入灯笼椒、花椒、葱花炒酥香，烹入料酒，加盐调味，倒入鲫鱼炒匀即可。

小提示：鲫鱼不要去鳞，它有较高营养，炸酥可食用。

原料：

鱼片800克，西芹80克，干辣椒5个，花椒1大匙，葱1根，姜3~4片，面粉适量。

制作：

1. 鱼片洗净，沥干水分切成鱼条，用料酒、少许蛋清和淀粉拌匀略腌片刻。

2. 西芹洗净切成丝；葱切段备用。

3. 腌好的鱼条均匀拍上面粉，下入热油锅炸至微黄捞出备用。

4. 锅内重新放油，油微热时下入葱、姜、干辣椒和花椒，用小火慢慢煸出香味后倒入芹菜丝，中大火翻炒。

5. 倒入炸好的鱼条翻炒片刻后，淋入少许香油和盐即可出锅。

麻辣白菜炖鲤鱼

原料：

鲤鱼1条，五花肉1块（约100克），大蒜3瓣，白菜1/4颗，料酒、麻辣火锅酱料2匙，胡椒粉、酱油、盐少许，香油一匙。

制作：

1. 将处理好的鲤鱼洗净，切成多段（注意切时不要全切开，鱼肚的部分不要切，让鱼连在一起），五花肉切片备用；大蒜切成蒜末备用。

2. 锅里放入清水烧开，加入几滴料酒，然后把切好的鱼放入开水中煮1分钟左右，去除鱼血水后将鱼捞出控干水备用。捞鱼时要小心，不然容易断掉。

3. 锅内放油，油热后投入蒜末炒出香味，再放 2 匙麻辣火锅的酱料（辣酱根据自己的口味放）和五花肉一起炒一下，然后加入白菜、鱼、水（水量盖过鱼就好）、盐、胡椒粉等各少许，再加半汤匙酱油调一下色，炖 20 分钟，出锅时点几滴香油即可。

麻椒鲅鱼

原料：

鲅鱼 2 条，辣豆豉 20 克，麻椒 10 克，葱 1 段，蒜 4 瓣，姜 3 片，盐 3 克，生抽、料酒各 15 克，糖 5 克。

制作：

1. 冷冻的鲅鱼先解冻至稍微有些软，不要等完全解冻，然后处理掉内脏，去头去尾，切薄片，抹一层花椒碎及盐和料酒，码入盘中腌制 30 分钟。

2. 锅里热油，放入鲅鱼，用中小火煎至两面金黄。

3. 锅中再放油，将葱、姜、蒜放入爆香。

4. 放入辣豆豉后，将鱼块放入锅中。

5. 然后加入少量热水，调入生抽、糖，稍微晃动锅子使得均匀，不要用铲子乱翻，以免鲅鱼碎掉。

6. 盖盖儿，用小火焖 10 分钟，最后收汁即可出锅。

小提示：辣豆豉、生抽都有咸味，最后调味时可先尝尝咸淡。冻鱼解冻时可在水中放些盐，还可增加鱼的鲜度，在烹制冻鱼的时候，用细盐把鱼里外擦一遍，30 分钟后再煎炸烹调，成菜的味道会更鲜美些。烧冻鱼时，在汤中加些牛奶，会使冻鱼的味道接近鲜鱼，还可以放入几块桔子皮，既可除腥味，又可使鱼的味道鲜美。烧鱼时不宜过早放姜，应待到鱼的蛋白质凝固后再放姜，这样，姜才能真正发挥其去腥增香的效能。

原料：

鲫鱼1条，豆腐半盒，蒜2瓣，葱1根，姜丝、香菜少许，郫县豆瓣酱2匙，盐、鸡精、料酒、鲜味生抽、糖、醋等调料各适量。

制作：

1. 鲫鱼清洗干净擦干水，在鱼身两侧各划几刀；豆腐切成适量大小的丁；姜切丝；蒜切末；小葱打结。

2. 在鲫鱼的两面均匀抹层薄薄的面粉。

3. 锅中放入油烧到滚热，放入鲫鱼，两面各煎至微微焦黄。

4. 捞出放在盘中备用。

5. 锅中留油烧热后，放入姜丝、蒜末略炒后，加入郫县豆瓣酱一同翻炒到酱软，加入2碗开水，将鲫鱼放入汤中，依次沿鱼身淋适量料酒、一点点米醋、适量鲜味生抽。

6. 继续往鱼身上均匀放适量白糖。

7. 大火烧开后，在汤两侧放入豆腐，记得不要翻动（易碎）而是晃动锅底，不断大火烧，期间用汤勺不断舀汤汁淋在鱼身上以便入味，接着调入少许鸡精。

8. 最后汤汁略收干时，倒入适量淀粉水轻轻晃动，烧开即可。

豆瓣鲤鱼

原料：

带骨鲤鱼肉250克，豆瓣酱30克，葱、姜、蒜、酱油、料酒各10克，湿淀粉15克，醋、白糖各5克，味精1克，鲜汤75克，色拉油500克（约耗70克），葱末适量。

制作：

1. 将鱼肉切成5厘米长、3厘米宽的块。

2. 将色拉油入锅、用旺火烧至油热时，下入鱼块炸黄捞出。

3. 锅中留少许油，放入姜末、蒜末、豆瓣酱炒香，加进酱油、料酒、白糖、鱼块、鲜汤入味，加入味精，用湿淀粉勾芡即成。

小提示： 炸鱼的油温不宜低，以免鱼肉破碎。葱、姜、蒜、豆瓣酱需用油爆香再下入其他调料和鱼块。

香辣鲤鱼煲

原料：

鲤鱼1尾，杏鲍菇200克，葱6根，姜100克，牛头牌麻辣沙茶酱、蚝油2大匙，白胡椒粉、盐各1/4小匙，米酒1大匙，水500毫升。

制作：

1. 鲤鱼处理干净擦干；葱切段；姜和鲍菇切片备用。

2. 热一锅油，先将葱、姜炸至焦香，再将鲤鱼炸至焦黄，捞出沥油备用。

3. 另取一锅，放入步骤1的葱段、姜片作底，再放入步骤2的鲤鱼及牛头牌麻辣沙茶酱，最后再将杏鲍菇片放入。

4. 于步骤3的锅中加入其余的调味料，再煮至沸腾后转小火，持续煮约15分钟至汤汁收干即可食用。

干锅鲶鱼

原料：

新鲜鲶鱼1500克，干灯笼椒200克，花椒粒20克，大蒜3头，香葱5颗（普通大葱两颗也行），生抽30毫升，熟芝麻50克，老干妈风味豆豉两大匙，泡椒20个，白胡椒粉1茶匙，绍酒一汤匙，姜片少许，盐适量。

制作：

1. 把鲶鱼收拾干净，切成1~2厘米的段，在鲶鱼段中加入白胡椒粉、绍酒、生抽、盐，腌制1小时左右。

2. 蒜、葱切末。

3. 准备两个锅：A 锅和 B 锅。A 锅内放入底油（需要多放），炸已经腌制好的鱼段。

4. 将炸好的鱼段捞出放入 B 锅，注意，此时 B 锅要坐在小火上，家用燃气灶最小火，放入炸好鱼段之前要用姜片蹭锅。

5. 在 B 锅内依次加入老干妈豆豉、泡椒、蒜末、葱末和芝麻。

6. A 锅内剩下的油加热，先放入花椒粒，爆出香味后，放入灯笼椒，不停翻炒，很快，灯笼椒变成深红色，连同油一起均匀倒入 B 锅内。

7. B 锅盖上盖子焖 5 分钟，然后关火，即可出锅食用。

> **小提示**：葱和蒜，芝麻和灯笼椒一定要大量，其中泡椒没有也行。鱼的咸淡口味完全取决于腌制阶段盐的用量，可以按照个人口味放入。最后 A 锅中连同热油、灯笼椒和花椒粒一起倒入 B 锅时，要均匀，尽量把 B 锅中的葱和蒜全都泼到。如果买不到灯笼椒，普通的干红辣椒亦可。B 锅用姜片蹭过后，可以放入少许 A 锅中的油，然后再放入炸好的鱼段，以防 B 锅中的鱼粘锅塌锅底儿。

凉粉鲢鱼

原料：

鲢鱼 600 克，白凉粉 300 克，香菜、葱、姜、蒜、盐、糖、醋、料酒、花椒油、泡辣椒、豆瓣辣酱、泡辣椒酱、淀粉、啤酒、高汤、香油、鸡精、食用油等各适量。

制作：

1. 将鲢鱼去除内脏，洗净切成块，用淀粉拌匀待用；白凉粉也切成块，香菜、葱、姜、蒜洗净，切成末。

2. 坐锅，点火倒油，油六七成热时放入鱼块炒散，待鱼块变成金黄色时捞出。

3. 锅内留余油，油热，放入豆瓣辣酱、泡辣椒酱、葱末、姜末、蒜末、泡辣椒，倒入炸好的鲢鱼块翻炒，再放入白凉粉，加入啤酒、花椒油、料酒、糖、盐、鸡精、高汤、香油、醋等调料，撒上香菜末即可盛出。

川香鳕鱼丁

原料：

阿拉斯加黑鳕鱼肉 300 克，洋葱、油炸花生仁各 50 克，麻辣油 500 克，干辣椒、干生粉各 100 克，花椒 20 克，盐、鸡粉各 15 克，蒜片、香葱各 10 克，香油、花雕酒各 10 克，香菜 1 克。

制作：

1. 黑鳕鱼肉洗净切成 2 厘米见方的块，用干布吸干表面的水分，加入盐、鸡粉、5 克香油、花雕酒腌制 15 分钟备用；洋葱切 2 厘米见方的片；香葱切 5 厘米长的段备用。

2. 热锅放入麻辣，油烧至六成热时，将腌好的鳕鱼块拍上干生粉放入油中，用小火炸至金黄色取出。

3. 锅里留少许底油，放入干辣椒和花椒，小火慢慢煸炒至干香，再加入洋葱、蒜片、香葱和炸好的鳕鱼丁，用中火继续翻炒均匀，最后加入炸花生仁，淋入另外 5 克香油，撒上香菜即可出锅食用。

> **小提示：** 麻辣油的制作：干辣椒 1000 克，花椒 200 克，香叶 15 克，大蒜瓣 40 克，八角 2 粒，小茴香 20 克，香葱 100 克，姜、香菜各 50 克，紫草 2 克，菜籽油 2500 克，用小火熬制约 30 分钟而成。

葱辣烧黄鱼

原料：

黄鱼 1 尾，蒜头、葱段各 40 克，姜片、辣椒片各 20 克，水

150毫升，牛头牌麻辣沙茶酱2大匙，酱油、米酒各1大匙，乌醋、糖各1小匙，太白粉适量，盐少许。

制作：

1. 黄鱼洗净沥干，加入所有腌料腌约15分钟后，抹上太白粉备用。

2. 起一锅，倒入适量油，油温热至170℃时，将作法1的黄鱼放入锅中炸2分钟，取出沥油备用。

3. 于步骤2的锅中留约2大匙油，放入葱段、姜片、蒜头与辣椒片爆香。

4. 再加入所有调味料炒香后，加入水及炸过的黄鱼，以小火烧至入味即可出锅。

原料：

石斑鱼400克，葱节、精盐、味精、糖、料酒、老抽、陈醋、姜、葱、胡椒粉、辣椒粉、麻油、盐等各适量。

制作：

1. 将石斑鱼洗净，在鱼身上放入所有的调料，腌渍10分钟。

2. 取一铁盘，放上葱条，摆放上石斑鱼，放入烤箱内烤至鱼外皮微黄时，刷上麻油即可食用。

> **小提示：** 石斑鱼须新鲜、干净，入烤箱时注意控制时间，过短鱼肉绵软不香，过长则焦脆不鲜。

原料：

草鱼肉400克，酸菜300克，姜30克，麻辣酱1大匙，料酒、香油各1茶匙，盐、鸡精粉各1/4茶匙，细糖1/2茶匙，高汤 250 毫升。

制作：

1. 草鱼肉洗净后切成厚度约 0.5 厘米的鱼片，放入腌渍料中抓匀；酸菜洗净切小段，姜切丝备用。

2. 起一锅，放入少许油，将步骤 1 的姜丝与麻辣酱放入锅中以小火爆香。

3. 加入作法 1 的酸菜及盐、鸡精粉、细糖、料酒、高汤拌煮。

4. 待煮开后，将步骤 1 的鱼片一片片放入锅中略为翻动，以小火煮约 2 分钟，洒上香油即可起锅食用。

原料：

草鱼 1 条（重约 1000 克），青、红美人椒、鲜花椒各 20 克，金针菇 50 克，郫县豆瓣 30 克，三五火锅底料、生粉各 20 克，料酒、姜米、葱花、蒜泥各 10 克，鸡蛋清 30 克，色拉油 150 克，精盐、味精、鸡精各 6 克，鲜汤 400 克，湿淀粉 3 克。

制作：

1. 草鱼宰杀洗净，沿中骨将鱼肉片下，撕去鱼皮后，将鱼肉切长 3 厘米、宽 3 厘米、厚 0.5 厘米的片，加盐、味精各 5 克调味后，用鸡蛋清、生粉上浆；青、红美人椒分别切成 4 厘米长的段备用。

2. 金针菇洗净，入沸水中大火汆 2 分钟，捞出控水，入盘垫底。

3. 锅内放入色拉油 100 克，烧至六成热时，放入郫县豆瓣、火锅底料、姜米、葱花、蒜泥，小火翻炒 1 分钟至炒香，加鲜汤，用小火熬 5 分钟成红汤，用丝漏滤渣，下入鱼片、青美人椒段、红美人椒段、料酒，以中火汆 3 分钟至鱼片成熟，用剩余的盐、味精、鸡精调味，淋入湿淀粉勾芡，出锅盛于金针菇上。

4.另起一锅，锅内放入 50 克色拉油，烧至五成热时，放入鲜花椒小火炒 30 秒，然后连油带鲜花椒一起倒在鱼片上即可食用。

生煮花椒鳜鱼

原料：

鳜鱼 1 条（重约 750 克），冬瓜 250 克，味精 10 克，鸡精、料酒、猪油、鸡油各 25 克，白糖 3 克，特制虾抽、干辣椒、色拉油各 50 克，鲜花椒 150 克，葱片、姜片、盐各 15 克，鲜汤250 克，生粉 5 克。

制作：

1.鳜鱼宰杀洗净，在鱼身两侧分别打深 1 厘米、长 5 厘米、间距为 3 厘米的一字花刀，用盐、味精、鸡精、料酒、葱片、姜片腌渍 10 分钟，腌好后表面拍上生粉、白糖及 10 克色拉油后，上笼大火蒸 8 分钟，取出备用。

2.在蒸鱼的同时，将冬瓜切成直径为 3 厘米的圆球，入烧热的鲜汤内小火煨 8 分钟，取出放在鱼身两侧，淋上烧热的虾抽。

3.另起一锅，锅内放入剩余的色拉油、猪油、鸡油，烧至五成热时放入干辣椒、鲜花椒小火浸炸 2～3 分钟，出锅浇在鱼身上即可。

小提示：特制虾抽的制法：锅内放入鲜汤 4000 克，处理好的花鲢鱼头 1000 克，洗净的文蛤 500 克，干虾仁 50 克，老抽 250 克，生抽 500 克，海天酱油 500 克，葱段 750 克，香菜 300 克，洋葱 50 克，姜片 100 克，青椒、红椒、青菜各 50 克，料酒 100 克，先用大火烧开，再改小火熬30 分钟，用鸡精、味精、胡椒粉各 50 克调味，出锅过滤即可。

花椒淋鱼片

原料:

鳜鱼1条约重700克,豆芽、金针菇、干辣椒各150克。鲜花椒250克,盐、味精、嫩肉粉各10克,生粉20克,蛋清1个,水200克,色拉油250克,香菜3克。

制作:

1. 宰杀鳜鱼去内脏、去头尾,把鱼肉片成0.2厘米厚的薄片,码上盐、味精、嫩肉粉、蛋清、生粉腌渍15分钟;豆芽、金针菇放入沸水中氽2分钟,捞起垫到盘底,鲜花椒入沸水中氽两次捞出(第一次放60℃热水中氽3分钟,捞出后再放入50℃水中氽2分钟,以去掉花椒的涩味)。

2. 炒锅内放入50克油,烧至五成热时,放入鲜花椒的一半、辣椒,用小火炒香,加水200克煮开后,调入盐、味精制成花椒辣椒水待用。

3. 把腌渍好的鱼片铺在盘底的菜上,再淋上刚熬好的沸花椒与辣椒的汁水。

4. 另用一锅放油200克,烧至四成热时,放入剩余的鲜花椒、辣椒,大火炒香后淋在鳜鱼片上,撒上香菜即可。

小提示: 熬汁用的花椒一定要飞水,否则汁水会发苦。

重庆烤鱼

原料:

草鱼1000克,春笋、藕、菜花、洋葱、芹菜、海带(其他如白萝卜、土豆、午餐肉、香菇、豆皮均可)各50克;红尖椒、香菜、炸花生米各少许;干辣椒、花椒、花椒面、料酒、豆豉、八角、桂皮、香叶、葱、姜、蒜、盐、鸡精、糖、酱油、胡椒粉等各适量。

制作：

1. 将草鱼洗净，从腹部到头部一开为二，背部相连。用盐、料酒、花椒面、胡椒粉、葱段、姜片、蒜瓣涂抹鱼身，腌渍入味。

2. 打开烤箱上下火，提前预热到 200 度，将鱼放入烤盘，戴手套放入烤箱内，上下火烤 15 分钟。

3. 将春笋切条；藕切月圆片；菜花掰成小瓣；洋葱切快；芹菜斜切寸段；红尖椒、海带切菱形块；香菜切寸段备用。

4. 锅烧热，放少许油煸香花椒、干辣椒后，放入葱段、姜片、蒜瓣，出香味后，放入八角、桂皮、香叶，豆豉酱（能吃辣的可多放点）迅速放入洋葱、笋条、藕片、菜花、海带翻炒，加入少许汤汁后，放盐、糖、鸡精、酱油调味，最后放入芹菜、红尖椒段翻炒。

5. 戴手套将鱼从烤盘取出，将炒好的原料倒在鱼身上及盘中，再放入烤箱中烤 3 分钟（使各种原材料及汤汁的味道与烤鱼融为一体）。

6. 戴手套将烤好的鱼取出后，洒上炸好的花生米，香菜段即可。

原料：

草鱼 1 条（约 1000 克），土豆 1 个，豆腐 200 克，口蘑 4 个，香菇 8 朵，芹菜 2 根，洋葱半个，青红椒 2 根，豆芽 100 克，葱 1 根，姜 1 块，蒜 2 头，郫县豆瓣酱 50 克，干红辣椒 20 克，花椒 10 克，料酒、酱油、孜然粉、胡椒粉、盐、香菜各适量。

制作：

1. 鱼彻底收拾干净洗净后，从腹部整个切开或剪开，使鱼背部呈相连的一大片。烤盘够大的话，头可以不切。

2. 把鱼翻过来，在背部斜切几刀，整个鱼身涂上料酒、盐、胡椒粉，放入铺好姜片、葱段的容器中腌 30 分钟。

3. 烤盘内铺上姜片、葱段，放入腌好的鱼，鱼身上刷上油、酱油，撒上孜然粉，再放上一些姜片、葱段，入 200 度的烤箱烤 20 分钟。

4. 烤鱼的同时准备配菜。

5. 锅中倒油，放入葱、姜末爆香，随后放入郫县豆瓣酱、干辣椒段和花椒，出香味后，按照配菜的易熟程度先后将配菜放入：土豆、香菇、口蘑，豆腐倒入开水炖几分钟。

6. 再放入豆芽、芹菜段、红椒、洋葱、大蒜瓣，稍微炖一会即可。

7. 鱼烤至 20 分钟时取出，将炒好的配菜倒入烤盘，再继续烤 5 分钟即可。

8. 吃时撒上香菜。

川味烤鱼

原料：

鲤鱼（或草鱼）1 条，洋葱、红椒、葱段、姜片、盐、料酒、花椒粉、郫县豆瓣等各适量。

制作：

1. 将新鲜鱼去除鳞片和内脏，洗净后擦干水；洋葱和红椒切丝，备用。

2. 用料酒调和的盐抹匀鱼身内外，将洋葱丝和姜片填充在鱼肚内，鱼身刷上郫县豆瓣，撒上花椒面，腌制 2 小时以上。

3. 将腌好的鱼放在铺好锡纸的烤盘上，垫上葱段和姜片，撒上洋葱丝与红椒丝。

4. 烤箱要预热 200℃，用上下火烤 15 分钟。食用时，撒葱段点缀即可。

香辣烤鲅鱼

原料：

鲅鱼若干条,盐、十三香、五香粉、孜然粉、辣椒粉、椒盐、麻辣鲜、白芝麻、花椒粉、胡椒粉、香麻油、橄榄油等各适量。

制作：

1. 将鲅鱼洗净除去内脏，将鱼从中间剖开，一直展开成扇状，将调料根据自己口味，适量调制在一起搅拌均匀后涂抹在鱼身上，每个部位都撒上调料，涂抹均匀后，盖上保鲜膜腌制一晚。

2. 将腌制好的鲅鱼取出摆放在烤盘内，（经过一晚上的腌制，馅料已经充分溶入鱼肉内，烤起来更加入味），烤箱需预热200℃。

3. 在每条鱼上均匀涂抹香麻油和橄榄油，涂抹完毕后，在鱼上面再次撒入秘制调料。放入烤箱上下火一起烤20分钟，取出再涂抹一层香油，重新入烤箱烤15分钟即可食用。

重庆麻辣烤鱼

原料：

草鱼1条，芹菜、竹笋、丝瓜各50克，姜片、葱段、蒜片、干红辣椒、花椒粒、泡椒、豆瓣酱、豆豉、酱油、盐、白砂糖、味精、高汤、植物油、料酒、花椒粉、辣椒粉、孜然粉各适量。

制作：

1. 将鱼处理干净，表面刻花刀；芹菜切段；竹笋、丝瓜切块。

2. 鱼加葱、姜、料酒、盐腌制10分钟，刷上植物油、酱油，撒上辣椒粉、花椒粉、孜然粉，放进220℃烤箱里烤20分钟，取出放盘中。

3. 锅里放油烧热后，放入姜、蒜、豆瓣酱、泡椒、豆豉、辣椒、花椒粒炒香，加高汤烧沸，再放酱油、盐、白砂糖、味精、竹笋、芹菜、丝瓜略煮。之后倒入鱼盆，放进220℃烤箱烤5分钟后取出。

4. 锅里放油爆香辣椒、花椒粒，浇在鱼身上即可。

原料：

草鱼1000克左右，辣椒、花椒、豆瓣、大蒜、鸡精、盐、孜然、香油、花生、芝麻、色拉油、八角、香菜、芹菜等各适量。

制作：

1. 宰鱼码味，上火烤熟，装盘待用。

2. 净锅上火，放入色拉油、干辣椒、花椒、豆瓣略炒，放入水、鸡精、味精、盐、孜然、香油、八角调好味，淋在鱼身上。

3. 撒上芝麻、香菜、芹菜、花生即可上桌食用。

原料：

鲑鱼头1颗，姜汁2大匙，柠檬半个，泰国辣椒粉、鱼露、20°米酒各2小匙，白胡椒粉和细砂糖各1小匙。

制作：

1. 将鲜鱼头洗净放入容器中，加入姜汁、泰国辣椒粉、白胡椒粉、米酒、鱼露、细砂糖搅拌后，送进冷藏室冰腌3小时（如果味道腌不进去，可以将鱼头切成对半）。

2. 烤箱温度设定为上火200℃、下火150℃，放入步骤1的鱼头，烤30分钟。

3. 将步骤2的鱼头取出，在鱼头表面撒上少许辣椒粉加强辣味，食用时挤上柠檬汁即可。

香辣脆皮鱼块

原料：

鲤鱼1条（约1000克），香葱2棵（约10克），老姜2片，蒜3瓣，红辣椒、绿辣椒各10克，豆豉15克，酱油、料酒各30毫升，白砂糖10克，油1000毫升（实耗100毫升），盐5克，水200毫升。

制作：

1. 市场买回的鲤鱼宰杀干净，保留鱼鳞；香葱洗净切段；蒜切成蒜末；红绿辣椒切片备用。

2. 鲤鱼用流动的水冲洗干净，特别是鱼鳞。洗净的鲤鱼横放在案板上，在距头部3厘米处垂直鱼身切个1厘米深的刀口，再在距鱼尾5厘米处同样切一刀口，拨开鱼颈部的刀口可以看到在鱼肉中有一个小白点，用食指和拇指的指甲掐住，另一手持刀从鱼尾部开始向着鱼头轻轻拍打鱼身，一边把白色的鱼筋抽出，另一侧鱼身也同样处理，这样处理的淡水鱼在烹调后就不会有土腥味。

3. 把鲤鱼横放在案板上，剁掉头部，横着刀从颈部贴着脊骨入刀，一直推到鱼尾，把鱼肉连同胸刺一同片下，分好的两片鱼肉无需剔骨，分别切成宽4厘米的大块备用。

4. 取一容器，放入鱼块、盐和一汤匙料酒腌渍10分钟。

5. 用大火，使炒锅中的油烧至八成热（可以看到油面有明显的翻滚迹象，有白烟冒出），逐块放入鱼块并不时地用筷子轻拨，以免鱼块粘连。

6. 一边炸鱼，一边另取一个炒锅，放入1汤匙油，大火加热至六成热（把手放在锅的上方，能感到有明显的热气升腾），调成中火，放入香葱煸炒至散发葱香，然后投入蒜末和豆豉煸炒1分钟，再放入辣椒片继续翻炒1分钟，烹入料酒和酱油炒匀，加入200毫升冷水后把汤汁烧开，最后调入白砂糖炒匀，制成调味汁，关火备用。

7. 鱼炸至鱼鳞起泡，鱼肉稍干，色泽呈金棕色即可捞出控干油，趁热放入调好的调味汁中翻匀即可食用。

> **小提示：**这道菜中的辣椒完全可以根据家人口味调整用量，怕辣的人少放或不放辣椒都可以，嗜辣的人则可以多加。由于在腌渍过程中已经添加了盐，并且豆豉和酱油都带有浓重的咸味，所以在制作调味汁时不必另外加盐。这道菜使用鲤鱼最为正宗，可以尝试一下鲤鱼带鳞烹调的新鲜感，如果对鱼鳞仍感到抵触，也可以用其他淡水鱼去鳞后烹调，味道也很好。

香辣烤鱼

原料：

鱼1条（约700克），小红辣椒圈少许，葱段、蒜片各30克，酱油、料酒、姜粉、胡椒粉、白砂糖、八角、孜然各适量。

制作：

1. 将鱼收拾干净，洗去里面的黑膜，在鱼身两侧切上花刀。

2. 在鱼肚内填入葱段和蒜片。

3. 将鱼放在器皿中，用准备好的酱油、料酒、姜粉、胡椒粉和白砂糖等调料将鱼腌制入味。

4. 将腌制好的鱼放在锡纸上，在鱼身上撒上姜粉、小红辣椒圈、八角、孜然。

5. 烤箱预热至200℃，将鱼用锡纸包好，放入烤至20分钟即可拿出食用。

香辣孜然烤鱼

原料：

罗非鱼1条，料酒、盐、橄榄油、孜然粉、蒜粉、黑胡椒、辣椒粉等各适量。

制作：

1. 先将罗非鱼片成片，然后将鱼片用料酒、盐、蒜粉、黑胡椒腌上 20～30 分钟。喜欢吃辣的，可以加辣椒粉和孜然粉一起腌。

2. 腌好的鱼片放到铺有锡箔纸的烤盘上，用橄榄油喷一下，烤箱调到高档，烤几分钟即可。

豆豉香辣烤鱼

原料：

草鱼 1 条，藕 1 段，千张 1 页，盐、辣椒、香菜、豆豉酱、豆瓣酱、大蒜、姜、大葱、料酒、胡椒粉、食用油、高汤各适量。

制作：

1. 将草鱼表面斜划几刀，加入盐、大葱、姜片和料酒抹均匀，腌制 15 分钟。

2. 腌好的鱼表面刷层食用油，放入预热好 180℃ 的烤箱中烤上 10 分钟。

3. 拿出来换个盘，再刷一层油，放入烤箱再烤 15 分钟。

4. 锅烧热，放入适量的油，加入豆瓣酱和豆豉酱翻炒。

5. 煸炒出香味后再加入大葱、姜片和大蒜瓣一起翻炒。

6. 翻炒几下后，加入藕片和千张丝继续炒，加入些许高汤。

7. 炒到它们刚刚断生后盛出，铺在鱼的表面上。

8. 继续放入烤箱中烤制 10 分钟后端出来，表面撒上香菜段即可。

小提示： 需提前将鱼腌制入味，拿出来换个容器是为了去除初烤鱼时出的腥水，配菜可以按自己喜好随意搭配，炒制程度以刚刚断生为好，将炒制好的配菜铺在鱼的表面上，是让酱汁慢慢通过下一个 10 分钟烤制渗透在鱼中。

香辣烤镜鱼

原料:

镜鱼1条,洋葱50克,料酒、盐、生抽、白糖、蚝油、辣椒粉、孜然粉各适量。

制作:

1. 镜鱼去内脏、去净腹内黑膜,洗净控干水分,双面侧打花刀。

2. 鱼身上添加料酒、盐、生抽、白糖、蚝油、辣椒粉、孜然粉和粒、切碎的洋葱拌匀,密封放入冰箱冷藏2小时以上,使之充分入味。

3. 烤盘下层铺一层洋葱,把腌好的鱼平摆在烤盘上,再撒上一层辣椒粉和孜然。

4. 烤箱预热10分钟达到230℃,放入烤盘,置中层,用上下火烤8分钟后取出,刷上一层食用油再烤3分钟。

5. 翻面,再撒上一层辣椒粉和孜然,上下火烤8分钟取出,刷上一层食用油,再烤3分钟即可。

> **小提示:**镜鱼学名鲳鱼,又名平鱼、银鲳;洋葱铺在盘底,一是为了不粘盘,二是为了让鱼充分吸收洋葱香味;烤制8分钟后再刷油,是因为此时鱼身上的花刀张开,方便油充分浸入鱼身,另外此时多余的汤汁已经析出,便于烤过的热油不流失,充分裹住鱼身;烤的过程中继续添加辣椒粉和孜然,是因为在烤制的过程中,部分调味品已经随着汤汁流失,补充一部分,烤出的鱼味道更足更香辣。具体烤制时间长短因鱼的大小和个人烤箱性能不同而异,一定注意不要把鱼肉烤得过干,那样烤镜鱼的细嫩鲜美风格会大打折扣。

香辣烤鲟鱼

原料：

长江鲟鱼 1 条、洋葱、青红辣椒各 50 克、葱、姜、蒜、花椒、孜然、辣椒面、盐、生抽、胡椒粉等各适量。

制作：

1. 长江鲟鱼切开，用盐、胡椒粉、绍酒腌渍。

2. 洋葱一半切丝，一半切块；青、红辣椒均切圈；葱切段；姜、蒜切片。

3. 在烤盘中抹油并用洋葱丝垫底，放上腌渍好的长江鲟鱼，放入 120℃的烤箱烤 5 分钟。

4. 其他材料在锅中炒出香味后铺在鲟鱼上，再入烤箱烤 5 分钟即可。

酸菜红椒烤鱼

原料：

澳洲肺鱼 1 条，酸菜半袋，蘑菇 3 个，红椒 1 个，香菜 1 小把，火锅底料 1 大块、郫县豆瓣、豆豉适量，大蒜 1 整头，生姜 1 大块，色拉油 1 大匙，干辣椒 1 小把、清水小半碗。

制作：

1. 鱼去除内脏清洗干净，擦干水。

2. 把鱼放入盘子里，撒上姜末，淋上 1 大匙色拉油，放入烤箱烤 25 分钟。

3. 起锅，凉油放入火锅底料，慢慢煸出红油，倒入郫县豆瓣和豆豉继续煸炒片刻。

4. 放入蒜末和干辣椒煸炒，倒入小半碗清水略煮片刻放入酸菜、蘑菇和红椒。

5. 从烤箱里取出烤鱼，倒入料汁，再次烤 10 分钟，直到烤至鱼熟即可。

麻辣豆豉烤鱼

原料:

草鱼1条（约1000克），菜花半棵，莴笋半根，大饼1/4张，干红辣椒、豆豉、葱、姜、蒜、蚝油、麻椒、蒜蓉辣椒酱、玉米油、蒸鱼豉油、酷克100麻辣烤肉料、豆豉等调料各适量。

制作:

1. 草鱼去头去尾，清洗干净，打上花刀，在切好的鱼肉中塞半片姜、数粒豆豉，鱼大盆小的话可以从中切断。

2. 将酷克100麻辣烤肉料倒入容器，按照1：2的比例加入清水，搅拌均匀。

3. 放入鱼，尽量码匀，方便入味。盖上保鲜膜，放冰箱冷藏腌制一个晚上，中途可以取出翻个面。

4. 鱼腌制好后，从冰箱取出。烤盘铺上锡纸，刷上一层薄的玉米油。

5. 把鱼码放均匀，在鱼的身上把余下的腌料再刷一遍，撒上几粒豆豉在鱼的上面，再在鱼的身上淋上少许的玉米油刷匀，再淋上少许蒸鱼豉油。

6. 将鱼放入预热后的200℃烤箱中层，烤约20~30分钟。

7. 大饼切成菱形块备用；莴笋切成丁，菜花掰成小朵，都要焯水，焯好后，淋上适量蚝油拌匀，让菜更好的入味滋润。

8. 锅中倒入适量的油，放入葱花，麻椒，然后放入干红辣椒和豆豉小火煸香，煸出香味后放入蒜蓉辣椒酱炒出红油。

9. 下入焯好水的蔬菜翻炒均匀，再放入红椒，淋上生抽，撒少许盐调味；最后放入切好的大饼翻炒匀，不要太久，以免把饼炒的太软。

10. 取出烤好的烤鱼，把炒好的青菜和大饼码在烤鱼身上。这样烤鱼的香味可以入到菜里，菜的汤汁和香味也可以渗入到烤鱼中。烤鱼盘中有汤汁可以浸泡片刻再食用，味道更佳。

原料：

红鲑鱼 400 克，茼蒿、黄彩椒各 60 克，鹅卵石 1 块，麻辣汁、青芥汁、色拉油等各适量。

制作：

1. 红鲑鱼取净肉，片成大片，卷成卷摆放盘中。

2. 茼蒿取尖部，黄椒切条，分别装盘。一碗麻辣汁和一碗青芥汁分别备用。

3. 锅中烧色拉油，将鹅卵石炸至滚烫，同油一起倒入盛器中，将鲑鱼卷入油涮后，与麻辣汁、青芥汁拌食即可。

小提示：制作关键是油温不宜太高，但鹅卵石要炸透。

原料：

鲳鱼 1 条，调料盐、味精、酱油、花生油、葱、姜片各适量。

制作：

1. 鲳鱼处理干净，改刀，加各类调味品腌制 4～5 小时。

2. 锅中油烧至五成热时，放入鲳鱼，关火。

3. 用油余温把鱼浸透至熟，捞出装盘即可食用。

原料：

鲳鱼 2 条，香菇 50 克，葱、姜、红辣椒、花椒、郫县红油豆瓣酱、辣椒油，料酒、白酒、盐、色拉油等各适量。

制作：

1. 红辣椒切丁；姜切片；葱切末；香菇用淡盐水泡发洗净、

沥干水分，切片。

2. 鲳鱼去鳞、鳃、内脏、鳍、尾，冲洗干净，鱼身两面各划 3 刀，塞上姜片，倒入料酒腌制片刻。

3. 蒸锅加水烧开，放入鲳鱼，用中火蒸 5 分钟左右，倒掉蒸出的汤汁备用。

4. 炒锅烧热，放入油，投入姜、红油豆瓣酱炒香，再放入香菇翻炒，加水烧开，再放入鲳鱼，倒入少许白酒和适量盐，中火煮 20 分钟左右出锅装盘。

5. 炒锅烧热，放辣椒油、花椒、红辣椒爆香后，浇在鲳鱼上，再撒上葱末即可。

酸 菜 鱼

原料：

草鱼 1 条（去内脏，鱼腹内黑膜一定要完全去掉），将鱼片、鱼头和鱼排分开盛放（因为下锅的时间不一样），平菇、芹菜、绿豆芽、酸菜、泡椒、花椒、小米辣、蒜、姜等各适量。

制作：

1. 将鱼片、鱼排撒上少许盐抓匀，再用鸡蛋清拌一拌（最好用手抓匀，使鱼片都裹上蛋清），腌制 15 分钟左右，裹上蛋清会使鱼片更嫩滑。

2. 酸菜切小段；姜切片；蒜一半切片一半切碎（切碎的蒜蓉留着最后用），小米辣切碎。

3. 锅中加入适量油，下入花椒、蒜片、姜片，小火炒 2～3 分钟。

4 放入酸菜、泡椒、八角、小米辣继续炒 4～5 分钟，炒出酸菜的香味来。

5. 加入开水，水量稍宽一点，下入鱼头和鱼排，大火煮开后，转中火炖煮 15 分钟。

6. 汤煮好后，平菇撕成条下入汤中，煮熟并加适量盐调味。

由于酸菜有一定咸度，所以加盐之前先尝尝咸淡。

7. 下入豆芽和芹菜段，而像豆芽、芹菜、香菜这些易熟的菜都需要在起锅之前再下锅。

8. 用筷子夹着，一片片地将鱼片下入锅中，鱼片两面均变色后（这个过程约1～2分钟）即刻关火，煮太久鱼肉就会变老，口感大打折扣。

9. 另起一锅，加适量花椒和2～3匙油，小火加热成花椒油备用。将锅里的菜、鱼、汤盛到大碗中，撒上先前备好的蒜蓉，淋上花椒油。

10. 点缀香菜或者芹菜叶即可上桌食用。

原料：

草鱼1条，泡酸菜（泡酸萝卜条、青菜条、姜片、野山椒段、大蒜粒均可）适量，猪油、胡椒面、红苕豆粉、白酒、盐、鸡蛋清、料酒等适量。

制作：

1. 将草鱼（约1000克左右）杀死以后，从尾部开始起刀剔下鱼肉，片刀一定要端平，左手固定住鱼头。

2. 片下鱼排骨，剔下的鱼骨部分剁断，鱼头从中间劈开。

3. 将鱼肉片成鱼片，厚度要一致，鱼片加入红苕豆粉、白酒、盐、蛋清后拌匀码味。

4. 拌匀的每片鱼片都应裹上薄薄的浆，切忌不能加水或料酒，否则鱼片下锅脱浆，鱼片不嫩。

5. 下入锅中1大匙猪油，烧到六成油温时加入泡菜大火煸炒，炒出香味，炒好以后的泡酸菜加水，水可以适当多点。

6. 加入鱼骨和酸菜一起煮，同时加点白酒，再加入一大匙胡椒面，酸菜鱼的辣味是靠胡椒和野山椒共同来体现的。

7. 大火烧开后打去浮沫，将泡酸菜和煮熟的鱼骨沥出，将码味的鱼片下入锅内的酸汤中（用手一片一片均匀分开下）。

8. 鱼片下锅以后用炒勺或锅铲轻推以防煳锅，并用大火快速烧开。鱼片全部变色即可起锅，将鱼片连汤倒入刚才备好的鱼骨和酸菜表面。

9. 在上面撒上葱花和马耳朵泡椒，淋上烫烫的猪油（七成油温的猪油淋上去香气四溢）即可。

重庆酸菜鱼

原料：

大头鱼身 1 条，酸菜 150 克，泡姜、泡红椒各 50 克，鸡蛋 1 个，大蒜、生姜、干辣椒段、花椒粒、花椒粉（没有可不放）、盐、料酒（或白酒）、生粉、味精、葱段、色拉油等各适量。

制作：

1. 把鱼剖成三大片，洗净后，把鱼骨切成段，然后把肚腹上的大排刺片下来。

2. 再把整块鱼肉皮朝下，从尾部开始片成薄片，这样全部片好片，备用。

3. 酸菜也片成片；泡姜、大蒜、生姜切较大粒；另外剁碎稍多些的大蒜；泡红椒也剁碎。

4. 片好的鱼片加上料酒和盐先腌上。

5. 炒锅放入油，下入干辣椒段，炒出香味捞起辣椒段备用。

6. 再下入花椒粒爆香后，倒入泡姜粒、生姜粒、大蒜粒炒香，再倒入酸菜翻炒几下，加适量清水煮上。

7. 趁煮酸菜汤时把腌上的鱼再加入鸡蛋清和生粉拌匀。

8. 酸菜汤煮出味道后，可加进适量的盐调味，再把鱼骨和蛋黄放入，煮至颜色变白，鱼肉用筷子一插就过，表明煮好了。

9. 把鱼骨和酸菜用漏勺捞起放在碗底。

10. 再把鱼片放入锅内煮好，捞起放在鱼骨上，最后再调一下汤的咸淡，加味精调味后倒入碗里。

11. 炒锅再加油烧热后，把泡红椒碎和大蒜碎炒香后铺在鱼肉面上，再撒上些花椒粉，撒上葱段即可食用。

冷　锅　鱼

原料：

钳鱼 1 条（草鱼、鲢鱼等皆可），自制火锅底料 200 克（市售冷锅鱼底料或水煮鱼底料及火锅底料都可），千张 100 克，鸡蛋一个，芹菜、蒜苗、土豆粉、冰鲜青花椒和干花椒（全用干花椒亦可）、干辣椒、辣椒面、葱、姜、蒜、盐、淀粉、黄酒或料酒、胡椒粉、基础香料（如八角、香叶、小茴等）等各适量。

制作：

1. 鱼身两侧的肉整片剃下，鱼头、鱼尾、鱼骨备用。

2. 鱼身肉片成片，加盐、料酒、淀粉、胡椒粉、蛋清抓匀码味。

3. 锅中倒油，量可以多些，先加入葱、姜、蒜和香料小火爆香，再倒入自制底料或市售底料，视个人口味量可多可少，翻炒均匀炒出香味后，加入洗净的鲜花椒继续翻炒，注意花椒不要炒过头，味道充足后就添入足量的水或高汤。

4. 冷锅鱼是整锅移到桌上边吃边涮菜的，所以炒锅里的料最后要再整锅倒入火锅锅里继续烹饪。

5. 加入鱼头、鱼骨、鱼尾等，倒入黄酒，开足火力，整锅煮沸后，如果有浮沫杂质都要用滤勺先过滤撇尽。

6. 可以把千张之类的先煮到锅里，待入味，根据咸淡补盐适量。

7. 炒锅留油翻炒一下蒜苗、芹菜等蔬菜，汤锅煮最少 15 分钟后加入蔬菜。

8. 再次沸腾之后就可以一片一片下入码好味的鱼片，鱼片全部变色断生了就关火，在鱼的表面撒一层辣椒面。

9. 炒锅加油，煸炒香各种干辣椒和花椒。连辣椒、花椒和油一起浇在冷锅鱼的表面，刺啦声之后点缀一点芹菜末，便可上桌食用。

原料：

鲜活草鱼1条（约1500克）或花鲢鱼（2000克），火锅底料300克，泡酸菜100克，郫县豆瓣200克，泡辣椒末250克，泡姜150克，干辣椒节15克，豆豉末35克，姜30克，花椒4克，蒜片30克，葱节100克，油酥黄豆40克，鸡精20克，味精15克，白酒25克，盐适量，白糖8克，料酒100克（或啤酒半瓶），干细豆粉60克，色拉油800克。

制作：

1. 鱼宰杀后洗净，剔下两扇净肉，剔去腹刺，用斜刀法切成厚约2厘米的瓦块形大片；鱼骨斩成大块，鱼头劈成4～6块，加少许盐、白酒码味几分钟，用清水冲去鱼块上的血污黏液，然后蘸匀干细豆粉。

2. 泡酸菜切成薄片，葱切成6厘米的段备用。

3. 锅置于旺火上，倒入油烧至六成热，先下蒜片、花椒爆香，再下郫县豆瓣、泡辣椒、泡姜、豆豉蓉、老姜（切成颗粒）炒香，然后将鱼骨、鱼片分别放入锅中；待鱼片表面凝固成形时，速加清水1500克，再放入料酒、火锅底料、干辣椒节、鸡精、味精、精盐、白糖、葱节等调料，起锅倒入火锅盆中，最后撒入油酥黄豆即可上桌。

4. 乌江鱼可用干油碟蘸食之。干油碟用干辣椒面、熟白芝麻、油酥花生仁碎粒、味精、小葱花、香菜末、火锅原汤调制而成。

原料：

草鱼200克，竹笋80克，高丽菜、鸭血各100克，臭豆腐一块，蒜苗一根，姜末、蒜末各 10 克，花椒粒 5 克，干辣椒 3 根，麻辣汤底 800 毫升，沙拉油 20 毫升，辣豆瓣酱、太白粉各一茶匙，盐、鸡粉、细砂糖、绍兴酒各 1/4 茶匙，细砂糖、盐各 1/2 茶匙，胡椒粉少许，蛋清半个。

制作：

1. 草鱼洗净，沥干水分后去骨取肉，切成长方型的鱼片备用。

2. 所有的腌料搅拌均匀后，再放入鱼片腌约 15 分钟备用。

3. 竹笋切片；高丽菜洗净沥干水分后切片；鸭血洗净后切方块；臭豆腐也切方块；蒜苗洗净后切片备用。

4. 将竹笋片、高丽菜片放入沸水中汆烫至熟，捞起备用。

5. 于步骤 4 中放入步骤 3 的鸭血块汆烫一下，捞起备用。

6. 起锅，放入适量沙拉油，投入姜末、蒜末爆香，加入花椒、干辣椒及辣豆瓣一起炒香后，再加入麻辣汤底一起煮。

7. 于步骤 6 中，放入竹笋片、鸭血块及臭豆腐块、调味料一起煮约 10 分钟。

8. 另取一锅，将高丽菜置于锅内，放入步骤 7 的所有食材，再放入蒜苗即可。

热 炝 鲈 鱼

原料：

鲈鱼 700 克，干红辣椒 5 个，盐、料酒、生抽、鸡精、花椒、葱、姜、蒜、高汤、食用油等各适量。

制作：

1. 将鲈鱼去内脏洗净，去骨、刺，片成片；葱、姜、蒜洗净切成末；将高汤、盐、料酒、生抽、鸡精调成汁。

2. 水中加入盐、料酒、姜末、葱末，将鲈鱼片放入焯一下，捞出装入盘中。

3. 坐锅点火，放入食用油，当油四成热时，放入干红辣椒、花椒炸出香味,倒入装有鱼片的器皿中,加入调好的汁拌匀即可食用。

川味炝锅鱼

原料:

鲤鱼1条约750克左右,郫县豆瓣酱20克,香菜末、葱花各3克,姜片、葱段、干红辣椒节、味精各5克,料酒、辣椒油各10克,鸡精、辣椒面各3克,盐8克,花椒面2克,生粉20克,花生油1000克(实耗150克),自制麻辣料10克,高汤750克。

制作:

1. 鲤鱼挖出内脏洗干净后,鱼身两面都改上一字花刀,再从内脊骨离头约5厘米处至尾部划一刀,使鱼平趴在盘中,加入盐、味精、料酒腌渍5分钟,拍上生粉,下入七成热油中,小火炸成金黄色,捞出沥油。

2. 锅留底油烧至五成热,下入豆瓣酱、红油、姜片、葱段、干红辣椒节及辣椒面、花椒面一起大火煸香,加入高汤并调入盐、味精、鸡精,烹入料酒,再放入炸好的鲤鱼,在锅中烧20秒立即捞出装盘。

3. 用漏勺拣去姜、葱、干椒,取原汤勾薄芡淋在鱼身上,再撒上自制麻辣料及葱花、香菜末。

4. 另起锅,烧油至九成热时,浇在鱼身上即成。

麻 辣 鳝 片

原料:

鳝鱼300克,酱油10毫升,辣豆瓣酱半匙,青辣椒、红辣椒各2只,花椒粒、葱段、大蒜片各10克,姜片、酒、酱油、糖、生粉、醋等各适量。

制作:

1. 鳝鱼杀好后,剔除大骨并切除头及尾尖(只取鳝背部分），全部切成 1.5 寸[①]长段，用酱油及生粉拌匀。

2. 青红椒分别去籽，切成 1 寸的四方块备用。

3. 将姜片、酒、酱油、糖、生粉、醋等混合制成综合调味料。

4. 烧热油锅，放入鳝鱼炸 20 秒钟，再加入青椒一起炒 5 秒钟，全部捞出。

5. 另用 3 匙油爆香花椒粒、葱段、姜片、蒜片、红辣椒段及辣豆瓣酱，然后放鳝鱼下锅，随即将综合调味料倒入，用大火快炒拌和均匀即可出锅食用。

麻 辣 鳝 鱼

原料：

大黄鳝四条，麻油、花椒、辣椒、生姜、大蒜、葱、白酒、盐等各适量。

制作：

1. 先把黄鳝杀死去内脏，洗净，切段备用。

2. 坐锅放入油，再放入生姜、大蒜，葱白炒香，然后放入黄鳝稍煸，最后放入酒、花椒，辣椒、盐，水等稍煮片刻，上桌前撒上麻油即可食用。

干 煸 鳝 段

原料：

鲜活黄鳝 500 克，西芹 100 克，鸡蛋 1 个，郫县豆瓣 10 克，干辣椒、姜、蒜各少许，料酒、盐、酱油、醋、花椒面、淀粉各适量。

制作：

1. 选肚黄、肉厚的鲜活黄鳝，剖腹去骨，斩去头尾，切成

---

① 寸为非法定计量单位，1 寸≈3.33 厘米。——编者注

粗丝；西芹切丝，郫县豆瓣剁细。

2. 蛋液打起沫，加进淀粉和成糊备用；鳝丝加少许料酒、酱油腌片刻。

3. 油锅烧热，下入干辣椒炸出香辣味，再下豆瓣煸至油呈红色时，下入姜、蒜炒匀，再加盐、酱油，淋少许醋，下鳝丝烧入味后盛出。

4. 另起油锅，待油温重新升高时，将鳝鱼丝粘裹蛋糊后入油锅煸炒至鳝丝水分基本挥发，加入西芹丝稍炒出香味即捞出，撒少许花椒面即成。

> **小提示：** 鳝鱼体内常寄生铁线虫的虫卵，若爆炒时间不够，无法杀灭，吃入人体内幼虫会在皮肤下潜行，致使各部位皮下出现指节状疙瘩，医学上称为"匐行疹"，药物无法根除，只有手术才能取出。所以千万不要贪图鳝鱼的鲜嫩，而在烹调时不烧熟、煮透。

干煸鳝片

原料：

鳝鱼 300 克，泡姜片 5 片，芹菜 75 克，香葱 1 株，大蒜 3 瓣，干辣椒 3 个，食用油 500 克（实用 50 克），香油 3 克，酱油、辣豆瓣酱各 1 大匙，高汤 30 克，香醋 3 克，白糖、味精各 1.5 克。

制作：

1. 鳝鱼宰杀洗净、切片；大蒜切片；芹菜洗净切段；葱洗净切葱花。

2. 锅内放油烧热，将鳝片炸干、脆，捞起沥油。

3. 锅中留油少许，爆炒姜、蒜、豆瓣酱、干辣椒，再放入鳝片、芹菜、酱油、糖、味精。

4. 翻炒均匀后注入高汤续煮，汤汁渐渐收干时加入醋、香油、葱花煸炒即可。

原料：

黄鳝 500 克，花雕酒 30 克，姜片、时令菜蔬、花生油、红辣椒干、花椒、盐等各适量。

制作：

1. 将去骨的黄鳝切段洗净。

2. 锅里放水、花雕酒、姜片烧开，每次放适量的鳝片入锅烫得断生即捞起，并立即把鳝片放入冰水里。

3. 捞起鳝片，放入垫好菜蔬的盆里。

4. 放上香菜，热锅烧半斤熟花生油，油温六成热时，放红辣椒干和花椒略炸香。

5. 连油一起倒入盆里，吃的时候将鳝片在盆底涮一下，取得咸味即可食用了。

原料：

新鲜甲鱼 1 只，峨眉山针笋干 50 克，野生干菌子、娟城牌郫县豆瓣酱、混合油、姜、蒜、淀粉、白酒、藿香叶各适量。

制作：

1. 针笋用温水洗净后加开水涨发 30 分钟；新鲜甲鱼采用背开方式宰杀后在开水中烫一下，去除表层老皮。

2. 锅内放入混合油，五成油温时下入姜、蒜炸香。

3. 加入豆瓣酱并炒香出色（郫县豆瓣酱咸味较重，所以不建议加盐）。

4. 加入鲜汤或清水（可以适当多加点），放入一些野生干菌子（可以用干香菇代替）后，将汤料熬制 30 分钟，熬好的汤料用丝漏去渣。

5. 处理好的甲鱼下入滤好的汤料中（甲鱼下锅后汤中加一点白酒去腥），再加入针笋。

6. 大火烧开以后转小火焖烧一个小时（如果是野生老甲鱼需要更长的时间，一切以甲鱼熟软为度），将甲鱼和针笋捞出装盘。

7. 烧甲鱼的汤汁重新下锅准备勾芡，芡汁不宜太浓，将芡汁浇在甲鱼上，最后加点新鲜的藿香叶即可上菜（没有藿香可以葱花代替）。

爽辣江团鱼

原料：

江团（鮰鱼）1条，葱段、老姜、大蒜、泡海椒、泡嫩姜、豆瓣酱、盐、料酒、白胡椒粉、老抽、白糖、味精、老抽各适量。

制作：

1. 鮰鱼宰杀后去鳃、剖腹去内脏，清洗干净后，切成大块。

2. 放入盆中，淋入3匙料酒、1匙盐、1匙白胡椒粉腌制一下。

3. 将泡嫩姜切片；泡海椒切掉梗；大葱切断；大蒜拍扁；老姜切片。

4. 锅内倒入油，油温3成热时，倒入步骤3的配料，小火煸炒出香味。

5. 放入豆瓣酱，炒至吐油时倒入清水，量稍微大一些（估计能淹住鱼块），放入适量老抽、1匙白糖，尝一下咸淡，酌情加盐。

6. 用大火烧滚2~3分钟，倒入腌制过的鱼块煮5~8分钟。

7. 调入一点儿味精后关火，撒葱颗点缀一下即可装盘。

香辣豆豉小鱼干

原料：

小鱼干1包，蒜（切薄片），姜（切丝），豆豉若干，生抽、糖适量。

伏特加多放一些（用料酒也行）。

制作：

所有的调料和小鱼干都倒进小锅里，煮开后，调成中火，大约煮 20 分钟，开大火收汁就得。

豆瓣鲫鱼

原料：

300 克重的鲫鱼 2 条，豆腐 1 块，郫县豆瓣酱、麻椒、姜、鲜辣椒、蒜瓣、葱花、花生油、料酒、生抽、糖各适量。

制作：

1. 鲫鱼去鳃、鳞、内脏，洗净腹内黑膜，控干水；豆腐切小块备用。

2. 姜切丝；蒜按扁切碎；辣椒切圈。

3. 平底锅放入少许花生油，在锅底撒上少许盐，放入鲫鱼用小火煎。

4. 同时在另一个灶眼上起炒菜铁锅，放入少许花生油烧热，下入麻椒、姜丝烹香。

5. 放 2 匙郫县豆瓣酱，翻炒至红亮，加入三碗水烧开。

6. 鲫鱼煎至两面金黄时，倒入烧开的料汁。

7. 加入生抽、料酒、糖、豆腐，炖至收汁，撒入辣椒圈、蒜碎烧开一滚，关火装盘，撒入葱花即可食用。

糖醋锅巴脆皮鱼

原料：

鲤鱼 1 条、锅巴 2 片，大葱、老姜、大蒜、泡辣椒等各适量。糖醋汁（即碗芡，由芡粉 10 克，白糖、香醋各 50 克，胡椒面、盐各 2 克，清水 150 克制成）一碗。

制作：

1. 鲤鱼切花刀（第一刀从鱼尾部开始），处理后的鱼身加一点盐码味，再加入超级生粉（普通淀粉也行）。

2. 切葱丝（用刀尖把大葱剖开，葱心不用），泡辣椒剖开后用刀去除辣椒籽，切好的葱丝和辣椒丝用清水浸泡备用。

3. 锅内放入油，五成油温时，加入锅巴炸至锅巴酥脆捞出。

4. 将上粉以后的鱼放在密漏中，用筷子夹住头尾，油温六成热时下锅炸制。这道菜的要点就在炸鱼上面，鱼成型之前切记不能松开筷子。

5. 几分钟后鱼成型，翻面继续炸，直到鱼酥脆，炸好的鱼起锅后用锅巴来垫底，鱼儿有一个翘起来的好造型。

6. 鱼翻面以后就应该准备糖醋芡汁，用另一口锅下入热油，放入姜、蒜粒炒香，加入糖醋芡汁后大火快速搅匀，浇汁在鱼身上。

7. 浇汁后撒上葱丝和泡椒丝即可，还可加一点香菜叶配色。

海鲜麻辣香锅

原料：

螃蟹 500 克，虾 150 克，扇贝、莲藕、芹菜、花生、花椒、干辣椒、姜、青葱、麻辣调味料、郫县豆瓣酱、自制老干妈辣椒油、料酒、盐、糖、味精等各适量。

制作：

1. 莲藕切滚刀块，放入热水煮约 40 分钟后，捞出即过冰水，沥干备用。

2. 螃蟹清理后斩件，撒些生粉，立即入油锅炸至变色捞出控油。

3. 虾与扇贝也入油锅，炸至微变色捞出控油。

4. 热油锅放入蒜、姜爆香，再下豆瓣酱、花椒、干辣椒与麻辣调味料，转小火煸大 10～15 分钟，出色与香味后捞出花椒。

5. 再放入洋葱与花生，转大火翻炒，回锅莲藕、螃蟹、虾与扇贝，再大火不停翻炒，料酒走边洒入，放入青葱、辣椒油、盐、糖、味精等调味炒匀，撒上芹菜段，再炒片刻即可出锅。

黑鳝酸辣火锅

原料：

黑鳝400克，凤梨、西红柿、豆芽各100克，秋葵荚、洋葱各30克，鱼露2大匙，芋枝、香草、酸子、香茅，蒜蓉、辣椒蓉、柠檬汁各适量糖、味精各少许。

制作：

1. 黑鳝切块；凤梨、秋葵荚切粒；西红柿、芋枝、香草、洋葱切片；酸子浸下水；香茅切蓉。

2. 豆芽洗干净，放在大盆里备用。

3. 热油锅，放3匙油炒香蒜蓉与香茅爆香后，再加水，放入凤梨、西红柿、酸子、水、柠檬汁、鱼露，开大火，水滚大约10分钟后放入糖、味精调味。

4. 再放洋葱、秋葵荚、芋枝大火煮，最后放黑鳝鱼滚一滚，连汤带菜倒在放豆芽的大盆里，再放香菜与干葱即可食用。

豆花鱼火锅

原料：

鱼片800克，嫩豆腐1块，油麦菜3颗，香菇十几朵；

辅料A：蛋白1个，姜丝、葱段、料酒、柠檬汁各适量；

辅料B：食用油、大葱、干辣椒、干花椒、生姜片、麻辣鱼调料、香菜等各适量。

制作：

1. 把鱼片用辅料A顺一个方向抓匀，腌1小时。

2. 油麦菜和豆腐焯水后，铺入锅底。

3. 坐锅放油，油热后用小火把大葱、干辣椒、干花椒、生姜片煸出香味，放麻辣鱼调料炒香，再放入热水和香菇熬煮2分钟，放入鱼片。

4. 鱼片熟后关火，倒入铺蔬菜的锅中，撒上芝麻、香菜即可食用。

酸 菜 鱼 锅

原料：

草鱼 200 克，酸菜、黄豆芽各 100 克，沙拉油 50 毫升，粉丝半捆，麻辣汤底 1000 毫升，细砂糖、盐各 1/2 茶匙，腌料：鸡粉、绍兴酒 1/4 茶匙，太白粉 1 茶匙，胡椒粉、盐各少许，蛋清半个。

制作：

1. 草鱼洗净后去骨切片；将酸菜切丝后，洗去咸味备用。

2. 腌料搅拌均匀后，将草鱼片腌约 15 分钟。

3. 黄豆芽放入沸水中汆烫一下，捞起沥干水分备用。

4. 热一锅，倒入适量沙拉油，放入腌过的草鱼片煎至两面焦黄后，捞起沥干。

5. 锅中留下少许油烧热后，再放入酸菜丝与黄豆芽略炒 3 分钟。

6. 加入麻辣汤底及草鱼片拌煮后，以大火煮约 3 分钟后，加入细砂糖，待汤汁沸腾后即可出锅，食用时放入事先浸泡过冷水的粉丝即可。

火 锅 鱼

原料：

1000～1500 克的草鱼（其他鱼也可以，如白鲢等），芹菜 259 克，豆腐 1 块，香水鱼调料（超时有卖，如南山香水鱼调料）1 袋，鸡蛋 1 个，八角 1 粒，蒜若干，姜 1 块，大葱 1 根，味精、盐各少许，色拉油适量。

制作：

1. 鱼去鳞，加工成片，鱼头、鱼骨和鱼肉片分开，把鸡蛋蛋清取出和鱼搅拌。

2. 坐锅烧热，加色拉油，油热后把香水鱼调料加入，翻炒两下，及时加入蒜、姜、八角、葱段，再翻炒两下。

3. 加入开水，不要多了，感觉鱼放进去能把鱼盖住就好。

4. 水开后先放鱼骨和鱼头，等1分钟，再放鱼片。待鱼片5分熟时加入芹菜，八分熟时加入豆腐。

5. 起锅时加点味精及很少的盐（香水鱼调里含盐，根据自己口味调节）。

> **小提示：**用鸡蛋清的作用是为了鱼的口感好；用芹菜的作用是清香，荤素搭配。

片笋火锅鱼

原料：

云南片笋500克，钳鱼（又称斑点叉尾鱼鮰）500克，八角、山柰各10克，丁香3克，茴香5克，草果8克，色拉油100克，高汤500克，精盐6克，郫县豆瓣1000克，干辣椒30克，红油豆瓣300克。

制作：

1. 片笋用刀子削去外皮，放入清水中浸泡30分钟以去除异味，然后将片笋放入沸水中，大火氽1分钟后取出控水待用。

2. 锅内放入色拉油，烧至六成热时，放入郫县豆瓣和红油豆瓣，小火煸炒出香，再放入八角、山柰、丁香、茴香、草果、干辣椒煸炒5分钟，接着加入高汤、盐，小火熬30分钟。

3. 在高汤熬制的同时，将钳鱼宰杀，去鳃后用刀从腹部开膛，取出内脏，洗净血水。

4. 将整只鱼两面打上深为3厘米、间距为2厘米的一字花刀后装盘。

5. 将香料锅（锅下点燃酒精炉）、鱼和片笋一起上桌，食前将鱼肉、笋放入香料锅中涮熟即可。除了放鱼和笋涮制外，也可以涮制其他蔬菜和肉类。

> **小提示：** 郫县豆瓣和红油豆瓣放入锅内煸炒前，最好用刀剁碎，这样味道才能最大限度地溢出；山奈、草果最好用刀剁成小块，因为其形体较大，短时间的炒制味道不能完全炒出。

活鲫鱼火锅

原料：

活鲫鱼 3 条，菠菜、嫩白菜心各 100 克，粉丝 200 克，精盐、料酒各 15 克，味精 6 克，白糖 8 克，香醋 50 克，葱段 25 克，姜末 50 克，胡椒面 3 克，清汤 2000 克。

制作：

1. 宰杀活鲫鱼，收拾干净，用沸水汆一下捞出，再冲洗干净放入火锅内。

2. 将菠菜、白菜心洗净、切段，用沸水焯一下；粉丝用开水发好，一起放在火锅内。

3. 火锅加汤，烧沸，将猪油用大勺烧热，也放入火锅。

4. 精盐、味精、香醋、葱段、姜末、料酒、胡椒面等一起放入火锅内。再将火锅烧沸，即可上桌食用。

茴香鲫鱼火锅

原料：

鲫鱼 4 条，小茴香 30 克，精制油 50 克，姜、蒜、葱、胡椒粉各 5 克，味精 10 克，鸡精、料酒各 20 克，白汤 2500 克。

制作：

1. 鲫鱼去鳃、鳞和内脏，洗净后用盐、料酒、姜、葱码味，10 分钟后入油锅炸至金黄色捞起备用。

2. 姜、蒜切成 2 毫米厚的指甲片，葱切成"马耳朵"形。

3. 炒锅置于火上，放入油加热，下入姜、蒜片、葱炒香，掺入白汤，放进鲫鱼、味精、鸡精、胡椒粉、料酒、茴香烧沸，去尽浮沫，起锅入盆，上桌即可。

鱼头火锅

原料：

鱼头 1 个，萝卜 100 克，生姜、油、干辣椒、盐、醋、料酒、胡椒粉、味精等各适量。

制作：

1. 锅烧热，用生姜擦锅（不让鱼粘锅），放入油、姜和干辣椒，再放入鱼头，煎至两面都变色。

2. 在电火锅里放入开水，把变色的鱼头放入，加入萝卜一起煮，"千煮豆腐万煮鱼"。

3. 等水变成奶白色，加点盐、醋、料酒、胡椒粉、味精即可食用。

麻辣虾

原料：

大虾、辣椒、蒜、葱、姜、生抽，盐、料酒、淀粉、辣椒、花生米各酌量。

制作：

1. 辣椒、蒜、葱、姜都切好备用。

2. 大虾剪开整个背部，挑出虾线，加生抽、盐、料酒、淀粉少许拌匀，腌制 20 分钟。

3. 锅里加油烧至六七分热，加入辣椒和一半左右的蒜，全部的葱、姜爆香。

4. 倒入大虾翻炒均匀，至变红时，加入花生米和剩余的蒜，根据口味再调入少许盐，翻炒均匀即可出锅。

麻辣干锅虾

原料：

大虾 400 克，西芹、青葱、莲藕、鲜笋各 20 克，精盐、料酒、花椒、干辣椒、八角、蒜、姜片、洋葱、郫县豆瓣酱、白糖、米醋、生抽各适量。

制作：

1. 大虾去虾须、虾线，用盐、料酒腌 20 分钟。

2. 热锅，用中小火炒香花椒、干辣椒和八角，再放入蒜块、姜片、洋葱炒匀，放入虾炒红后加入郫县豆瓣酱、糖、米醋、生抽、莲藕、鲜笋、西芹，放入 1/3 凉水，盖盖子焖 10 分钟，出锅前加入青葱拌匀就可以了。

麻辣小龙虾

原料：

小龙虾 500 克，尖辣椒 3 个，红辣椒几粒，啤酒 1 杯，葱、姜、蒜、糖、盐、食用油等适量。

制作：

1. 小龙虾 500 克，用牙刷洗净肚皮，抽去肠线。

2. 葱、姜、蒜切末；尖辣椒也切成末。

3. 油入锅约八分热时，放几粒红辣椒炒出香味，放入小龙虾翻炒，陆续放切好的葱、姜、蒜末和尖椒末再翻炒。

4. 淋入一杯啤酒，盖上锅盖焖住。

5. 约 3 分钟后放糖和盐，翻炒后再焖 3 分钟后，出锅即食。从入锅到出锅，全部时间 12 分钟。

麻辣虾球

原料：

小龙虾 400 克，生姜、花椒、大蒜、干红辣椒、葱花、酱油、香辣酱、郫县豆瓣、料酒、醋、鸡精、白糖等各适量。

制作：

1. 小龙虾掐去头部，抽出虾肠，用刷子刷洗干净；大蒜剥皮；生姜切大丁；花椒洗净；干尖椒剪好备用。

2. 炒锅倒入较多的油，大火烧至八成热时下入生姜、大蒜煸香，然后下入干尖椒和花椒炼出红油。

3. 待干尖椒快要变色时，下入小龙虾爆炒，爆至虾尾部卷起颜色变红，加入两匙盐，1大匙料酒烹香。

4. 然后加入1大匙郫县豆瓣、1小匙香辣酱、一大锅铲醋，加入半锅水炒匀，盖上锅盖，大火煮沸后转中小火闷煮约10～15分钟，将味汁充分收入虾仁中，等到水分差不多收干时，加少量鸡精调味，再加入1大匙白糖，改大火不停翻炒使味汁收干，变得浓稠油亮均匀包裹在虾球上即可。

原料：

虾400克，葱（切断）、姜、蒜（各切片）、花椒、辣椒、白糖、盐、料酒、蒸鱼豉油、番茄酱、鸡精等各适量。

制作：

1. 锅在火上微热后倒入油，油热八分时放入花椒和辣椒煸出香味。

2. 把清洗干净的虾放入翻炒，虾变色后加进葱段、姜片、蒜片再次翻炒出香味。

3. 放入白糖、番茄、蒸鱼酱油、料酒，再倒入热水焖5分钟。

4. 最后放入适量的盐、鸡精焖两分钟，出锅倒入盘中即可食用。

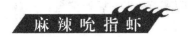

原料：

鲜虾500克，莴笋1根，干红辣椒、花椒20克，大葱1根，生抽、老抽5毫升，糖、盐各3克。

制作：

1. 将鲜虾用清水洗净后沥干备用；莴笋去叶但不要扔（洗净后可以直接蘸酱吃，去火），去皮后切成5毫米厚的片。

2. 锅中倒入油，大火加热，待油五成热时放入干红辣椒和花椒，改成小火煸出麻辣味后，将火再改成大火，放入大葱煎约20秒钟后，放入鲜虾翻炒。

3. 炒到虾身变色后，倒入切好的莴笋片，加入生抽、老抽、糖和盐翻匀后，保持大火继续炒2分钟即可关火。

> **小提示：** 在购买鲜虾时，要注意确保新鲜：虾壳不薄软，有硬度、颜色透明；虾肉紧实有弹性；虾身和头不脱离。如果虾头、虾壳、虾脚呈黑色，且头身已脱离或即将脱离，证明虾已不新鲜，不要购买。吃完虾，手上有腥味，用柠檬皮擦或者用醋洗手，既能去腥还能软化手部皮肤。

孜然麻辣小龙虾

原料：

小龙虾500克，孜然粉、料酒、生抽、盐、花椒粉、干辣椒、八角、蒜、姜等各适量。

制作：

1. 先把小龙虾肚子和爪子刷干净，小龙虾尾巴有三个瓣，揪住中间的一个一扯，肠子会全部出来。

2. 锅内油适量，把姜片、2～4个八角、干辣椒炸出香味，喜欢辣的可以多放点干辣椒。

3. 小龙虾下锅翻炒几下后，按自己口味加入生抽、盐、花椒粉，如果带虾头下锅的，要稍稍多加一点。

4. 加水没过虾，中火煮，到还剩一半的汤汁时放孜然粉和蒜。喜欢孜然味的可以多放，蒜可以先用菜刀侧面拍扁，但是不要放太早。蒜煮的时间长味道不好，也起不到杀菌作用。

5. 再煮个 2～3 分钟，让孜然味道进入虾里面，即可出锅食用。

> **小提示：**处理虾的时候要捏住肚子和胸（就是一堆小爪子那里）的交界处，这样虾就弯不过来了，最好还是戴手套处理。小龙虾的钳子是肉最嫩的地方，不要浪费。

麻辣十三香龙虾

原料：

龙虾 300 克，豆豉酱、料酒、花椒、辣椒粉、食用油、姜、十三香、白糖，鸡粉、水、盐各适量。

制作：

1. 龙虾用刷子刷干净，豆豉酱剁碎（也可用豆瓣酱代替）。

2. 锅中倒入油，烧热后放入豆豉酱、花椒、辣椒粉，用小火煸出红油。

3. 放入洗干净的龙虾，翻炒片刻，加入适量的料酒和水以及姜。

4. 再放入盐、白糖、鸡粉和十三香等调料。

5. 大火煮开后，转中火煮至入味，再稍稍收一下汁即可出锅。

密瓜麻辣虾仁

原料：

哈密瓜 1 个，虾仁 300 克，胡萝卜片少许，哈密瓜汁 1/2 杯；

调味料 A：辣豆瓣酱 1 大匙，糖 1/2 大匙；

调味料 B：香油少许，盐 1 小匙，太白粉 1/3 大匙。

制作：

1. 将哈密瓜洗净沥干，对切成盅，取出果肉，1/2 切成丁，

1/2 搾汁备用。萝卜片用热水氽烫煮熟备用。

2. 将虾仁去肠泥，洗净沥干，用调味料 B 搅匀腌 10 分钟，用热油氽过，沥干油备用。

3. 将锅烧热放少许油，依序放入虾仁、胡萝卜片、调味料 A，略炒后，放入哈密瓜丁及汁炒匀，水分收干后，立即熄火起锅，盛入哈密瓜盅即成。

香 辣 虾

原料：

活虾 1000 克，需要预备三种调料：

A 料为：干辣椒、花椒、葱、姜、蒜、大红袍辣椒适量；

B 料为：豆瓣酱、辣椒酱等各适量；

C 料为：料酒、盐各适量。

制作：

1. 油稍多些，烧热后，放入 A 料中所有，炒香后放入 B 料，用小火咕嘟一下，倒入活虾，翻炒至虾熟。

2. 放入料酒好盐，翻炒一下，再倒入一点点开水，足够溶解调料，让虾在其中微炖，吸收味道。

3. 找只虾钳子试下味道，淡的话可加些剁椒酱、花椒、豆瓣酱或盐，等汁收的差不多就可以出锅。

> **小提示：** 买回来的虾要先用清水泡一段时间，隔段时间换次水，让它们吐吐脏东西。

香辣串串虾

原料：

虾 350 克，干辣椒 15 克，豆豉 10 克，蚝油、盐、料酒、辣椒粉、花椒粉、葱花、食用油等各适量。

制作：

1. 先把虾去掉虾须，开背去虾线、虾头，用盐、蚝油、料酒、辣椒粉、花椒粉腌渍30分钟，再用竹签将其串起来备用。

2. 锅中加油烧热，下入虾串炸至熟后，捞出沥油。

3. 原锅留油烧热，下入豆豉、干辣椒爆香，再下入虾串一起翻炒均匀，撒入葱花炒匀即可食用。

原料：

活竹节虾300克，丝瓜600克，火葱节（可用香葱代替）、干花椒各50克，盐4克，干辣椒150克，姜10克，蒜瓣20克，味精、鸡精各5克，色拉油1000克，鲜汤70克。

制作：

1. 虾去头、皮，去除沙线，对剖成片，放入碗中加盐、味精、鸡精拌匀；丝瓜刮皮去心，改成一字条。

2. 净锅置于火上，放入鲜汤烧沸后，将丝瓜入锅余1分钟至断生捞起，放入汤碗中垫底，将虾肉片放在丝瓜面上，撒上姜、蒜。

3. 另取一净锅置于火上，放入色拉油，油烧至六成热时，下入干辣椒，中火炸40秒成棕红色，然后下入干花椒，出香后，连油一起起锅，淋在汤碗中，撒上火葱节即可食用。

> **小提示：** 竹节虾又名花虾、斑节虾，身体上有蓝褐色横斑花纹，尾尖为蓝色。

原料：

大虾500克，羊肉、牛肉、鸡肉、牛筋丸、骨头汤、生菜、自制麻辣香辣酱、葱、姜、蒜、盐、酱油、糖、酒、食用油等各适量。

制作：

1. 先将虾清洗干净，然后用干淀粉和少量盐腌上，牛肉、羊肉、鸡肉均片成薄片，用淀粉和少量盐抓匀、腌上待用。

2. 生菜洗干净，炒断生后放在盆底。

3. 锅中倒入适量的油，烧热后倒入虾和葱、姜、蒜，将虾炒断生后盛出来。

4. 锅中留下的油继续烧到中等热程度，倒入自制的麻辣香辣酱炒香，然后注入骨头汤，加入调料调好味。开小火慢慢熬制5~10分钟。这时候可以将切了花刀的牛筋丸放入一起熬，让牛筋丸开花煮熟。

5. 把熬好的红汤过滤成纯净红汤。

6. 烧开红汤，分别汆熟羊肉，牛肉和鸡肉片，把它们都放在生菜上面，把虾围在四周，顶上放上开花了的牛筋丸即可。

干锅香辣虾

原料：

新鲜大虾500克，藕200克，洋葱、香芹各50克，油炸花生米80克，红尖椒100克，干辣椒、香葱、大蒜片各20克，姜片10克，熟芝麻2汤匙（30毫升）、生抽2汤匙，香油、料酒、糖各1汤匙，鸡精、盐、油等各适量。

制作：

1. 藕去皮切成条或者片；红椒去籽去筋切成条状；香芹切成段；干辣椒用剪子剪成段备用。

2. 鲜虾用剪子将虾须剪去，划开虾背将虾线去除（虾背上有1条黑色的线），虾处理完毕后，用料酒和少量盐腌制片刻。

3. 锅中放入足够多的油（需能没过虾），烧至七成热的时候放入虾，炸至金黄时捞出，沥干油。

4. 接着将藕片、芹菜煮熟，捞出备用。

5. 锅中留两汤匙的油，烧至七成热放入大蒜片、干辣椒段、姜片炒香，再放 1 匙豆豉酱炒出红油。

6. 放入香芹段和红椒段和洋葱炒匀，再放入炸好的虾和藕片炒匀，接着放入生抽、糖、鸡精、盐和香葱段炒匀。

7. 放入油炸花生米和芝麻炒匀，淋入香油和辣椒油炒匀即可上桌食用。

四川宫保虾球

原料：

海虾 200 克，蛋清半个，干红辣椒 3 个，花生 80 克，豌豆 20 克，蒜末 5 克，酒酿 1 大匙，高汤或清水两大匙，生抽 1 小匙，白糖半匙，花椒、水淀粉、米醋各 1 小匙，盐、葱段和香葱段适量。

制作：

1. 海虾剥壳，虾尾留在上面；用刀在虾背上划开 2～3 厘米深的口子，取出虾线，用厨房纸擦干表面水分。

2. 干红辣椒在温水中浸泡 10 分钟，沥水后剪成半厘米宽的小段。中火将炒锅中的油加至五成热左右，转小火爆香辣椒段，然后倒入花椒和蒜末炒香。

3. 依次加入酒酿、高汤、生抽、白糖，再加入水淀粉翻炒匀后关火。

4. 将锅里的汁盛在小碗里，撒少许香葱段，宫保汁就先做好了。

5. 在虾仁中加入蛋清和干淀粉，用手抓匀。

6. 烧热油锅，油升至五六成热（150℃左右）时，下入虾仁，炸至微微变色，即可捞出来备用。

7. 花生也在热油中炸至七八成熟。

8. 净锅中烧热少许底油，小火炒香花椒和干辣椒段，倒入调好的宫保汁大火烧开，待锅里的汤汁收浓时倒入虾仁、豌豆和葱段翻匀。

9. 滴入少许提鲜酱油,放入炸好的花生米,沿着锅边倒入米醋,加少许盐即可。

宫 保 双 味

原料:

虾仁、墨鱼各 100 克,熟花生米 50 克,鸡蛋清半个,葱段、白糖、生粉各 15 克,蒜泥、姜末各 5 克,豆瓣酱 10 克,花椒 15 粒,醋 15 毫升,黄酒 2 毫升,盐、味精各 1 克,酱油 5 毫升,油 300 毫升(耗 50 毫升),干辣椒节 6 克。

制作:

1. 虾仁洗净,沥干水分,加盐、蛋清、味精、黄酒、生粉拌匀上浆。

2. 墨鱼肉切花,改刀成 2 厘米见方的小块。

3. 取一小碗加入酒、糖、醋、酱油、味精、湿生粉兑成汁。

4. 将墨鱼放进开水中一烫即捞出备用。

5. 铁锅加油 300 毫升,烧到五成热时,放入墨鱼及虾仁滑散即捞出沥净油。

6. 锅中留油 20 毫升,先放花椒粒炸香后捞出,再放干辣椒炒至棕红色,放葱、姜、蒜煸出香味后,下入豆瓣酱炒红。

7. 放进虾仁、墨鱼,再倒入步骤 3 的兑汁翻炒,最后放花生米拌匀即可出锅食用。

辣 炒 河 虾

原料:

河虾 400 克,红辣椒 1 个,香葱 1 棵,生姜 1 小块,大蒜 6 瓣,食用油 500 克(实耗 50 克),酱油 6 克,料酒 1/2 大匙,胡椒粉、精盐、白糖各 3 克,味精 1.5 克,淀粉、辣椒酱各适量。

制作：

1. 河虾剪净须足，洗净后擦干水，拌入适量淀粉，用热油炸酥后捞出备用。

2. 葱洗净切葱花；辣椒、蒜、姜洗净切末。

3. 锅内留适量油，煸炒蒜末、辣椒末、姜末、辣椒酱，倒入河虾，加入料酒、酱油、胡椒粉、盐、糖、味精烧入味。

4. 最后撒下葱花，烧至汁液收干即可。

> **小提示：** 虾擦干水后，拌淀粉才不易脱落，炸的时候也不会爆油；河虾肉质甜嫩，不宜炸太久。

辣爆鲜虾

原料：

草虾 1200 克，葱花 40 克，蒜酥 80 克，红葱酥 60 克，牛头牌麻辣沙茶酱一大匙，牛头牌鲜味鸡晶、盐各 1/2 小匙，米酒 1 大匙。

制作：

1. 草虾洗净，剪去触鬚及脚，将虾背剪开备用。

2. 热油锅，油温热至约 180℃时，将处理过的草虾下油锅，炸约 1 分钟，至表面酥脆捞起，沥干油备用。

3. 作锅中留少许油，放入葱花略炒过，再加入蒜酥及红葱酥、牛头牌麻辣沙茶酱炒香。

4. 再加入步骤 2 的草虾及牛头牌鲜味鸡晶、米酒、盐以中火翻炒，至没有水分干香即可出锅。

水煮香辣虾

原料：

鲜虾 500 克，豆芽 200 克，豆瓣酱、白酒各 1 匙，盐、油各 2 匙，葱、姜、蒜、辣椒、花椒各适量。

制作：

1. 虾去掉沙线，剪去虾须，清洗干净后沥干水分。

2. 虾放容器里，加入 1 匙盐和 1 匙白酒腌制 15 分钟入味。

3. 辣椒切碎；豆瓣酱切碎；葱、姜、蒜切末。

4. 豆芽择去烂根，清洗干净备用。

5. 锅中加水烧开，加入 1 小匙盐，将豆芽下锅焯熟，捞出放入一个容器中备用。

6. 锅中放 1 大匙油，油热后将豆瓣酱下锅煸炒，直到煸炒出红油。

7. 加入花椒和葱、姜继续翻炒。

8. 倒入一大碗的开水，水沸腾时将腌制好的虾下锅，煮熟后即可关火。

9. 然后将虾和汤水一起倒入装豆芽的容器内，将事先切好的辣椒和蒜末放在虾上。

10. 锅里加入 1 大匙油，油热后，将油泼入容器内即可。

香辣水煮虾丸

原料：

大虾肉 400 克，净鱼肉、大白菜叶各 100 克，五花肉 50 克，鸡蛋 1 个、盐、白胡椒粉各 1/2 小匙，食用油 2 大匙，郫县豆瓣酱 3 大匙，干淀粉、香菜、葱、姜、蒜末各 1 大匙，清水适量。

制作：

1. 葱、姜用温水浸泡出味，滤去葱姜留葱姜水备用。

2. 大白菜和香菜洗净控水，备用。

3. 大虾去头壳，取虾肉洗净，吸干水分备用；净鱼肉洗净吸干水分备用；五花肉切粒备用。

4. 将虾肉、鱼肉、五花肉细细斩成肉泥，有肉锤的可以砸一砸，口感更细腻。

5. 肉泥中少量多次加入葱姜水并顺同一方向用力搅拌，直至肉泥上劲。

6. 肉泥中加入鸡蛋、干淀粉、盐和白胡椒粉，仍顺原来的方向搅拌均匀成肉馅备用。

7. 起炒锅，热锅入凉油，小火煸炒郫县豆瓣至出红油，再加入葱、姜、蒜末煸炒出香味儿。

8. 随即加入适量开水，转中火，煮至汤汁将沸未沸时，将肉馅搓成适当大小的肉圆，一个个下入锅中。

9. 保持中火，慢慢煮至肉圆浮起，再煮5～10分钟至肉圆熟透，捞出备用。

10. 汤汁中加入适量的盐和糖调味，并用大火煮开。

11. 下入白菜叶，再次大火煮开后捞出白菜叶，垫在容器底部。

12. 白菜上摆上肉圆，浇上汤汁、撒适量香菜叶提味即可。

> **小提示**：虾肉和鱼肉都要洗净吸干水分后再剁馅，可去除腥味；郫县豆瓣是调味的主料，分量根据口味调整，喜欢麻辣可以多放，汤汁中的豆瓣酱咸，肉圆也提前入过味，所以加盐要谨慎。

馋 嘴 蛙

原料：

牛蛙2只，丝瓜2根，郫县豆瓣酱2大匙，油辣椒、花椒1大匙，盐、胡椒少许，油、生粉、葱、姜、蒜、绍酒各适量。

制作：

1. 牛蛙清理干净后切块，用盐、生粉腌半个小时左右；丝瓜去皮、切块；郫县豆瓣酱切细备用。

2. 锅里放入油，下葱、姜、蒜、花椒煸炒出味后放入豆瓣酱、油辣椒继续煸炒，再放进丝瓜，炒到半熟后倒出。

3. 锅里再放入油来炒牛蛙，半熟后把丝瓜倒回去，继续炒。

4. 水烧滚后转小火焖 5 分钟左右，勾薄芡，装盘即可。

麻辣诱惑蛙

原料：

山蛙仔 250 克，丝瓜条、方竹笋各 50 克，香菇 100 克，豆瓣酱、子弹头辣椒、鸡精、鲜花椒、色拉油、盐等适量。

制作：

1. 将山蛙宰杀分割，丝瓜和方竹笋切成条状（约长 5～6 厘米、宽 1～1.5 厘米）；香菇切片待用。

2. 在锅中放入色拉油、子弹头辣椒及盐、鸡精、豆瓣酱等各种调料炒香，而后依次放入切好的山蛙、香菇、主竹笋等原料进一步翻炒，出锅前加入鲜花椒即可。

麻 香 蛙

原料：

仔牛蛙 750 克，丝瓜 500 克，罗汉笋 250 克，油炸酥黄豆 25 克，盐、味精各 3 克，鸡精 10 克，秦妈火锅底料 125 克，黄油、生粉各 15 克，葱段、姜片、蒜片、料酒各 25 克，红油 35 克，鲜花椒 250 克，鲜汤 250 克，混合油（色拉油、菜子油各一半）500 克，湿淀粉 5 克。

制作：

1. 牛蛙宰杀去皮，用刀背在牛蛙背部轻拍几下，剁重约 20 克的块，加入盐、料酒、葱段、姜片各 10 克腌渍 15 分钟，表面拍上生粉。

2. 丝瓜去皮，切长 5 厘米、宽 1 厘米、厚 1 厘米的长条，入沸水中用大火氽半分钟，捞出控水，放入碗中垫底；罗汉笋切重约 10 克的滚刀块，入沸水中大火氽 1 分钟，捞出冲水，再入沸水中大火氽 1 分钟，捞出冲凉。

3. 锅内放入混合油，烧至五成热时放入牛蛙，用小火滑 1

分钟，捞出控油。

4. 锅内放入黄油，烧至七成热时，放入火锅底料、剩余的葱段、姜片、蒜片、鲜花椒 100 克，用小火煸炒 2～3 分钟，放入鲜汤、牛蛙、罗汉笋小火烧开，用味精、鸡精调味，用湿淀粉勾芡，出锅倒入用丝瓜垫底的碗中，淋红油，撒黄豆。

5. 锅内放入混合油 100 克，烧至四成热时，放入剩余的鲜花椒，用小火浸炸 1 分钟，出锅浇在牛蛙上即可。

家常麻辣牛蛙

原料：

牛蛙 600 克，黄瓜 1 根，辣白菜少许，大蒜、食用油、盐、蔬之鲜、干辣椒末、花椒末、老抽酱油、鲜贝露等各适量。

制作：

1. 牛蛙扒皮切块；黄瓜切片；大蒜瓣拍扁备用。

2. 因牛蛙很脏，所以先将牛蛙肉焯水，煮出浮沫。

3. 食用油和大蒜瓣放入微波炉的大瓷碗中，加盖儿用高火微波 1 分钟后取出，再在大瓷碗中放入黄瓜片，继续微波 2 分钟。

4. 接着把焯过水的牛蛙肉捞出来放入大瓷碗中，加入调料干辣椒末、花椒末、老抽酱油、鲜贝露、盐、蔬之鲜（调料依自己喜欢的随意加），然后放置 3 分钟。

5. 再进微波炉，用高火加盖儿微波 4 分钟。

6. 最后，加点辣白菜拌匀再微波 30 秒即可。

香 辣 牛 蛙

原料：

牛蛙 500 克，葱、姜、蒜、豆瓣酱、辣椒、盐、料酒、胡椒粉、味精、鸡精、白糖、生粉、红油、食用油、高汤等各适量。

制作：

1. 牛蛙宰杀处理干净，斩件，加入葱、姜、料酒、盐腌渍

20 分钟,用生粉上浆,放入温油中滑六成熟时捞出。

2. 锅内放入清油,下葱、姜、蒜、豆瓣酱、辣椒炒出香味,将牛蛙放入,淋入料酒、高汤及调味料烧入味,放入味精调好口味,接着淋上红油,倒进锅仔里,撒上香葱末烧沸即可。

香辣炒牛蛙

原料:

牛蛙 250 克,干辣椒 100 克,郫县豆瓣酱 1 大匙,花椒 2 小匙,姜末、蒜末、盐、鸡精各 1 小匙,料酒 2 大匙,淀粉、香油各适量。

制作:

1. 牛蛙收拾干净,剁成块,加入鸡精、姜末、蒜末、料酒拌匀,腌制半小时,然后放入淀粉拌匀;干辣椒切成节。

2. 锅置于火上,倒油烧至五成热下入牛蛙块,大火油炸,炸至表面呈浅金黄色,质地变硬后,捞出沥油。

3. 锅内留底油,放入郫县豆瓣酱、干辣椒节、花椒炒至色泽棕红时,加入牛蛙焅炒,让辣椒、花椒之香味充分融入牛蛙中,最后加入盐、鸡精、香油炒匀后起锅即可。

小提示:用牛蛙作为主材料的菜式很多,常见的有泡椒牛蛙、干锅牛蛙等。泡椒牛蛙的做法与上述菜式基本一致,只需把干辣椒换成泡椒便可。调料中的郫县豆瓣酱也可换成甜面酱炒,就成了酱爆牛蛙。也可将牛蛙换成牛柳、鳝鱼等。

干锅牛蛙

原料:

现杀牛蛙 500 克,洋葱、芹菜段、青蒜段、黄瓜条、莴笋条、藕片各 20 克,苕粉、料酒、鸡精、盐、醋、姜片、蒜瓣、郫县豆瓣、豆豉、碎冰糖、醪糟、小茴香、八角、桂皮、山赖、丁香、花椒粒、干辣椒、葱段、白芝麻等各适量。

制作：

1. 牛蛙去掉头、爪，洗净后剁成大块，用料酒、胡椒粉、姜片、盐腌制 10 分钟，既去除腥味又入香味。注意不要腌制时间过长，否则会导致牛蛙肉中水分流失，成菜后肉质老韧。

2. 锅里放入适量油，烧至五或六成热时，放入碎冰糖翻炒，再加入郫县豆瓣、豆豉、花椒、干辣椒、姜片、蒜瓣小火翻炒 3～5 分钟，再下入醪糟、盐、鸡精、料酒及香料，翻炒至油呈红亮色后将火开大，下入洋葱、芹菜段、青蒜段等配菜，炒一分钟后加入腌制好的牛蛙肉，快火急炒 1.5 分钟加入葱段，然后起锅，撒上白芝麻即可上桌食用。

> **小提示：** 根据个人口味，烹制过程中还可加入适量醋或酸萝卜，使口味层次更加丰富；吃完干锅里的东西，还可加水煮蔬菜吃。

原料：

冰冻袋青蛙腿 3 条，干辣椒 3～4 只；

调料-腌料：白兰地、盐各 1/2 茶匙，糖 1/6 茶匙，胡椒粉 1/4 茶匙；

调料-起锅：姜蓉、蒜蓉各 1/2 茶匙，豆豉约 1 茶匙，花椒 5～10 粒，自制剁椒、老干妈、生抽各 1 汤匙，白兰地、生粉 1 茶匙，糖 1/4 茶匙，水 2 汤匙。

制作：

1. 田鸡腿切成段，用腌料抓腌入味。

2. 把田鸡腿在四成热的油锅里走走油，捞起滤油，不用炸太久。

3. 另起一炒锅，放油，大概三成热时放干辣椒、老干妈、花椒、剁椒和豆豉，慢火逼出味和颜色。

4. 倒入田鸡腿，快速翻炒，加入生抽和糖兜匀，再加入由一茶匙生粉和 2 汤匙兑成的水淀粉翻匀，再淋入少许明油掂几下即可出锅。

麻 辣 田 鸡

原料：

田鸡 500 克，青椒 1 个，辣椒 2 根，姜片 8 克，蒜片 5 克，食用油适量；

调料 A：酱油、高汤 1 大匙，白醋、料酒 1 茶匙，细糖、太白粉 1/2 茶匙；

调料 B：酱油 1 大匙，花椒粉 1/6 茶匙，香油 1 茶匙。

制作：

1. 田鸡洗净剁成小块，加入调味料 B 的酱油 1 大匙拌匀上色。

2. 热锅，加入约 500 毫升油，烧热至约 160℃，将已腌渍好的田鸡分两次下锅炸约 2 分钟，至表面焦黄后捞起沥干油备用。

3. 青椒洗净后切小块；辣椒切小片；调味料 A 调兑成汁备用。

4. 热锅，加入少许油，以小火先爆香作法 3 的辣椒片、姜、蒜以及青椒块拌炒。

5. 接着加入炸过的田鸡块及花椒粉，转大火快炒 30 秒，边炒边将兑汁淋入并炒匀，起锅前再滴上香油即可。

辣 爆 田 鸡

原料：

田鸡腿 260 克，炒辣椒酱 2 大匙，葱段 35 克，辣椒丝 5 片，柠檬叶 2 片，九层塔、高汤各少许，蚝油 1 大匙，酱油半茶匙，鱼露、糖各 1 茶匙，胡椒粉 1/4 茶匙。

制作：

1. 田鸡腿切成约 2 厘米宽的块状。

2. 热锅，加入 200 毫升食用油，烧至 160℃时加入田鸡腿块，炸至金黄色捞起备用。

3. 另起一锅，用少许油将炒辣椒酱及葱段爆香，放入田鸡腿块、所有调味料、辣椒丝、柠檬叶及少许高汤。

4. 用大火快炒到汤汁收干后，再放入九层塔，起锅盛盘即可。

原料：

鱿鱼 500 克，花椒、洋葱、蒜头、葱段、鲜辣椒、干辣椒、芹菜、花生、老干妈香辣酱、生粉、盐、糖、味精各适量。

制作：

1. 将鱿鱼用清水洗净去膜后，从鱿鱼内脏里的一面从左角开始切，刀和鱿鱼呈 45 度角切那种连皮不要断刀的斜线。

2. 然后换反方向，再从右角切交叉的斜线，最后再切成长方型的长块放入生粉水里半小时，洗净备用。

3. 洋葱切块；蒜头、鲜辣椒切片；葱、芹菜切段；干辣椒切半去籽。

4. 起油锅，先将鱿鱼片放进油鼎，用温油半溜半炸捞起备用。

5. 再用热油锅爆香蒜头、花椒、干辣椒，用中小火炒出红油。

6. 放 1 匙老干妈香辣酱炒出香与辣味后，放洋葱、芹菜与葱段爆至七成熟。

7. 将溜过油的鱿鱼回锅再大火快炒，加盐、糖与味精等调料后翻炒片刻，下花生炒匀即可出锅。

麻 辣 软 丝

原料：

软丝 200 克，蒜仁 40 克，芹菜 100 克，太白粉 4 大匙，辣椒片一茶匙，花椒粉、盐、鸡粉各 1/4 茶匙。

制作：

1. 把软丝洗净、剪开，去皮膜、切丝，将软丝沾裹上太白粉备用。

2. 芹菜洗净切段；蒜仁切末备用。

3. 起油锅（油量要能盖过鲜鱿鱼）烧热，待油温烧至约160℃时，放入软丝以大火炸约 1 分钟，至表皮呈金黄酥脆，即可捞出沥干油。

4. 锅底留少许油，以小火爆香蒜末及辣椒片，加入步骤 3 的软丝、盐、鸡粉及花椒粉，以大火快速翻炒均匀即可。

> **小提示**：软丝是水里的小墨鱼之类的透明的浮游物。软丝生长于浅礁处，身形椭圆，口感较脆。

辣 炒 鱿 鱼 须

原料：

速冻鱿鱼须 300 克，盐、橄榄油少许，麻辣香锅调料 2 小匙，蒜 2 瓣，葱 1 株，料酒 2.5 匙，姜粉 1 小匙，干红辣椒数只。

制作：

1. 鱿鱼须加入料酒、盐和姜粉，用手抓匀腌一下。

2. 蒜做成蒜蓉；葱分成葱白和葱绿，切段。

3. 用不粘锅，小火加热后，倒入一点点橄榄油，用铲子抹匀，加入蒜蓉、葱白和数只干红辣椒爆香。

4. 加入麻辣香锅调料，再加入腌制好的鱿鱼须翻炒。

5. 至料都熟了，加入葱绿翻炒均匀，装盘即可。

小提示：麻辣香锅调料有点咸，所以炒时不需额外加盐。如果要炒干干的，鱿鱼须先在沸水中烫至半熟再炒。

麻辣全富锅

原料：

鱿鱼 300 克、蟹肉 200 克、粉丝、豆苗、海参各 50 克，猪肚、白菜各 100 克，麻辣烫料、生抽、盐、味精、葱、姜、蒜片、海鲜酱、香油、花生油各适量。

制作：

1. 将鱿鱼切花，蟹肉切菱形块，海参、猪肚切片，白菜切块，粉丝用水泡上。

2. 将以上各原料分别下入开水锅中氽熟后捞出。

3. 炒锅注入油，放入葱、姜、麻辣烫料炒香，投入白菜煸炒片刻，加汤、盐、生抽、味精、海鲜酱、猪肚和粉丝，最后淋入香油，撒上豆苗即可食用。

上上签

原料：

木耳、香菇、虾、鱼丸、蟹棒、鱼豆腐、油菜、生菜、白菜、培根、豆泡各 50 克（每种食材可根据个人的口感选择多少），干辣椒 5 个，绿辣椒 1 个，葱 2 片，蒜 2 瓣，生抽 1 汤匙，麻辣火锅底料 1 份，竹签子若干。

制作：

1. 竹签子洗净，放入锅中煮沸消毒，然后把所有的食材清洗干净，用竹签子穿成串。

2. 麻辣红油的火锅底料根据食材的多少来放。

3. 锅中倒入少许底油，放入红辣椒和绿辣椒炒出香味。

4. 放入葱和蒜片，加入红油底料炒香。

5. 加入足量的清水，如果串串比较长，可以一串穿的多一些。煮的时候就可以用砂锅来涮煮。

6. 鱼丸类的食材可以多煮一会入味，蔬菜类的后煮，烫一下就行。也可以不煮，直接放在装了汤汁的容器内，用余温烫下即可。

凉　菜

酸辣海鲡鱼片

原料：

海鲡鱼 160 克，辣椒末、蒜末、香菜末、姜末、鱼露、糖各10 克，酸柑 20 克。

制作：

1. 海鲡鱼切片后，放入滚水中汆烫熟后取出，泡于冰水中约 2～3 分钟捞起，摆盘备用。

2. 取一大碗，将除海鲡鱼外的其余所有材料和所有调味料放入、拌匀，再淋于步骤 1 的海鲡鱼片上即可享用。

麻辣香鱼冰

原料：

小鱼干 200 克，生辣椒渍 2 大匙，太白粉 2 小匙，水 1 大匙，蒜末、盐、糖各少许，清冰 1 盘。

制作：

1. 放入少许油在锅中，加热后将生辣椒渍、蒜末放入爆香，再放入小鱼干略拌炒，加入调味料后快炒数下，再将调好的太白粉水加入芶芡后，即可熄火，盛起待凉备用，但油须沥除干净。

2. 将冰盛于盘中，再将出锅的麻辣香鱼食材放在冰上即可食用。

开 心 鱼 皮

原料：

脆鲩鱼皮 100 克，姜蓉、盐各 3 克，蒜蓉、香菜、香芹、熟芝麻各 2 克，白糖、陈醋各一克，酱油、芝麻油、花椒油、红油、味精各 2 克。

制作：

1. 把鱼皮用斜刀切成小段，入沸水里氽一下，捞出晾冷；香菜、香芹切碎。

2. 把鱼皮放入盆中，放入盐、味精、白糖、陈醋、酱油、芝麻油、花椒油、红油、姜蓉、蒜蓉、香菜末、芹菜末。

3. 拌匀装盘，再撒上芝麻即可食用。

> **小提示：** 鱼皮入锅不要煮太久。

第三篇 禽 类

热 菜

辣 子 鸡

原料：

鸡肉 300 克，泡椒 25 克，干辣椒 80 克，花椒 50 克，生抽、老抽各 10 克，麻辣酱 3 大匙，料酒 2 大匙，青红椒各 1/4 个，味精、盐、姜、葱各适量。

制作：

1. 鸡肉剁成 2 厘米的小块；姜切细丝；葱切条；青红椒切圈；干辣椒也切开备用。

2. 鸡肉加入酱油、料酒、味精、盐、少许姜片和花椒，腌制 20 分钟左右。

3. 锅里倒入适量油，八分热时下入鸡块炸，炸至出香味捞出，油再热时投进去多炸一次，出锅沥油备用。

4. 锅中留少许油，下入葱、姜、青红椒稍微炒一会儿，再放泡椒及麻辣酱爆香，倒入炸好的鸡肉块翻炒，直至鸡块均匀地蘸上酱，再将干辣椒和花椒下锅。爆炒出香味转中火翻炒，大火收汁出锅即可。

辣 子 鸡 丁

原料:

整鸡1只或鸡腿1盒,花椒和干辣椒(1:4),葱、熟芝麻、盐、味精、料酒、食用油、姜、大蒜、花生、红辣酱、酱油、白糖、食用油、青红椒、小苏打、豆瓣酱等各适量。

制作:

1. 将鸡切成小块(如拇指大小即可),放入盐和料酒拌匀后,放进八成热的油锅中炸至外表变干、成深黄色后捞起待用;干辣椒和葱切成3厘米长的段;姜、蒜切片。

2. 锅里烧油至七层热,倒入姜、蒜炒出香味后,倒入干辣椒和花椒,翻炒至气味开始呛鼻、油变黄后,倒入炸好的鸡块,炒至鸡块均匀地分布在辣椒中后撒入葱段、味精、白糖、熟芝麻、炒匀后起锅即可。

> **小提示:** 辣椒和花椒可以随自己的口味添加,为了原汁原味体现这道菜的特色,做好的成品最好是辣椒能全部把鸡盖住,而不是鸡块中零零星星出现几个辣椒和花椒。炸鸡前需要往鸡肉里撒盐,一定要撒足,如果炒鸡时再加盐,盐味进不了鸡肉,因为鸡肉外壳已经被炸干,质地比较紧密,盐附着鸡肉表面影响味道;另外,炸鸡用的油一定要烧得很热,否则鸡肉下去很长时间外表都不会炸干,火一定要大,外面炸脆了,里面还相对较嫩。

干 煸 辣 子 鸡

原料:

鸡腿350克,豆角200克,葱、姜、料酒、酱油、盐、糖、味精、香油、白酒、老干妈香辣酱等适量。

制作:

1. 鸡腿剁成小块放入料酒腌渍；葱切丝；姜去皮切块。

2. 锅中放油，六成热时放入豆角煎炸，待表皮发干略微有褶皱时，盛出。

3. 利用煎豆角剩下的油来煎鸡块，鸡块放入后，改为中火慢慢煎，看到鸡肉发紧、鸡皮变黄有些酥脆时，沥油捞出备用。

4. 仍利用锅中的余油再次将其加到六成热时，放入葱段、姜片炒出香味，然后倒入两大勺老干妈辣椒酱，改成中火炒，再后放入煎好的鸡块，放入少许盐和白糖及酱油炒匀上色，最后淋入香油、少许味精快速拌匀，出锅前撒上些绿色的葱丝，然后烹入1小匙高度白酒即可盛出装盘。

5. 继续用炒鸡块的锅烧热，放入之前煎过的豆角，放少许盐翻匀，码在盛好鸡块的盘周围即可食用。

干 煸 鸡

原料：

嫩鸡半只，青红椒、姜片、蒜片、红葱头、大葱白、盐、料酒、生抽、糖等各适量。

制作：

1. 将鸡洗净，剁小块，加进盐和料酒腌20分钟入味，青红椒斜切圈；大葱白斜切段。

2. 坐一平底锅，放入油，用小火慢煎鸡块至两面微黄，出锅备用。

3. 重新热油，爆香各类备好的配料。

4. 再倒入煎好的鸡块，翻炒片刻倒入生抽，放糖和少量的水，盖上盖儿，焖5～8分钟，起锅前撒上香菜装盘即可。

干 煸 鸡 腿

原料：

鸡腿6只，姜、蒜头、红葱头、葱段、生抽（或少许老抽着色）、糖、料酒、色拉油等各适量。

制作：

1. 鸡腿切成几截，预先用生抽、少许料酒、糖、油、胡椒面和色拉油腌好，然后起锅，在锅里放入少许油，将鸡放入锅内炒干水分，盛起备用。

2. 另起一锅，放入红葱头、姜、蒜头和一半的葱段爆香，倒入鸡腿块兜匀，再加少许生抽、糖和料酒不断翻动，盖上盖子一小会儿，煸鸡腿可能要比平时多点油，如果油不够就会粘锅，继续翻炒，炒到水干收火，放另一半葱段，再翻炒几下，上锅装盘即可。

干　煸　鸡　丝

原料：

鸡胸脯肉 250 克，竹笋 100 克，辣椒（红、尖、干）40 克，料酒 30 克，盐 4 克，酱油 15 克，味精 2 克，大葱 5 克，植物油 60 克。

制作：

1. 将鸡胸脯肉放入锅中水煮，至八成熟，捞起洗净。

2. 将鸡胸脯肉、竹笋、葱、干辣椒分别切丝备用。

3. 炒锅里放入植物油烧热，放入干辣椒丝炸后捞起，再下入鸡肉丝煸干，加入料酒、盐、酱油、笋丝继续煸炒，煸香至亮油时，下入辣椒丝、味精炒匀，起锅时撒上葱丝即可。

三　椒　煸　鸡　腿

原料：

鸡腿 4 个，红辣椒、青辣椒、黄灯笼椒各 30 克，姜片、小洋葱、蒜头、花椒、盐、生抽、老抽、糖、料酒、花椒粉、胡椒面等各适量。

制作：

1. 将鸡腿肉用生抽、老抽、糖、盐、料酒、花椒粉、胡椒面抓匀；姜及小洋葱切片。

2. 锅内烧热放入油，油热后，先将姜、小洋葱、蒜、花椒爆至半焦变黄，倒入鸡块，用锅铲或勺子翻动，一直到将水煸干，鸡肉收完水变得硬身。

3. 倒入青、红辣椒和黄灯笼椒，迅速兜匀，点入少少精盐即可出锅。

川香辣子鸡

原料：

鸡半只，花椒、干红辣、椒豆豉辣酱、香葱段、料酒、油、姜片、蒜片、白糖各适量。

制作：

1. 将鸡洗净，切成小块，倒入料酒和盐拌匀，放置 20 分钟，使鸡块入味。干红辣椒切段。

2. 大火烧热锅中的油，下入鸡块，炸至外表皮变干、呈深黄色后，捞出沥干油待用。

3. 锅中留适量的油烧至七成热，下姜、蒜炒出香味后，倒入干辣椒和花椒，翻炒至气味开始呛鼻，油变金黄后，放入炸好的鸡块，将鸡块均匀分布在辣椒中翻炒，最后撒入白糖及香葱段，加入豆豉辣酱，炒匀后起锅即可。

小提示： 炸鸡前一定要将油烧至非常热，否则鸡肉的外皮即使炸很长时间也不会有焦脆的口感。

川香莴笋辣子鸡

原料：

鸡全腿 2 个，莴笋半根，鲜朝天椒 3 个，芝麻少许，蒜 3 瓣，玉米淀粉、盐适量，糖、料酒、生抽少许，酷克 100 麻辣调料、玉米油各适量。

制作：

1. 鸡腿肉去骨切成小丁，倒入酷克 100 麻辣调料加一点水拌匀，腌制一晚上。

2. 取出腌制好的鸡丁，放入少许盐、淀粉、料酒抓匀腌制 10 分钟。

3. 锅中倒入适量的玉米油，稍稍没过鸡丁即可。待油温七成热的时候放入鸡丁，炸至表面焦黄时，捞出沥干备用。

4. 鲜的朝天椒可用干辣椒代替，切成小段备用。莴笋切成丁，蒜压成蒜米备用。

5. 锅中倒入清水，烧开后，下入莴笋焯一下后取出沥干备用。

6. 锅中倒入适量的炒菜油，热锅凉油，放入蒜米和辣椒段炒香，再放入焯好的莴笋丁翻炒均匀。

7. 再下入过好油的鸡丁，加入一点盐调味，再放入少许的糖和料酒，淋上一点点生抽炒匀。

8. 在锅中放入 2 匙白熟芝麻，翻炒几下即可出锅食用。

指天椒辣子鸡

原料：

鸡肉 400 克，红指天椒 5 只，红辣椒 2 只，葱 1 株，香菜 1 根，蒜头 3 瓣，姜 2 片，腌料盐、生粉各 1 汤匙，白糖、酱油各 1/2 汤匙，料酒 1/3 汤匙，酱油 1 汤匙，调料油 3 汤匙。

制作：

1. 鸡肉洗净切成块，加入生粉、盐、白糖、料酒、酱油和 2 汤匙清水拌匀，腌制 20 分钟。

2. 洗净指天椒和红辣椒，前者切成圈，后者切成丁；葱洗净去掉头尾，切成小段；蒜头剥去衣，切成片；姜刮去皮切成丝；香菜洗净去头，切成小段。

3. 烧热锅内 3 汤匙油，爆香蒜片、姜丝和指天椒，鸡肉放下锅，用大火爆炒 8 分钟，至鸡肉呈微黄色。

4. 倒入红辣椒丁翻炒 30 秒，放入葱段和香菜段炒匀。

5. 最后，往锅内添入半汤匙酱油炒匀入味，便可装盘。

芝麻鸡丁

原料：

鸡胸肉 1 块，干辣椒 1 把，食用油、淀粉、郫县豆瓣、料酒、生抽、胡椒粉、花椒粉、鸡精、大蒜、芝麻少许。

制作：

1. 鸡胸肉洗净切丁，用少许生抽、料酒、胡椒粉、花椒粉和淀粉抓匀，腌制 10 分钟。

2. 干辣椒切段，大蒜切片；锅里放油烧热，倒入 1 匙郫县豆瓣与蒜片爆香，倒入鸡丁滑炒至变色。

3. 撒入干辣椒段一起翻炒 3 分钟左右，撒入少许鸡精和芝麻炒匀即可。

美味鸡肉三丁

原料：

鸡脯肉（小胸）300 克、土豆、青椒各 1 个，葱、蒜、蚝油、酱油、料酒、盐、淀粉、胡椒粉、鸡精等各适量。

制作：

1. 鸡脯肉洗净去筋膜，切成方丁；土豆去皮；青椒去蒂和籽，都切成鸡肉同等大小的丁；蒜去皮切片；葱切斜刀片。

2. 鸡肉加入少许料酒和胡椒粉腌制入味，再加少许淀粉上浆备用。

3. 制作好调味汁：适量蚝油加少许酱油（老抽和生抽）、盐、料酒、鸡精和 5 毫升左右的水制成调味汁备用。

4. 炒锅烧热，放入适量油，下入土豆丁，煎至表面金黄、里面成熟时盛出备用；用剩下的油把青椒丁也翻炒几下。

5. 另起锅烧热，放入适量油，六成热的时候放入鸡丁滑炒，稍微变色后放入葱花和蒜片，再翻炒几下后，加入事先炒好的土豆丁和青椒丁，烹入调味汁，翻炒至收汁即可出锅。

> **小提示**：鸡肉很好熟，所以土豆要先煎熟，配好调味汁直接烹入也是为了节省时间，免得鸡肉过火。

宫 保 鸡

原料：

普通带皮鸡肉 250 克，蒜苗 20 克，盐 4 克，蒜片、姜片、白糖、醋、甜面酱、料酒各 10 克，水淀粉 25 克，酱油 5 克，糍粑辣椒 30 克，色拉油 500 克，鲜汤 30 克。

制作：

1. 鸡肉洗净后切成 1.5 厘米见方的丁；蒜苗洗净后改刀成马耳朵块；姜、蒜切片。

2. 将 2 克盐、料酒、酱油、醋、白糖、鲜汤各 5 克、10 克水淀粉调成荔枝味芡汁。

3. 将鸡丁与 2 克精盐、5 克料酒、15 克水淀粉拌匀。

4. 炒锅置于火上，放油烧至七成油温时，放入鸡丁，用小火滑 2 分钟至断生，出锅滤油。

5. 锅内留油 50 克，烧至七成热时，放入糍粑辣椒，用中火炒干水分后再加姜片、蒜片煸炒出香，放入甜面酱，倒入鸡丁、蒜苗，大火翻炒 2 秒钟后放入调味芡汁，大火翻炒收汁、颠簸均匀，装盘即可。

> **小提示**：糍粑辣椒的制法：选用辣而不猛、香味浓郁的花溪辣椒去蒂、洗净，清水浸泡 2 小时（如急用可用热水），放入洗净的仔姜、蒜瓣一道投入擂钵舂蓉即成。

家味宫保鸡

原料：

鸡胸肉 250 克，青红椒各 4 根，炸花生米 50 克，葱粒 10 克，姜末、蒜末各 5 克，花椒 15 粒，干红辣椒 6 根，盐 5 克，料酒 3 克，干淀粉 10 克，米醋、清水、水淀粉各 30 毫升，酱油、香油 15 毫升，白糖 10 克。

制作：

1. 鸡胸肉切一厘米大小的丁，加入盐（1/2 茶匙）、料酒和干淀粉搅拌均匀后，腌制 5 分钟。葱切成比鸡丁稍微小点的粒；姜切成末；青红椒均切粒。

2. 将蒜、葱、姜放入碗中，放入盐、白糖、米醋、酱油、清水、水淀粉，调成汁备用。

3. 锅烧热，倒入油，再添加少许香油，趁油冷时放入花椒，待花椒出香味，颜色略变深后，放入干辣椒爆香。

4. 放入鸡丁炒至变色后，将青红椒粒放入，翻炒 10 秒钟，倒入调好的料汁，大火翻炒 1 分钟后，倒入炸好的花生米即可。

小提示：这是道需要急火快炒的菜，所以需要提前将料汁调好备用。否则，调料一样一样往锅里添加，延长了时间，鸡丁的口感就会发硬。做宫保鸡丁，要掌握一个"4689 法"，鸡丁炒到 4 成熟时放青红椒，6 成熟时倒入料汁，炒制 8 成熟时出锅，倒入盘中即 9 成熟，还有一成余温。

宫 保 鸡 丁

原料：

鸡腿肉 300 克，花生米 50 克，葱、姜、蒜、食用油、干辣椒、花椒粒、辣椒面、料酒、淀粉、盐、米醋、酱油、白糖等各适量。

制作：

1. 用热水浸泡生花生，10 分钟后即可轻松去除红衣。

2. 用中温的油将花生仁炸制外表焦黄，沥干多余的油分，放凉备用，花生米凉透了会更酥脆。

3. 鸡大腿剔去骨，去筋，将鸡腿上多余的油脂去除，保留小腿上的一部分鸡皮，大腿上部的鸡皮太过油腻也要去除；用刀在鸡肉上均匀的轻切十字花刀，便于稍后的腌制入味。

4. 把鸡腿肉切成丁后加入料酒、淀粉、盐、姜片后用手抓几下，腌制半小时以上。

5. 蒜切片，葱段从中间抛开，切丁；用白糖、酱油、醋、料酒调一碗芡汁。

6. 锅热后放入油，油热后先放花椒煸出香味后，将火调小，再放入辣椒碎，此时油温要低，不然辣椒会糊，辣椒呈红褐色即可。

7. 倒入蒜片煸炒片刻后，倒入鸡丁后转大火，煸炒散开后，加入料酒和辣椒面，炒出红油后烹入已经调好的芡汁。

8. 出锅前，放入已经放凉的花生仁和葱丁，翻炒几下后出锅备用。

宫 爆 鸡 丁

原料：

鸡肉（鸡胸脯或鸡腿肉）200 克，花生米 50 克，干辣椒 4 只，花椒 20 粒，蒜、红白酱油、醋、料酒、鲜汤、姜、葱、酱油、糖、生粉各适量。

制作：

1. 先把鸡肉拍松，再用刀改成 1 厘米见方的丁；花生米洗净，放入油锅炸脆，或用盐炒脆去皮；干辣椒去蒂去籽，切成一厘米长的节；姜、蒜去皮切片；葱白切成颗粒状。

2. 将切好的鸡丁用盐、酱油、生粉水拌匀。再将盐、红白酱油、白糖、醋、味精、料酒、生粉水、上汤调成汁。

3. 烧热锅，下油，烧至六成热时，将干辣椒放入炒至棕红色，再下花椒，随即下入拌好的鸡丁炒散，同时将姜、蒜片、葱粒下入快速炒转，加入调味汁翻炒，起锅时将炸脆的花生米放入即可。

原料：

鸡脚 300 克，红泡椒、尖椒、香葱、老姜、花椒粉、料酒、老抽、白糖等各适量。

制作：

1. 鸡脚切去指甲洗净，在手掌划一刀，倒上料酒。

2. 尖椒洗净切碎；泡椒切碎；姜切片，放在鸡脚里腌制 10 分钟。

3. 炒锅烧热，倒入鸡脚翻炒，放水到鸡脚的高度，上盖小火焖 20 分钟，放入少量老抽、盐、白糖花椒粉大火收汁，装盘撒上香葱即可。

原料：

凤爪 500 克，葱半根，姜 3 片，八角 2 颗，干辣椒 1 小把，麻椒 50 克（花椒也可），小茴香十几粒，香叶 3 片，生抽 45 毫升，老抽 30 毫升，盐、糖各 5 克，西洋参 10 片，仔然粉 5 克，十三香、小麻油、黑胡椒粉、桂皮等各适量。

制作：

1. 将鸡爪洗净，剪去指甲备用。

2. 锅中倒入清水（能没过鸡爪），大火煮开后放入鸡爪煮开，然后撇去浮沫，继续煮 1 分钟捞出沥干水分。

3. 锅中倒入油，大火加热，待油五成熟时放入切好的葱段、姜片，炒出香味后放入八角、干辣椒、麻椒、香叶、小茴香、桂皮大约炒5分钟后，倒入清水。

4. 然后放入孜然粉、十三香、老抽、生抽、糖、盐、西洋参一起煮，煮开锅后，放入焯好的鸡爪。等再开锅后，盖盖子中火再煮30分钟。

5. 煮好后将鸡爪捞出自然风干，将汤收浓汁，淋上麻油在上面即可。

原料：

鸡翅8个（或根据人数定量），啤酒一瓶，孜然粒、干辣椒若干，姜、蒜、郫县豆瓣酱、川崎火锅调料、白糖等调料各适量。

制作：

1. 将鸡翅在热水中焯一下。

2. 起锅，加一点点油，放入郫县豆瓣酱、麻辣火锅调料和蒜瓣、姜片一起爆香。

3. 加入啤酒，熬成红汤。

4. 待锅开后，放入焯好的鸡翅，加入白糖、孜然粒等调料。

5. 大火炖上10分钟，再小火焖制10分钟，最后再用大火收汁即可起锅。

> **小提示：** 麻辣度的掌握根据个人口味，也可加少许老抽上色。如果没有啤酒，用水也可以。本烤翅不用烤箱，收汁以后，各种调料都会附着在鸡翅上，外形很像热卖的麻辣烤翅。

原料：

鸡腿肉400克，葱、姜、蒜、花椒、干辣椒、盐、油、料酒、生抽、糖、胡椒粉、五香粉等各适量。

制作：

1. 鸡腿去皮去骨，取肉切成丁（骨头和皮可煮汤做火锅）；干红椒切成斜段；大葱切斜段；蒜、姜切片；花椒和麻椒适量。

2. 鸡腿丁加料酒、生抽、胡椒粉、五香粉、盐、糖、香油或橄榄油腌制 20 分钟以上（调料均少许）。干炒的秘笈在于肉的腌制，因为最后炒制过程基本不进味道，所以味道都是提前腌出来的。

3. 烧锅烧热，比炒菜多加一些油，六成热时放入鸡肉丁煎炸，炸制表面发焦时盛出，晾一下再下油锅复炸至鸡肉微微变干取出。

4. 重新起锅，加少许底油，炒香干辣椒、葱、姜、蒜片和花椒，放入鸡丁炒匀即可。

> **小提示：** 一定要旺火，大火炸鸡肉才会有外焦里嫩的效果；炸鸡肉不用很多油，实际消耗量很少。

红火麻辣鸡

原料：

鸡腿 2 只，青椒 1 个，干辣椒 20 个，麻椒 20 粒，姜片、蒜片、葱段、味精各少许，生抽、生粉、胡椒粉、糖、盐各适量。

制作：

1. 鸡腿去骨，切成 2~3 厘米见方的小块，清洗干净后，沥干水分（或擦干），倒入胡椒粉，生抽盐抓匀，腌制 20 分钟，青椒洗净，切圈。

2. 将鸡腿肉中加入生粉抓匀。

3. 锅中烧足量的油至六七成热，下入鸡腿肉块，中小火炸至金黄熟透，捞起，把锅里的油转大火烧至八九成热，再下入鸡肉，炸半分钟使表面酥脆，取出沥油（或放在厨房纸上吸掉多余油分）备用。

4. 锅中留底油，小火加热，加入干辣椒和麻椒，翻炒出味儿后，加入姜片、蒜片和葱段翻炒几下，下入青椒，转大火不断翻炒半分钟，加盐炒匀后，倒入鸡腿肉块，调入糖，翻炒均匀后关火，撒入少许味精即可食用。

麻辣大盘鸡

原料：

鸡肉 500 克，土豆 300 克，干辣椒 30 克，青椒 50 克，花椒、郫县豆瓣各 15 克，大葱、生姜 20 克，八角、桂皮、胡椒各 5 克。

制作：

1. 把油倒入锅中，等油热后将花椒下锅，炸出香味后捞出，将白沙糖下锅并慢慢搅动，到白沙糖烧化出现焦黄色。

2. 将鸡块倒入锅内，用大火翻炒片刻，将生姜、朝天椒下锅与鸡一起翻炒，直到锅中没有水分，鸡块被油炸的出现金黄色，再加入郫县豆瓣和适当的食盐，快速翻炒几下，将豆瓣与盐翻匀。

3. 倒入一些啤酒在锅中烧开，将土豆倒入锅中与鸡块拌匀，先用大火炖 6～7 分钟，然后用小火炖十几分钟。

4. 等土豆炖软时，放入葱并翻匀（注意不要烧干啤酒，但啤酒也不能太多，锅中有点汤即可）。大约 1 分钟后，放入味精和大蒜，拌匀后就可以出锅。

麻辣咸水鸡

原料：

咸水鸡胸一副，花椒粒、干辣椒片适量，辣椒末 10 克，辣椒粉、胡椒粉、香油各少许。

制作：

1. 咸水鸡胸切小块，备用。

2. 花椒粒放入锅中以小火炒香，再加入干辣椒片略炒后取出，备用。

3. 取一容器，放入鸡胸块与步骤 2 的材料，同时加入辣椒末、所有调味料搅拌均匀即可。

麻辣腐乳鸡

原料：

棒棒腿 4 只，青江菜 3 棵，葱 2 根，香菜 1 把，姜 1 块，蒜头 5 粒，高汤 1 碗，花椒 1 小匙，干辣椒 1 碗；调味料：红腐乳、红油、酒各 1 大匙，鸡粉、糖 2 小匙，太白粉 1 碗。

制作：

1. 先将棒棒腿切块；红腐乳磨成泥，加入少许高汤拌匀调稀备用；再将青江菜切除梗子的尾端；葱白切葱珠；香菜切段；姜切片；蒜头切去头尾后切片备用。

2. 起锅，放入棒棒腿，煎至两面金黄后，先盛出备用，再倒入红油烧热，爆香葱白、姜片和蒜片，再加入红油、干辣椒和花椒粒后，加入高汤、红腐乳和煎过的棒棒腿，烧煮至汤汁快要收干时，加入青江菜、酒、糖和胡椒粉，烧煮至入味后，起锅前撒上香菜叶即可盛盘。

麻辣鸡肫串

原料：

鸡肫 10 个，麻辣汤底 600 毫升，长竹签适量。

制作：

1. 鸡肫先以刀划开后，去除中心黄色部分，泡入加了葱和姜片的水中洗净备用。

2. 将鸡肫放入滚水中略汆烫后捞起，用长竹签串起备用。

3. 取锅，加入麻辣汤底煮至滚沸，再放入步骤 2 的鸡肫，改转小火卤约 15 分钟即可熄火，捞起备用。

4. 食用前，放入加热后的麻辣汤底中煮约 10 秒即可。

原料：

鸡肠 400 克，麻辣汤底 600 毫升，长竹签适量。

制作：

1. 先以适量的盐清洗鸡肠，干净后控干，用长竹签串起备用。

2. 食用前，放入加热后的麻辣汤底中，烫约 10 秒即可。

原料：

鸡胸肉 2 块，辣椒粉 2 小匙，花椒油 0.5 大匙，盐 0.5 小匙，糖 0.25 小匙，淀粉一小匙，料酒 1～2 小匙，灯笼椒 2 个，芝麻、植物油适量。

制作：

1. 鸡胸肉切丁，加入辣椒粉、芝麻油、盐、糖、料酒、淀粉拌匀，蒙上保鲜膜，放冰箱冷藏腌 1 小时以上（没有花椒油可以放适量花椒粉，再放一大匙植物油）。

2. 灯笼椒切块，用竹签将腌好的鸡肉和切好的辣椒块间隔串起来，在上面刷一层植物油。

3. 如果有大小合适的烤盘，可以在烤盘里垫上锡纸，把鸡肉串架在烤盘上，也可以直接放烤网上，下层放一个垫好锡纸的烤盘；（垫锡纸是为了避免汁水和油直接滴到烤盘上不好洗）。

4. 烤箱预热 190℃，烤箱用中上层烤 8 分钟，翻面，再烤 8 分钟（烤制时间可根据鸡肉丁大小自行调节）。

5. 出炉、装盘，撒上芝麻即可食用。

原料：

鸡腿 2 个，鸡蛋 1 个（取蛋清），木耳、花椒各 1 小把，青笋、姜各 1 小块，大葱 1 根，郫县辣酱、花雕酒、白醋、蚝油、淀粉等各适量。

制作：

1. 先把木耳泡上，然后处理鸡肉，将鸡腿肉分割切成条，鸡腿肉上面的皮不要扔掉，鸡皮经过加工后也特别的嫩滑，口感非常好。

2. 切好的鸡肉放碗里，放入清水，往里滴入几滴白醋，打水可以鸡肉更嫩，水里加白醋可以使鸡肉嫩上加嫩。再放入少许盐和淀粉搅匀，腌制 15 分钟。

3. 腌制好的鸡肉打入蛋清，搅匀。放入淀粉和蛋清可以更好地保护鸡肉里的纤维，吃起来会更嫩。

4. 起锅烧油，油温到四成热时放入腌制好的鸡肉。注意鸡肉下锅时油温不能太高，油温太热会使鸡肉变硬，表皮变焦。把鸡肉炸到八成熟，因为鸡肉还要煮，所以鸡肉不能炸熟，不然鸡肉会老硬且不容易入味。

5. 热油锅，先放入 2 小匙郫县辣酱炒香，放入切好的姜末炒香，倒入清水、加入 1 匙盐，再将青笋切条和木耳一同放入锅中。

6. 放入鸡肉，之后再煮 6 分钟收汁关火。

7. 盛到碗里，上面放葱、花椒、干红辣椒，泼热油。要按顺序放，先放一层葱花，再放一层花椒，后放干红辣椒，最后泼热油。这样做出来的鸡肉才会麻辣十足，肉质鲜嫩。

麻辣杏仁鸡球

原料：

共需准备 5 份不同的材料。

1 号：鸡腿 6 个约 600 克；

2 号：绍酒、生粉、万字牌生抽酱油各 15 毫升，盐 1 毫升，糖 3 毫升，香油 5 毫升；

3 号：熟杏仁 20 粒；

4 号：橄榄油 30 毫升，葱 2 条，鲜香蒜蓉 15 毫升，花椒粉 3 毫升，干辣椒 6 个，台湾产富记辣豆瓣酱 10 毫升，万字牌生抽酱油 5 毫升，金兰老抽 6 毫升，糖 3 毫升；

5 号：生粉 7.5 毫升加水 15 毫升拌匀成生粉水，香油 5 毫升。

制作：

1. 鸡腿洗净沥水，去骨切小块；葱洗净切段；生粉加水拌匀成生粉水。

2. 鸡肉块拌上 2 号调料，密闭放冰箱里过夜。杏仁放一塑料袋里，用擀面杖稍微砸碎。

3. 将不粘锅置炉上开大火，放橄榄油，直接放入一半的葱段、蒜蓉、花椒粉、干辣椒和辣豆瓣酱炒香，再放入腌好的鸡肉块，翻炒至八成熟。之后调中火，放入剩余的 4 号料炒匀，接着放入 3 号料的杏仁碎粒以及 5 号料的生粉水、香油和剩余的葱段，炒匀出锅。

爆 炒 麻 辣 鸡

原料：

鸡肉 300 克，干辣椒、花椒、姜片、酱油、盐、白糖、油各适量。

制作：

1. 用盐、料酒将鸡稍微腌一下。

2. 锅中倒油比平常多一倍，用小火将辣椒、花椒炸至变色后捞出备用。

3. 将锅中剩下的油烧热，放入鸡块、姜片炒熟（油一定要够多）后捞出，剩下的油倒掉。

4. 锅中重新放油烧热，加入炸好的鸡块和辣椒，加入少量的酱油、盐、白糖翻炒均匀出锅装盘。

川辣土豆烧鸡

原料：

土鸡半只，土豆 2 个，郫县豆瓣酱 2 大匙，八角 2 粒，花椒、糖 1 小匙，干红辣椒 5~6 个（喜辣多放），葱一根，姜片 5~6 片，酱油、料酒 1 大匙，盐少许，香菜、食用油各适量。

制作：

1. 土鸡治净，斩成核桃块儿，提前用清水浸泡 3~4 小时，中间多次换水，捞出沥干水分备用（可用厨房纸和消毒毛巾挤干水分）。

2. 土豆洗净去皮，切成滚刀块儿；葱姜切片；香菜切段；郫县豆瓣酱略剁碎；糖、料酒、酱油、盐调成味汁；八角、花椒、辣椒洗净沥干备用。

3. 锅中放入油烧热，下入土豆，转小火慢慢煸炒，至土豆表面金黄起焦，盛出备用。

4. 锅中再加入少许食用油，下入葱、姜后，加入八角、花椒和干红辣椒，爆出香味儿。

5. 下入鸡块，转中大火快速煸炒，煸炒出鸡块中的水汽并出油，转小火。

6. 将鸡块儿拨到一边，在油中下入郫县豆瓣，小火煸炒豆瓣酱汁出红油后，与鸡块一起煸炒均匀。

7. 下入调味汁，转大火，翻炒均匀。

8. 加入土豆块儿翻炒均匀，加入适量开水，没过食材即可，大火煮开，转小火盖锅盖儿慢炖，中间翻炒。

9. 炖至鸡块、土豆熟烂，如果还有汤汁可大火收汁，撒上香菜段，起锅即可。

小提示：鸡肉下锅前可焯水。如果觉得生炒更香，可采取提前浸泡去血水的办法；注意火候，避免把调味料炒煳；先煸炒葱姜，再下八角花椒干辣椒，下入郫县豆瓣后也要用小火煸炒出红油。

麻辣土豆烧鸡翅

原料：

鸡翅 300 克，土豆 1 个，姜、蒜、葱花、熟白芝麻、干红椒、花椒、豆瓣酱、糖、生抽等各适量。

制作：

1. 鸡翅剁成小块，泡去血水。

2. 平底锅放少许油，小火慢煎至金黄色关火。

3. 土豆去皮切片，煎完鸡翅后，继续煎土豆片。

4. 底油爆香姜、蒜，放入干红椒和花椒炒出香味，放入豆瓣酱炒出红油。

5. 放入鸡翅和土豆片，调入生抽和适量的糖，加少许水焖10 分钟。

6. 装盘后洒葱花和熟白芝麻即可食用。

鸡小腿烧土豆

原料：

鸡小腿 7 个，中型土豆 2 个，大蒜 4 瓣，生姜 1 块，青椒 1 个，小红辣椒 4 个；老抽 2 匙、白糖小半匙、盐适量。

制作：

1. 鸡小腿切成两段；土豆切滚刀块；生姜切片；青椒切成大块。

2. 鸡腿块在沸水中煮 2 分钟捞出，水倒掉。

3. 另取一锅，加 3 碗水，放入焯好的鸡腿，再放入大蒜、生姜片、小红辣椒、白糖、老抽和盐，用大火烧开，改小火焖至八成熟。

4. 放入土豆块，间或翻炒，焖至土豆烂熟，撒上青椒块，翻炒出锅。

小提示：鸡块焯水是为了去腥。青椒不必炒熟，放进去就可出锅。也可以用鸡的其他部位做此菜。

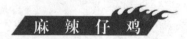

麻辣仔鸡

原料：

2只仔鸡，葱、姜、蒜、辣椒、花椒、盐、料酒、胡椒粉、十三香粉、味精、食用油等各适量。

制作：

1. 把仔鸡剁成块，放上盐（多些）、十三香粉、料酒、胡椒粉、少许油，用手抓匀，腌30分钟。

2. 锅中烧开水，加入腌好的鸡，焯开后加入少许料酒再烧开，捞出备用。

3. 切好葱、姜、蒜、辣椒、姜，准备好香叶、花椒、八角、桂皮。

4. 锅中放入油，加入焯好的鸡煎炸到金黄色。

5. 炸好后，锅中留少许油，放入花椒小火炸到小冒烟，捞出花椒。

6. 加入葱、姜、蒜、辣椒、香叶、八角、桂皮炸香。

7. 倒入仔鸡炒一炒，之后放味精、胡椒粉拌匀出锅。

香辣鸡翅

原料：

鸡翅中500克，腌料适量（用花椒水、辣椒、白糖、酱油和料酒调制），清水35克，适量炸粉。

制作：

1. 将鸡翅中（翅根亦可）清洗干净，用牙签扎一些小洞，放入保鲜盒内。

2. 将腌料和清水倒入容器中搅拌均匀后，倒入放有翅根的保鲜盒，用手将腌料汁均匀涂抹在翅根上，按摩一会儿。

3. 盖上盖子，放置冰箱冷藏室腌制（时间越长越入味）。

4. 在小盘中倒入适量的炸粉，将腌制好的翅根裹上一层炸粉。

5. 在炒锅中倒入适量的食用油，中火烧至六成热，将裹好炸粉的翅根放入油锅中，小火慢炸4分钟左右，再调至中火继续炸至1~2分钟至表皮金黄时即可出锅。

原料：

鸡爪10只，指天椒2个，青椒、蒜头、姜、米酒、糖、生抽等各适量。

制作：

1. 鸡爪去甲，洗净用滚水冲洗，切开后用糖、生抽、米酒、姜丝腌1小时（有时间最好腌过夜）。

2. 指天椒切碎，用半碗生抽泡着备用（可放少许糖）。

3. 锅内放入油，将鸡爪爆炒几分钟（油放多一点点），然后将切好的姜、蒜头放入一起兜炒，这时可倒点米酒一起炒，接着把切好的青椒放入一起炒。

4. 放一点盐，炒熟青椒后，把泡着的指天椒连生抽一起倒进去炒一下，加点白糖调味，转中小火焖煮一会儿，将鸡爪出锅装盘。

原料：

鸡胸肉300克，干红辣椒1大把，花椒1小把、姜、葱、蒜、料酒、盐、白糖、味精、植物油等各适量。

制作：

1. 鸡胸肉洗净、切片，用料酒、盐腌制 30 分钟。

2. 姜、蒜切片；葱切丝；干辣椒剪成小段。

3. 锅内放入植物油烧热，放入鸡片滑开，直至变色炒熟，盛出。

4. 锅内留少许油，放入干辣椒段、花椒、姜、蒜片，炒出香味。

5. 放入炒好的鸡片，翻炒均匀，放入白糖、味精。

6. 加入葱丝，翻炒几下出锅。

> **小提示：** 腌制鸡片的时候因为已经加盐了，后面注意不要放多了盐。

原料：

带骨肉鸡胸 1 块，胡椒盐适量，干炸粉、米粉各半杯，玉米淀粉 1 杯，辣椒粉 1 大匙，蒜香 2 大匙；

另外需要备两种腌制调料：

A. 蒜仁 160 克，水 100 毫升；

B. 香芹粉、五香粉、辣椒粉、盐各半茶匙，洋葱粉、细砂糖、味精 1 茶匙，小苏打 1/4 茶匙，米酒 1 大匙。

制作：

1. 带骨肉鸡胸去皮，对剖成半，从侧面中间处横剖到底，但不要切断，片开鸡胸肉即为鸡排。

2. 将腌料 A 放入果汁机中打匀，加入所有腌料 B 调匀，成腌汁；所有炸粉材料拌匀，备用。

3. 将鸡排倒入腌汁，盖好保鲜膜，放入冰箱冷藏腌渍约 2 小时后取出，沥除多余腌汁。

4. 取步骤 3 鸡排放入作法 2 炸粉中，用手掌按压让炸粉沾紧，翻至另一面同样略按压后，拿起轻轻抖掉多余的炸粉。

5. 将作法 4 的鸡排静置约 1 分钟，让炸粉回潮；热油锅至油温约 180℃，放入鸡排炸约 2 分钟，待鸡排炸至表面呈金黄酥脆状后起锅，撒上适量胡椒盐即可食用。

原料：

鸡架 1 个，青椒 50 克，葱、姜、蒜、干辣椒、香叶、八角、花椒、辣椒粉、孜然、白糖、盐、味精、酱油、生抽等各适量。

制作：

1. 鸡架去鸡屁股、油脂，洗干净，青椒洗净切条状备用。

2. 切好葱花、姜丝、蒜片、干辣椒备用。

3. 锅内加水，放入鸡架、葱段、姜片、香叶、八角、花椒，烧开后转中火煮 5 分钟捞出。

4. 用流水冲洗鸡架表面附着的浮沫和杂质，然后剁成块。将汤汁表面浮沫撇去，将剁开的鸡块倒入，浸泡半小时。

5. 捞出鸡块，加盐、白糖、辣椒粉、孜然、味精、生抽腌制 10 分钟。

6. 起油锅，爆香切好的干辣椒、葱、姜、蒜，淋入酱油，下入腌好的鸡架大火翻炒，添加两勺鸡汤入锅。

7. 待汤汁基本收尽，撒入青椒稍炒片刻即可出锅。

原料：

鸡腿 1 只，葱末、红椒粒、蒜末各适量，西生菜 2 片，韩式辣椒粉、盐、糖、胡椒粉等各适量。

制作：

1. 鸡腿切成小丁，加入蒜末、韩式辣椒粉、盐、糖、胡椒粉拌匀，腌30分钟备用；西生菜切丝备用。

2. 腌好的鸡腿丁蘸上地瓜粉，用中温油炸熟（或者煎熟）。

3. 用一只大碗放入葱末、红椒粒及所有调味料和辣椒粉，将炸好的鸡肉块倒入搅匀。

4. 另取一个新盘，铺上西生菜丝，将混好的鸡肉块铺在上面即可食用。

小提示： 西生菜丝也可以用黄瓜丝、芹菜丝等代替。

香辣鸡块

原料：

鸡1000克，八角5克，干辣椒15克，葱花、姜各20克，老抽20毫升，花椒、糖、鸡精各10克，盐25克。

制作：

1. 将鸡洗净、跺好后放入装了水的锅中，大火烧开并煮好。

2. 将蒜、姜片、八角、干辣椒、花椒等材料全部放入锅中翻炒。

3. 放入煮熟的鸡块也一并翻炒，再倒入老抽不停翻炒，接着锅中倒入少许水，加盐、鸡精、糖，炒至水干，即可出锅装盘食用。

香辣鸡煲

原料：

鸡排腿4只，青椒或尖椒、洋葱、胡萝卜、西芹各40克，葱、姜、蒜、花椒、干红辣椒、郫县豆瓣、芝麻、盐等各适量。

制作：

1. 鸡腿肉斩块备用；青椒（或尖椒）；洋葱切块。

2. 准备多一些的葱、姜、蒜、花椒、干红辣椒。将胡萝卜切厚片；西芹切斜刀，放在干锅或砂锅中垫底。

3. 平底锅中不放油，鸡皮朝下，用中小火煎出油分。

4. 鸡皮油分出来之后，大火翻炒至变色，下入郫县豆瓣，少量老抽和糖。

5. 再翻炒一会，鸡肉会出水，如果出水不多，可以稍加一点汤，没过鸡肉的一半即可。盖上锅盖用中火焖着，把水分煎干。根据口味加或者不加盐。郫县豆瓣本身有咸味。此时放入切好的洋葱和青椒（或尖椒）在锅中拌匀即可关火（蔬菜不必炒熟）。

6. 另取一锅，烧热稍多一点的油，炒香葱、姜、蒜，再放入花椒和干红辣椒翻炒到出香，关火。把这些东西盖在刚才的鸡肉上面，再撒上芝麻即可。

香 辣 鸡 公 煲

原料：

童子鸡1只，冬笋半个，杭椒十几个，红椒1个，莴笋半根，蚝油、胡椒粉、料酒、淀粉各少许，葱、姜、蒜片、郫县豆瓣酱、花椒、味精、糖等各适量。

制作：

1. 将鸡切块，沥干水分，用蚝油、胡椒粉、料酒、少许淀粉腌制半小时。

2. 冬笋切片；莴笋、红椒分别切块；杭椒切段。

3. 油稍微热点，放入姜、蒜片爆出香味，再放入豆瓣酱、花椒煸炒出红油。

4. 放入鸡块翻炒，淋入料酒、加进冬笋片炒一下后放水浸没鸡，大火煮开，改中火再煮一会儿。

5. 加入莴笋、杭椒、红椒翻炒，盖锅盖儿焖一会，差不多入味了，放入味精、少许糖收一下，撒葱花即可出锅。

胡 辣 凤 爪

原料：

鲜凤爪500克，香菜少量，盐、味精适量，料酒1大匙，辣椒油 2 大匙，豆瓣酱 2 大匙，胡椒粉、白糖各一大匙，清汤适量（白开水也行），葱段、姜片、胡萝卜块各 30 克，洋葱片 20 克。

制作：

1. 锅置于火上，将鲜凤爪洗净后放入凉水锅中，加盐、料酒焯水去腥，捞出。

2. 将焯水后的凤爪放入砂锅中，加入葱段、姜片、胡萝卜块、洋葱片、清汤、盐，大火炖 20 分钟后捞出凤爪，炖制的剩汤不要倒掉，备用。

3. 另起锅置于大火上，加入辣椒油、豆瓣酱、胡椒粉、白糖煸出香味，放入凤爪，再加入炖制剩下的汤（一点就够了），翻炒后放入味精，最后撒上少许香菜即可出锅食用。

小提示： 此菜以辣味为主，所以辣椒油、豆瓣酱、胡椒粉量要多，特别是胡椒粉一定要多，即可增鲜又可去腥。胡椒粉最好选用黑白胡椒混合的，因为黑胡椒辣味偏重，而白胡椒鲜味偏重，两者结合更美味。本菜卤味选用的方法是白卤，主料是葱、姜、胡萝卜、洋葱、盐。白糖也要多放，即可增鲜，又可中和辣味。最重要的是它能使凤爪吃起来脆脆的。

干　锅　鸡

原料：

鸡翅中 500 克，红椒若干，老抽、糖、鸡精、蚝油、豆瓣酱，干锅红油、干锅底料、香菜、葱、姜、大蒜等各适量。

制作：

1. 香菜、葱、洗净切段；大蒜、姜切片；红椒切菱形块。

2. 鸡翅洗净切两段，焯水沥干后，放入油锅炸至外皮金黄。

3. 取一个空碗，放入老抽、糖、鸡精、蚝油，将炸好的鸡翅浸入其中，腌 10 分钟。

4. 锅内重新放少许油，放入豆瓣酱炒出红油，再下入腌好且控干水分的鸡翅煸炒，随后放入姜片、蒜片、葱段、红椒，炒至红椒断生关火，放入香菜段炒匀即可食用。

干 锅 鸡 块

原料：

鸡琵琶腿4个，中型洋葱、鸡蛋各1个，孜然粒、辣椒粉、黑胡椒粉、盐、麻辣炸鸡粉、料酒、白糖等各适量。

制作：

1. 琵琶腿切成小块，洗净控干水；洋葱去皮、洗净、切成丝备用。

2. 鸡块及一个蛋清放入碗中，撒入麻辣炸鸡粉，用手抓匀，腌制10分钟。

3. 不粘锅内放入少量油，稍热，将腌好的鸡块码放好，小火煎熟一面，之后翻到另一面，煎熟取出，控油备用。

4. 锅内留底油，放入洋葱丝爆香，放入鸡块、孜然粉、辣椒粉、黑胡椒粉、盐和少许白糖，用大火翻炒入味，见洋葱丝变透明色即可出锅。

干 锅 秋 椒 鸡

原料：

童子鸡350克，杭椒100克，盐5克，味精、鸡精各10克，香辣酱15克，干辣椒、大葱各25克，鲜花椒（重庆四面山产）125克，白糖、葱段、花生米、料酒各10克，香油5克，姜片、蒜片、红油各25克，色拉油500克。

制作：

1. 童子鸡洗净，剁2厘米见方的块，加入葱段、姜片、蒜片、料酒、盐腌渍10分钟；杭椒洗净，切重约5克的滚刀块；大葱切马耳葱。

2. 锅内放入色拉油，烧至四五成热时，放入鸡块小火浸炸3

分钟，至色泽金黄，捞出控油。

3. 锅内留油 50 克，烧至七成热时，放入干辣椒、鲜花椒、杭椒块、马耳葱、姜片、蒜片、香辣酱小火煸香，放进鸡块大火翻炒一分钟，用味精、鸡精、白糖调味，淋上红油、香油出锅，装入烧热的干锅内，撒花生米即可。

干锅麻辣鸡翅

原料：

鸡翅中 500 克，洋葱丝 100 克，花椒 10 克，干辣椒、大蒜各 50 克，姜片 20 克，酱油 30 毫升，料酒、糖各 15 毫升，香油 5 毫升，油 50 克，鲜汤（开水）50 克，盐适量。

制作：

1. 鸡翅中从中间宰断，切成两半放入沸水中煮变色，去除血沫，捞出沥干备用。

2. 烧热锅，放入适量油，放入大蒜和姜片炒出香味，放入洋葱丝炒软。

3. 放入花椒和干辣椒炒出香味，放入焯过水的鸡翅一起炒，淋入酱油、料酒和糖、盐炒匀。

4. 倒入鲜汤（或者开水）翻炒均匀烧开，加盖转小火焖 15～20 分钟鸡翅酥烂即可，中间要翻动几次避免粘锅，最后淋上香油翻匀出锅。

干锅香辣鸡翅

原料：

新鲜鸡翅（翅中与翅根均可）600 克，红色小干辣椒 80 克剪段，花椒 40 克，葱段、姜片、蒜片、酱油、盐、料酒、面粉等各适量。

制作：

1. 鸡翅洗净并在表面用刀划上几道，放上料酒、盐、酱油、葱段、姜片腌30分钟。之后捞出葱段和姜片，撒上薄薄一层干面粉抓匀，注意只要一点面粉即可。

2. 炒锅加热，放多些油，能基本淹没鸡翅。等油烧至非常热（可以看到要冒烟）时，下入鸡翅炸，待鸡翅表面有些金黄、缩小，将鸡翅捞出放一边备用。

3. 炒锅里留少许油，烧至五成热，放入干辣椒段、花椒、葱段、蒜片，爆出香味，立即下入鸡翅，快速炒匀，出锅即可。

老坛豇豆煸鸡翅

原料：

鸡翅6个，姜、葱、盐、料酒、泡豇豆、红油、干辣椒、花椒各适量。

制作：

1. 鸡翅洗净，加入姜、葱、料酒和盐码味1小时，之后去除姜、葱，鸡翅用漏勺滤水。

2. 锅内油温达六成热时下入鸡翅（油需要稍微多点），至鸡翅颜色金黄时捞出。

3. 锅内下入红油，待达到四成油温时，加入干辣椒、花椒炒香后，下入鸡翅，再将泡豇豆下锅快速炒匀，加入少许料酒炝锅，起锅装盘即可。

干爆辣子鸡

原料：

净童子鸡200克，熟花生米50克，葱段20克，干辣椒100克，油500毫升，花椒20粒，酱油、黄酒各5毫升，盐、味精各1克，白糖5克，生粉15克，麻油2毫升。

制作：

1. 将鸡斩成大丁，放碗中加入酱油、味精、黄酒、生粉拌匀腌渍。

2. 锅中加油 500 毫升烧到六成热后，放入鸡丁，待鸡丁外脆里熟时，捞出沥油。

3. 锅中留油 30 毫升，将干辣椒炒至棕红色放入葱和花椒，再放入鸡丁加盐和糖炒匀，淋上麻油即可装盘。

> **小提示：** 辣椒要煸至棕红色，花椒炸出香味，火不能大，以防焦煳。鸡丁要炸到外脆里熟不粘连为宜。

辣 子 鸡 锅

原料：

鸡翅膀 6 只，莲藕 100 克，木耳 50 克，沙拉油 100 毫升，姜末 30 克，蒜末 20 克，干辣椒 6 条，麻辣汤底 1000 毫升，辣豆瓣酱 2 茶匙，酱油 1 匙，绍兴酒 20 毫升，鸡粉 1/2 茶匙，盐 1/4 茶匙，细砂糖 1 茶匙，胡椒粉少许。

制作：

1. 鸡翅膀洗净后剁成 3 段，加入酱油搅拌均匀；莲藕洗净去皮后切片；木耳以冷开水泡软备用。

2. 热一锅，放入 100 毫升的油，待油温烧热至 150℃，放入作法 1 的鸡翅油炸至熟后，捞起沥干备用。

3. 将步骤 2 的油留下少许，放入姜末及蒜末爆香，再放入干辣椒、豆瓣酱一起略炒一下，加入麻辣汤底一起拌煮。

4. 将步骤 3 中的材料中放入步骤 2 的鸡翅及步骤 1 的莲藕片、木耳拌煮，再加入调味料煮约 10 分钟即可出锅。

鲜花椒浸土鸡

原料：

土母鸡 1 只（重约 1000 克），罗汉小笋、青花椒各 300 克，鲜红尖椒段 200 克。调料：香料包 1 个（内含干南姜 15 克、白豆蔻、山奈、八角各 3 克、小茴香 4 克、桂皮 5 克、草果 4 个、香叶 2 克、香草 1 克），胡萝卜 300 克，洋葱 50 克，鱼露、生抽、玫瑰露酒各 250 克，老抽 100 克，香菜 200 克，青椒、甜椒各一个，冰糖 200 克，姜片、葱段各 50 克，精盐、味精、鸡精各 8 克，鸡汤 300 克，蒸鱼豉油、料酒各 5 克，色拉油 100 克，棒子骨 2000 克，鸡架子 1000 克。

制作：

1. 土母鸡宰杀治净，放入开水锅里大火氽 3 分钟去掉血污，捞出控水。

2. 吊汤桶内，加入香料包、盐、料酒、胡萝卜、香菜、姜片、葱段、冰糖、青椒、甜椒、洋葱、鱼露、生抽、老抽、玫瑰露酒、棒子骨、鸡架子等料，加 8000 克水，以小火熬 1.5 小时，放入氽水后的土母鸡，用中火烧开，保持水开不沸的状态小火焖 10 分钟，熄火浸泡 20 分钟至脱骨。

3. 罗汉小笋漂水后，用鲜汤煨味，刀工处理后码于盘底；小尖椒切成长 2 厘米的段待用。

4. 鸡捞出放凉，斩重约 30 克的块，按照鸡的圆形摆放在盘内的笋上；锅内再放入色拉油，烧至六成热时，放入小尖椒段、青花椒小火翻炒 1 分钟，放入鸡汤、蒸鱼豉油，小火烧开，用盐、味精、鸡精调味后淋于鸡上即成。

泡萝卜魔芋烧鸡肉

原料：

鸡腿肉 400 克，自制四川泡白萝卜 50 克，红椒、红萝卜、辣椒、蒜、魔芋、糖、酱油、酒、鸡汤、豆瓣酱等适量。

制作：

1. 将鸡腿肉用盐水泡过，切块；自做的四川泡白萝卜切丝。

2. 红椒、红萝卜切块；辣椒、蒜切碎；魔芋拍松切片。

3. 热锅用油炒香辣豆瓣酱，放入鸡块炒干，再放入泡白萝卜、魔芋、酒、鸡汤等焖烧入味。

4. 加进红椒、红萝卜、辣椒、蒜、糖、酱油，烧 5~6 分钟出锅即可。

鸡 米 芽 菜

原料：

鸡脯肉 200 克，碎米芽菜（黄豆芽或绿豆芽均可）、青椒适量，蒜、花生、盐、糖、花椒粉、姜粉、香油、味精、白酒等各适量。

制作：

1. 将鸡脯肉切成碎丁，用花椒粉、香油、姜粉和一点白酒抓匀腌制 10 分钟。

2. 青椒切成碎丁；蒜切碎；花生用开水泡过，去掉红衣。

3. 热锅倒油，油温升高，放入鸡肉碎丁翻炒，炒至变色后，拨在一边，然后放进花生瓣和蒜碎，充分翻炒均匀。

4. 放进芽菜，调入适量的糖翻炒均匀，放入青椒碎丁。

5. 最后放 1 匙花椒粉和味精，淋一点香油，翻炒均匀后即可出锅。

双 椒 小 煎 鸡

原料：

鸡腿肉 500 克，辣椒 8~10 个，冰鲜青花椒 1 把，酱油、料酒、蚝油各 1 汤匙，盐、葱、姜、蒜和洋葱各适量。

制作：

1. 鸡腿切不太大的小块，洗净后以冷水入锅煮沸，出浮沫后捞出用温水洗净沥干备用。

2. 锅中倒入比平时炒菜略多一点的油，下姜片煸出香味后下入鸡块，在油中快速翻炒，然后加入料酒。

3. 鸡肉本身的油脂也出了一部分后，加入葱、蒜、洋葱和青花椒。

4. 依次加入酱油和蚝油调味。

5. 最后，视酱油和蚝油的咸度补加适量的盐，加入辣椒段翻炒均匀即可出锅。

伊面飘香鸡

原料：

小乳鸡 1 只（净重约 750 克），伊面 1 板（150 克），啤酒 500 克，葱段、色拉油各 100 克，蒜瓣 50 克，姜片、花椒、盐、湿淀粉各 5 克，干辣椒 15 克，洋葱丝、青红辣椒、小葱段、糖色各 10 克，味精、鸡粉各 8 克，白糖 3 克，锡纸 1 张。

制作：

1. 乳鸡宰杀，用热水烫去毛，从腹部开膛取出内脏，洗净后剁成约 10 克的小块；青、红辣椒洗净，切成约 2 克的菱形片。

2. 锅中放入色拉油 60 克，烧至六成热时，放入葱段、姜片、蒜瓣、干辣椒、花椒，用中火煸炒 3 分钟至出香放入鸡块，用中火煸炒 3 分钟加上糖色，小火煸炒 2 分钟后倒入啤酒，用盐、鸡粉、白糖调味后小火煨 10 分钟，放入青红椒片、味精翻匀后用湿淀粉勾芡出锅备用。

3. 在煨制鸡块的同时，伊面放锅中大火煮 3 分钟，捞出备用。

4. 圆形铁板用大火烧 10 分钟，铺上锡纸，倒入剩余的色拉油，待色拉油升至六成热时，放入洋葱丝、伊面、煨好的鸡块，撒上葱段上桌即可食用。

陈 皮 鸡

原料：

净仔鸡 750 克，陈皮、干辣椒各 20 克，料酒、酱油各 30 克，葱、姜各 25 克，花椒粉、白糖、香油各 10 克，醋 5 克，精盐 4 克，汤、油各 700 克。

制作：

1. 将净鸡剁成 3 厘米见方的块；干辣椒切成节；陈皮切成块；葱、姜拍松；鸡块用料酒 20 克、酱油 15 克、精盐 2 克拌匀入味 20 分钟。

2. 锅内放油烧至七成热时，下入鸡块炸呈黄色时倒入漏勺。

3. 锅内放油 50 克，下入花椒粉炸香，捞出花椒不用。油锅内下入干辣椒、陈皮略炸，再下入葱姜煸一下。

4. 下入鸡块及余下调料（不含香油、油）烧开，倒入沙钵内，用小火煨约 40 分钟，熟烂后淋入香油即成。

小提示：炸花椒时油温不能过高。

仁 和 鸡

原料：

农家饲养山黄公鸡 1500 克，调料红油 100 克，花椒油 30 克，鸡粉 5 克，味精 10 克，五香料 1 份（丁香 2 克、草果 2 克、白芷一克、砂仁 4 克、小茴香 5 克），油炸花生仁 20 克，盐 8 克，香菜 5 克。

制作：

1. 公鸡宰杀，用热水烫去毛，洗净后剖腹，取出内脏，将整鸡洗净，放入沸水中大火汆 3 分钟去血污后，取出放入另一个沸水锅中，用小火浸煮 10 分钟至熟，取出放凉，煮鸡的汤留用。

2. 取煮鸡的汤 1000 克放入锅内，加五香料小火浸煮 30 分钟，离火后过滤，放凉制成卤水备用。

3. 煮后的鸡用刀剔肉，将剔下的鸡肉切成长 5 厘米、宽 2 厘米、厚 0.5 厘米的条，摆在盘中备用。

4. 煮好的汤料加入红油、花椒油、鸡粉、味精、盐调拌均匀制成汤汁，浇在鸡肉上，撒入油炸花生仁、香菜后上桌即成。

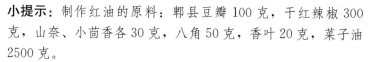

> **小提示**：制作红油的原料：郫县豆瓣 100 克，干红辣椒 300 克，山奈、小茴香各 30 克，八角 50 克，香叶 20 克，菜子油 2500 克。
>
> 具体制作：
>
> 1. 山奈、小茴香、八角、香叶洗净杂质，控干水分备用；郫县豆瓣剁细。
>
> 2. 锅里放入菜子油 1000 克，烧至四成热时，放入郫县豆瓣、干红辣椒、山奈、小茴香、八角、香叶小火煸炒 20 分钟至出香，放入剩余的菜子油小火慢熬 40 分钟，离火过滤即可。

太 白 鸡

原料：

仔鸡腿 300 克，辣椒、盐、酱油、白糖、料酒、姜、泡椒、花椒、大葱、味精、色拉油各适量。

制作：

1. 将鸡腿剁块，加入酱油、料酒略腌；干辣椒切段；姜、葱切长方片。

2. 锅内注油烧至四成热时，下入鸡块炸至上色。

3. 锅内注油，下入葱、姜、泡椒、花椒炒香，烹入料酒，加入鸡块、盐、味精、酱油、白糖及少许汤，小火烧熟，收汁亮油，翻匀出锅即成。

水 煮 鸡 片

原料：

鸡腿肉 400 克，白菜 200 克，黄豆酱、豆腐乳、老干妈等各 40 克，胡椒粉、辣椒粉、淀粉、香葱、生抽、料酒、油等各适量。

制作：

1. 鸡腿肉切薄片，放少许生抽、料酒、淀粉腌一会儿，放两小匙油拌匀。

2. 白菜切三角形大片，用其他小青菜做配菜也可。

3. 自己配酱：黄豆酱两匙、豆腐乳 1 块、再加点豆腐乳汁、老干妈少许。

4. 炒锅放油，炒香酱后加水，水开后把白菜放进去烫熟，盛到深底盘中。

5. 把鸡肉倒入烫约 1～2 分钟，盛到白菜上，然后在上面撒上胡椒粉、辣椒粉，烧点儿热油浇上去，再撒点香葱碎或其他点缀即可食用。

美味嗒嗒鸡

原料：

鸡半只，干冬菇 8～10 朵，生姜 1 块，大蒜 1 头，生抽 1 汤匙，酒、白糖、生粉、盐各 1 小匙。

制作：

1. 鸡洗干净后斩件，用盐、生抽、酒、白糖、生粉拌匀，腌 20 分钟入味；冬菇用温水泡软清洗后切丝；大蒜切段；生姜切片。

2. 烧热平底锅，刷一层薄油，放进姜片、蒜片爆香。

3. 锅的温度比较高时，把鸡肉倒进去，尽量把鸡肉平铺，让每一块鸡肉都接触到锅，不要翻动，开中小火，盖上盖子焗 2 分钟。

4. 把鸡肉翻面，同样用中小火，盖上盖子焗 2 分钟。

5. 把鸡肉翻炒均匀，加入冬菇丝，翻炒均匀，倒进腌鸡的酱汁，盖上锅盖焖至鸡肉熟（大约 2 分钟）。

6. 加入蒜段，翻炒均匀，开大火，把酱汁收干即可出锅。

土 匪 鸭

原料：

填鸭1只，大葱、生姜、大蒜、淀粉、盐、味精、糖、米酒、川椒段、泡椒、豆瓣酱、麻油等各适量。

制作：

1. 先把净鸭用酱汤煮熟捞出，然后用刀把鸭子剁成大块，拍上淀粉待用。

2. 油勺里放入色拉油，加热到六成左右时，放入拍好粉的鸭子，炸至金红色时捞出。

3. 锅内留底油，放入葱、姜、蒜炝锅，随后放入炸好的鸭子煸炒，放入其他调料，淋麻油出勺摆盘即可。

干锅土匪鸭

原料：

鸭公1只，啤酒1瓶，桂皮、干辣椒、大葱、八角、小茴香、草果、香叶、青尖椒、红尖椒、香菜、红油、孜然粉各适量。

制作：

1. 鸭公先清理干净，下油锅炸好捞出备用。

2. 往锅中放入猪油，依次放姜片、大葱、干辣椒、桂皮、八角、小茴香、草果、香叶炒香，然后倒入炸好的鸭公翻炒，倒入酱油上色，再倒入1瓶啤酒，小火慢熬15分钟。

3. 取出鸭公，把调味料滤去，往锅中倒少许油，放入姜片、蒜头爆香，再倒回鸭公，加入青红尖椒翻炒，加少许水，起锅前放点孜然粉、红油即可。

啤 酒 鸭

原料：

鸭子半只，啤酒1罐，葱1段，姜1块，蒜1头，干辣椒8

个，桂皮1块，八角1个，盐、生抽、老抽、鸡精、冰糖等适量。

制作：

1. 鸭子切块，焯水煮3分钟捞出，洗净脏东西沥干备用。

2. 锅里放油，把鸭肉煸炒到微黄，放入葱、姜、蒜、八角、桂皮，炒出香味。

3. 放入老抽、生抽，调出基础颜色，这个颜色决定成品颜色，一般是生抽、老抽混合，彼此中和，半只鸭子的用量是老抽半汤匙，生抽1汤匙。

4. 放入啤酒并加入开水，刚刚淹没食材，放冰糖3颗，大火煮开调味，比平时吃的盐要少一些，小火煨40分钟。

5. 大火收汁即可，收汁后，会有比较粘稠的汁均匀地裹在肉上。

> **小提示：** 中途加盐的时候一定要注意，要比自己的口味淡一些，因为收汁后味道还会加重。

铁盔将军鸭

原料：

水鸭1只（1500克左右），油豆腐50克，红辣椒3～5个，姜片1块，干辣椒1把，蒜头1个，葱、米酒、啤酒、甜酱（没有也可以用豆瓣酱代替）各适量。

制作：

1. 将鸭处理干净，大件的（翅膀、鸭腿、鸭头、鸭掌）要先入油锅炸。其他部分切成3厘米左右的块状，和内脏放另一旁备用。

2. 佐料处理：姜、辣椒均切片；蒜瓣剥好；干辣椒切丝；葱打结。

3. 锅里先放油，稍微多一些，待八成热时，放入鸭翅、鸭掌、鸭腿、鸭头炸香，当大部件炸得金黄时，将其他鸭肉一起放下去爆炒。

4. 烹入一点点米酒，沿着锅边淋入，让酒的蒸汽弥漫上来，鸭肉更香；炒到鸭肉紧缩、全部呈金黄色、水分全部没有时，再进行下一步。

5. 水分炒干时，放入甜酱两匙，继续翻炒大概 15 分钟，鸭身全部裹上酱香时，色泽金亮，可盛出。

6. 用底油炒所有配料（爆香姜、大蒜、干辣椒，然后放入红辣椒）。

7. 将所有炒好的鸭肉倒入锅中一同炒。

8. 加入 100 毫升的啤酒，并放入适量水，稍微没过鸭肉的2/3，小火慢慢煨两个小时即可。如果最后汤还较多，可以开大火，略微收汁一下，这样鸭肉香味会更足。

川 香 鸭 膀

原料：

鸭翅膀 400 克，香辣酱、八角、干辣椒、花椒、姜片、味蚝鲜、生抽、老抽、糖、鸡精等各适量。

制作：

1. 鸭翅膀先焯水，捞出后洗干净。

2. 锅中放入少许油，放入八角、干辣椒、花椒、姜片，煸炒出香味。

3. 倒入鸭翅膀翻炒一下。

4. 放味蚝鲜、老抽、生抽、香辣酱、糖（少许）、鸡精等调味。

5. 然后放水（浸过鸭翅膀），用大火煮开，小火慢煨 1 小时以后大火收干，装盘即可。

柠香麻辣鸭膀

原料：

三节鸭翅膀，香辣酱少许，八角、辣椒、蒜、姜、料酒、冰糖、生抽、老抽，味蚝鲜、柠檬等各适量。

制作：

1. 鸭翅膀剁成 3 段，氽水，处理干净。

2. 锅里放入少许油，煸炒香辣酱、八角、辣椒、蒜、姜等出香味。

3. 倒入处理好的鸭翅膀一起翻炒。

4. 加入料酒、水、冰糖、少许生抽、老抽、味蚝鲜、柠檬等调料，煮开后，改换小火煨 2 小时以上，再以大火收汁，捞起盛盘即可。

花栀绵掌

原料：

鸭掌 300 克，花豆 50 克，老姜 1 小块，栀子两枚，八角 1 个，香叶、汉源花椒、辣椒、冰糖、盐、料酒各适量。

制作：

1. 新鲜鸭掌洗净，花豆洗净后用温水涨发 1 小时左右。

2. 将鸭掌和花豆冷水下锅，加老姜、栀子、香叶、汉源花椒、辣椒、冰糖、糖色、盐、料酒后，用大火烧开，打去浮沫以后转小火煨 1.5 小时左右。

3. 起锅前将香料捞出不要，鸭掌夹出装盘，锅中的汤汁和花豆勾芡，芡汁可以适当浓点，将勾芡后的汤汁浇在鸭掌上即可。

麻辣鸭块

原料：

鸭子 1 只（约 650 克），甜豆荚 10 克，大葱 1 根，生姜 1 块，干辣椒 6 个，食用油 30 克，香油 1 小匙，酱油 1 大匙，料酒 2 大匙，花椒粉 1 大匙，香醋 1 大匙，精盐 2 小匙，白糖 1 小匙，味精 0.5 小匙。

制作：

1. 大葱洗净后纵向剖开，一半切末，一半切段；姜洗净后一半切片，另一半切末；甜豆荚洗净备用。

2. 将鸭子宰杀洗净，剁成均匀的小长方块放入盆内，加入姜片、葱段、料酒，放蒸锅内用大火蒸熟后取出，放入盘内。

3. 往锅内放入油烧热，投入葱、姜末、干辣椒、甜豆荚，炒出香味后加入花椒粉、酱油、白糖、精盐、料酒、醋。

4. 烧开后加入味精，浇在鸭块上，最后淋上香油即可食用。

麻 辣 鸭 翅

原料：

鸭翅5只，麻辣汤底500毫升。

制作：

1. 将鸭翅先冲水洗净，再放入滚水中略汆烫后捞起备用。

2. 取一锅，加入麻辣汤底煮至滚沸，再放入步骤1的鸭翅，改转小火卤约15分钟，即可熄火。

3. 食用前，剁成小块状，放入加热后的麻辣汤底中，再煮约15秒即可。

麻 辣 鸭 血

原料：

鸭血1块，蒜苗1/2支，姜末、蒜末、辣椒末10克，干辣椒20克，酸菜丝80克，爌肉（不是肉，是一种料理方法，也可以写成"焢肉"，主要食材是猪的五花。将大块猪五花肉以酱油、糖及香料等材料，用小火煮至熟软卤制而成的肉块）卤汁150毫升，水50毫升，太白粉水、糖、鸡粉等各少许，辣豆瓣酱1/2大匙。

制作：

1. 鸭血洗净切小块，放入沸水中汆烫约2分钟，再捞出浸泡冷水；蒜苗洗净切段备用。

2. 起锅烧热，倒入 2 大匙油，再放入花椒粒与干辣椒炒香后，取出花椒粒与干辣椒，放入绵袋中绑好备用。

3. 在步骤 2 的原锅中放入蒜末、姜末、辣椒末爆香，加入步骤 1 的鸭血、酸菜丝、爤肉卤汁、水与所有调味料，转小火续煮 15 分钟。

4. 最后加入步骤 1 的蒜苗段再转大火煮至沸腾，以太白粉水勾芡即可出锅。

炒 血 鸭

原料：

鸭 2000 克，胡椒粉 1.5 克，姜 6 克，盐 4 克，辣椒（红、尖、干）5 克，味精 3 克，小葱 15 克，白皮大蒜 25 克，花生油 30 克，香油 10 克，料酒 35 克，酱油 4 克。

制作：

1. 取净碗一只，先装好 15 克料酒，把鸭由颈下杀一刀，让鸭血流入碗内，用筷子搅匀。

2. 再将鸭子浸在沸水内烫一下，随即煺毛剖腹，挖出内脏，用刀切成 1.8 厘米见方的块，另用碗装好待用（头、脚、翅、内脏等不用）。

3. 生姜洗净，切成 1.2 厘米见方的薄片；葱去根须，洗净，取葱白切成 1.2 厘米长小段。

4. 干红辣椒斜切成 0.9 厘米长条；蒜瓣一切两半，一并放入净碗内。

5. 铁锅放到旺火上烧热，倒入花生油，烧至七成热时，将切好的姜、葱、蒜、干红椒倒入炒出香味，再倒入鸭块合炒。

6. 炒至收缩变白，随即加 20 克料酒、酱油、精盐再炒。

7. 然后加入鲜汤 200 毫升，将铁锅移微火上焖 10 分钟。

8. 见汤约剩 1/10 时，将鸭血淋在鸭块上，边淋边炒动，使鸭块粘满鸭血，淋完后加胡椒粉、味精略炒一下即起锅，盛入盘中，再淋上香油即成。

酸笋鸭血煲

原料：

鸭血 400 克，酸笋 100 克，豆瓣酱、糍粑辣椒、姜片、蒜片、葱花、野山椒、鸡汤、鸡精、味精、盐、红油等各适量。

制作：

1. 鸭血改刀切成块，备用；酸笋切片。

2. 油锅烧热，放入豆瓣酱、糍粑辣椒、姜片、蒜片、野山椒煸炒香，加入鸡汤、鸭血、鸡精、味精、盐烧至入味，最后淋上红油，撒上葱花，倒在特制的煲里即成。

水 煮 鸭 血

原料：

火锅调料 100 克，鸭血 1 块（约 350 克），黄豆芽（或绿豆芽）300 克，干辣椒 10 克，花椒 1 匙，料酒 2 匙，鸡汤（或者骨汤）3 杯，大葱、盐适量。（如果加入鳝鱼、午餐肉、黄喉等，火锅调料及其他配料也要适量增加）。

制作：

1. 将鸭血切成 1 厘米厚的片；干辣椒剪成 1 厘米长的段，去籽。

2. 锅中放入适量清水，烧沸后将鸭血片放入煮 2 分钟，捞出沥干水。

3. 豆芽洗净沥干，炒锅放油烧至五成热，放入葱丝爆香，随后放入豆芽炒熟，加进适量的盐调味，盛入大碗中待用。

4. 将火锅调料放进锅中炒化，加入料酒和鸡汤（或者骨汤），烧沸后放入鸭血片煮熟（漂浮起来，约 5 分钟）。

5. 将鸭血片和火锅料一起倒入盛好豆芽的大碗中。

6. 锅洗净，倒入2汤匙油（6匙）烧至四成热，将干辣椒段和花椒放入，转小火炸出香味，最后淋入大碗中即可。

麻辣鸭胗

原料：

鸭胗500克，二荆条8个，仔姜1大块，泡椒、小米辣各6个，八角3个，山柰2个，花椒小半把，大蒜1头，白糖、豆瓣酱各1小匙，食用油、鸡精、盐各适量。

制作：

1. 鸭肫用盐搓洗，洗净之后切片加入花雕酒、生抽和干淀粉拌匀，腌制片刻。

2. 热锅冷油同时下入花椒粒，小火煸炒出香味，炼成花椒油，把花椒颗粒捞出不用。

3. 接着下入姜片、蒜头煸炒出香味。

4. 油烧得非常热的时候把鸭肫倒入锅中翻炒。

5. 沿锅边淋入花雕酒（可以多一点），再把泡椒连同一部分的泡椒汁一并倒入翻炒入味，这时候可以尝一下味道，添加适量的盐、一点糖和胡椒粉调味。

6. 放入青红椒圈翻炒两下，最后撒入葱花即可起锅。

麻辣鸭胗签

原料：

鸭胗3个，麻辣汤底600毫升，长竹签适量。

制作：

1. 鸭胗先以刀划开后，去除中心黄色部分，洗净备用。

2. 将作法1的鸭胗放入滚水中略汆烫后捞起。

3. 取锅，加入麻辣汤底煮至滚沸，再放入作法2的鸭胗，改转小火卤约25分钟即可熄火，捞起备用。

4. 食用前，放入加热后的麻辣汤底中，煮约10秒即可捞起切片食用。

白贡小煎鸭胗

原料：

鸭胗300克，二荆条、仔姜、泡椒、大蒜、小米辣、豆瓣酱、山奈、八角、盐、糖、鸡精各适量。

制作：

1. 二荆条切约0.5厘米的小段；仔姜也切差不多大小的丁；泡椒、大蒜和小米辣剁碎备用；豆瓣酱也要剁碎一点。

2. 鸭胗洗干净后切薄片备用；山奈和八角用刀慢慢切碎，切成粗一些的颗粒。

3. 锅中倒油烧热后，放入豆瓣酱翻炒几下，然后放入泡椒、小米辣和蒜末，还有山奈和八角末，大火翻炒爆香。

4. 倒入鸭胗继续大火翻炒，爆出鸭胗的水分，放盐和糖，炒到鸭胗变色，大约再炒4分钟。

5. 放入仔姜和二荆条，放进鸡精翻几下，大概1分多钟，大火把水分收干，即可出锅。

火 爆 鸭 胗

原料：

鸭胗250克（约5～6对），韭苔一小把，家常豆瓣1大匙（也可用泡椒、老干妈等较辣且家庭常备的调料辣酱等），黄酒3汤匙，酱油1汤匙，洋葱、姜、蒜、盐、水淀粉各适量。

制作：

1. 鸭胗清洗干净后平面向下码在盘中，放入冰箱冷冻室略冻一下，方便切花刀，烹制前取出，将每一对鸭胗从中间连接处切割开，分成一个个独立的小块。

2. 将鸭胗翻面，将底部有一片略厚的脯片除掉。

3. 三面都片去筋膜的鸭胗此时可以打花刀，鸭胗比鸡胗大，肉也厚，可以不用斜刀，全都竖着下刀，先从左至右垂直均匀的割平行刀，都不要切到底，再把鸭胗转 90°，垂直交叉再切一次。

4. 打好花刀后，将鸭胗放入冷水中，加入姜片、黄酒，大火煮开。

5. 水开后打一下浮沫，直至将血末杂质全都煮出来，再将鸭胗捞出，在温水下冲洗干净。

6. 锅中放入比平时炒菜略多的油，下入洋葱、姜蒜，炒出香味。

7. 加入川式家常豆瓣，小火翻炒出红油，下入焯过的鸭胗，立即烹入黄酒，快速翻炒，再加一点酱油调味，翻炒均匀，以上两步时间都很短。

8. 下入切段的韭苔，用少许盐调味，大火翻炒至韭苔断生。

9. 加入水淀粉，大火使芡汁晶莹的包裹在鸭胗上即可出锅。

> **小提示：**烹制鸡胗、鸭胗有两个难点，一是去腥难。鸡、鸭胗去腥，首先是常规去腥步骤：如焯水时加酒、姜，爆炒时调味尽量用重口味的调料来压，其次就是用油量不能太少，爆炒时油量大约是炒完菜后盘底还有余油的程度。二是火候控制不好，要么炒过头太硬，要么切开后还是猩红未全熟，甚至外侧已经过硬了，内侧还是半生的。想要成熟度一致，给鸭胗切均匀的薄片是个好方法，下锅后成熟的时间更短。

香辣鸭脖

原料：

鸭脖 1000 克，洋葱块 50 克，黄瓜条 100 克；

调料 A：盐 2 克，料酒 150 克，姜片 10 克，葱段 15 克。

调料 B：干辣椒节 50 克，花椒 20 克，姜片 10 克，蒜末、葱段、料酒、酥花生仁碎粒各 20 克，香辣酱 30 克，豆豉 15 克，

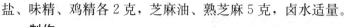

盐、味精、鸡精各 2 克，芝麻油、熟芝麻 5 克，卤水适量。

制作：

1. 鸭脖治净，加入调料 A 拌匀，腌约 15 分钟，放入卤水中，卤至软熟入味捞出，凉后斩段。

2. 锅中放油烧至 160℃，放入鸭脖炸至酥香捞出。锅中放入火锅油烧至 120℃，放入干辣椒节、花椒、姜片、蒜末、葱段、香辣酱、豆豉炒香，下鸭脖、洋葱块、黄瓜条炒匀，再放入盐、料酒、味精、鸡精、芝麻油、熟芝麻、酥花生仁碎粒炒香，装入锅仔。

香辣鸭脖子

原料：

鸭脖子 500 克，葱半根，姜 1 小块，八角 1 颗，干辣椒、花椒各 50 克，草果 1 个，小茴香、丁香各 10 克，桂皮 1 小段，香叶 3 片，生抽 45 毫升，老抽 30 毫升，盐和糖各 5 克。

制作：

1. 将鸭脖子洗干净后，用刀剁成 8 厘米长的段备用。

2. 锅中倒入清水，大火烧开后放入鸭脖子，煮开后撇去浮沫，继续煮 1 分钟左右，捞出沥干。

3. 炒锅中倒入油，用大火将油烧至五成热时，放入切好的葱、姜段，炒出香味后放入所有调料：八角、干辣椒、花椒、草果、小茴香、丁香、桂皮和香叶，大约炒 1 分钟后，倒入清水1000 毫升，然后倒入一个有高度的小汤锅里。

4. 汤锅置火上，锅内放入生抽、老抽、盐和糖，煮开锅后，放入焯好的鸭脖子，再次开锅后，盖上盖子，转中火煮 30 分钟。

5. 煮好后，将鸭脖子捞出，自然风干半小时（隔一段时间再浸泡，比直接浸泡，鸭脖子的口感更好）。此时锅中的汤汁也冷却了，把鸭脖子放入浸泡 12 小时。捞出风干半小时后即可食用。

小提示： 如果买的是带皮的鸭脖子，一定要去除鸭皮和里面的器官再卤制。花椒、辣椒的量可以根据个人口味进行调整。按照这个方子做出来的鸭脖子并不太辣。如果喜欢特别辛辣的口味，可以将配方中花椒和辣椒的量加倍，如：一斤鸭脖可用 100 克花椒和 100 克辣椒。另外，卤制鸭脖子的汤汁冷却后可以倒入保鲜盒放冰箱冷冻保存。下次再煮的话，提前拿出融化后就可以继续使用。

红椒爆鸭

原料：

仔鸭 650 克，红椒 100 克，姜、蒜各 10 克，葱油 2 克，料酒 5 克，味精、盐各少许。

制作：

1. 仔鸭宰杀洗净，切成条状，用料酒腌渍；红椒切条状；姜、蒜均切成片。

2. 锅中放入葱油烧热，下鸭条爆炒一下，再加进姜片、蒜片、红椒、味精、盐翻炒，待鸭肉熟时，起锅装盘即可。

宫爆鸭舌

原料：

鸭舌 350 克，干辣椒 10 克，青椒、红椒各 60 克，香油 10 克，盐 3 克，味精 1 克。

制作：

1. 鸭舌切片；青椒、红椒洗净切块；干辣椒切碎备用。

2. 锅倒油烧热，放入鸭舌微炸捞出，锅留底油烧热，放入干红辣椒、青椒、红椒炒香，下入鸭舌。

3. 加入盐、味精、香油，炒匀即可出锅。

双椒爆鸭丝

原料：

鸭肉 350 克，青椒、红椒各 100 克，盐 3 克，料酒 5 克，胡椒粉 2 克，鸡精 1 克。

制作：

1. 鸭肉洗净切成丝，加入盐、料酒、胡椒粉抓匀，腌渍 15 分钟；青椒、红椒洗净，切成丝。

2. 炒锅倒油烧至五成热，加入鸭丝滑熟变色后，加入青红椒丝炒至断生。

3. 加入盐调味，炒匀以后放入鸡精，出锅即可。

干锅鸭舌

原料：

鸭舌 300 克，大蒜、葱、姜、红辣椒干、面粉、酱油、盐、冰糖、味精、料酒、大豆色拉油、麻油各适量。

制作：

1. 葱切段；姜切片；大蒜拍扁；红辣椒干一切二。

2. 将鸭舌清洗干净，用盐、料酒、面粉搓片刻，再用清水冲洗干净。

3. 锅内倒入清水，待水煮沸后将鸭舌放入焯水片刻，捞出沥干水分。

4. 炒锅内倒入大豆色拉油，开中大火，待油温六成热时将红辣椒干、大蒜、葱段、姜片放入翻炒片刻，待炒出香味后将大蒜、葱段、姜片捞出丢弃，再将鸭舌放入，锅中加入冰糖、酱油、料酒、盐、少许水，改用中火煮沸后，调成小火焖煮约 20 分钟，将汤汁尽可能收干，出锅前撒上少许味精，淋上麻油即可装盘上桌。

原料：

鸭肉 450 克，莴笋 150 克，蒜苗 15 克，蒜 10 克，红椒 20 克，盐 3 克，酱油、料酒、醋、红油各适量。

制作：

1. 鸭肉洗净、切块，加盐、绍酒腌渍备用；莴笋去皮洗净，切块；蒜苗、红椒均洗净，切段；蒜去皮洗净，切小块。

2. 热锅下油，投入蒜炒香后，放入鸭块翻炒，加盐、酱油、料酒、醋、红油、红椒炒匀，注入适量清水，再放入莴笋一起烧至熟透，盛入干锅内。

3. 放进蒜苗段即可上桌。

原料：

鲜鸭肠 200 克，尖椒 100 克，豆豉少许，葱段、蒜蓉、植物油、淀粉、酱油、香油、盐各适量。

制作：

1. 将鲜鸭肠洗净，用沸水焯烫至五成熟，沥干水分；尖椒洗净，去蒂、籽，切成环状；豆豉剁成泥。

2. 锅内倒油烧热，将蒜蓉、豆豉泥、葱段、尖椒入锅中略炒，倒入少许沸水，加入鸭肠炒熟，用酱油、香油、盐调味，加水淀粉勾芡，迅速起锅即可。

泡 椒 鸭 肠

原料：

鲜鸭肠 200 克，泡朝天椒、泡姜、大蒜、大葱、水淀粉、盐、料酒、白糖、胡椒粉、精炼油、麻油各适量。

制作：

1. 鸭肠洗净，放入沸水锅中氽焯一下，取出切节；泡辣椒去籽及蒂，一半剁细成末；泡姜切成指甲片；大蒜去皮洗净，切成指甲片；大葱洗净，取其葱白，切成马耳朵形。

2. 锅置于旺火上，烧精炼油至四成热时，放入泡辣椒及泡辣椒末、泡姜片、蒜片炒香上色，倒入鸭肠炒至卷曲时，投入葱、盐、料酒、白糖、胡椒粉，推转均匀，调入水淀粉勾芡，收汁亮油，起锅盛盘即成。

酸 辣 鸭 肠

原料：

鸭肠 400 克，葱油 60 克，红辣椒、青辣椒、黄辣椒各 2 个，大葱 1 根，香油 2 小匙，辣椒油、酱油各 3 小匙，料酒 1 大匙，精盐 1 小匙，香醋 2 小匙，味精 0.5 小匙。

制作：

1. 把鸭肠上的白油除净，去掉盲肠、直肠，剖开洗干净后慢慢理顺，用一根细绳把肠子从中间系紧，放入盆里，加上适量盐、醋浸泡一会，用手慢慢揉搓，待揉出白泡沫时，马上用水洗净；辣椒、葱洗净切丝。

2. 把肠子放沸水里烫至稍微有点卷缩、颜色变白时，尽快捞出放进凉水中，解开绳子。

3. 等肠子泡凉后，捞出切小段，然后再放入沸水中烫一下，沥净水分待用。

4. 把辣椒和葱放在一起，加入料酒、酱油、盐、味精、醋调成味汁。

5. 烧热炒锅，倒入葱油，加入调好的味汁，下入鸭肠炒 10 秒钟左右，再加入辣椒油搅拌均匀，最后淋入香油即成。

辣炒鸭肠

原料:

鸭肠 300 克,青、红椒各 1 个,洋葱半个,葱、姜、蒜末各适量,盐 1 汤匙,胡椒粉、味精、孜然粉各 1 茶匙,酱油、香油各半茶匙。

制作:

1. 鸭肠拆开洗干净,放开水里焯两分钟,期间不要盖锅盖,捞出泡凉水洗净。

2. 锅内烧油,用大火炒一下鸭肠,放入 1 茶匙酱油,炒两分钟。

3. 捞出鸭肠,剩的油爆香葱、姜、蒜,下入洋葱、辣椒及各种调料,煸炒 10 下。

4. 下入鸭肠,炒 1~2 分钟,出锅放味精、香油即可。

川式香辣鸭腿

原料:

鸭腿两只,姜末、葱末各 5 克,干辣椒 3 克,啤酒 1 瓶,盐、味精、鸡精、辣椒面各 1 克,糖、郫县豆瓣酱各 5 克,料酒 2 克。

制作:

1. 鸭腿洗净,用盐、料酒、姜、葱腌渍 2 小时。

2. 开水烫氽鸭腿,然后用热油炸至上色,捞出备用。

3. 油锅烧热,爆香郫县豆瓣酱、姜末、蒜末,加入辣椒面、盐、味精、鸡精、白糖、啤酒,倒入炸好的鸭腿,用小火慢慢收汁,投入干辣椒炒香即可出锅。

麻辣炸鸭头

原料:

鲜鸭头 8 个,干辣椒、姜块、葱段各适量,青花椒、八角、

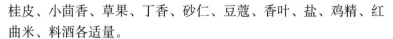

桂皮、小茴香、草果、丁香、砂仁、豆蔻、香叶、盐、鸡精、红曲米、料酒各适量。

制作：

1. 将鸭头冲洗干净，对切成半，加红曲米水、姜块、葱段、料酒、鸡精、盐腌制入味，上色。

2. 将八角、桂皮、小茴香、草果、丁香、砂仁、豆蔻、香叶分别洗净、沥干，入油中炸香，离火放凉备用。

3. 油锅烧热，将香料滤出，剩香料油入锅中烧热，将干辣椒、青花椒煸出香味，下入鸭头炸至成熟，捞出沥油，装盘即可。

飘 香 鸭

原料：

鸭1只，蜂蜜25克，葱20克，姜15克，八角、南姜、生抽各10克，桂皮、草果、盐各8克，香叶6克，茴香、尖椒各15克，食用油适量。

制作：

1. 将鸭处理干净，用精盐、葱、姜腌渍2小时待用，尖椒洗净，切段。

2. 用八角、桂皮、南姜、香叶、草果、茴香等香料制成白卤水，把腌渍好的鸭子放入卤水中浸约1小时后捞出，挂起来沥干水分，再将蜂蜜均匀地抹在鸭子表面，吹干。

3. 锅置旺火上，放入油烧至六成热后，下入鸭子炸成金黄色捞出，斩成小块。

4. 原锅留油，下入尖椒爆香后，再下入斩成块的鸭肉一起炒匀，加生抽调味即可。鸭子要选用老鸭，炸出来有口感。

老干妈鹅肠

原料：

鹅肠350克，香菜叶少许，盐2克，青椒、红椒、葱各10

克，老干妈酱适量。

制作：

1. 鹅肠治净，切条状；香菜叶洗净；青椒、红椒均去蒂洗净切粒；葱洗净，切花。

2. 热锅下油，放入鹅肠翻炒片刻，再放入青椒粒、红椒粒、老干妈酱、盐炒匀，加适量清水烧一会儿。

3. 待熟盛盘，撒上葱花，用香菜叶点缀即可食用。

原料：

洗净的鹅肠 500 克，青红椒 15 克，豆瓣酱、盐、酱油、辣妹子酱各 3 克，味精 2 克，色拉油 50 克，葱 5 克，姜 10 克，蒜瓣 8 个，料酒 6 克，高汤 100 克。

制作：

1. 将鹅肠汆水 15 秒捞出，切 3 厘米长的段；青红椒切小块。

2. 锅烧底油至五成热，下入豆瓣酱、葱、姜大火煸香，下鹅肠煸炒 30 秒。

3. 烹料酒，放入辣妹子酱、蒜瓣，用酱油上好色，放入盐、味精、高汤，改小火煨 5 分钟。

4. 放入青红椒块翻炒出锅，出锅装入干锅带火上桌。

豉椒炒鹅肠

原料：

鹅肠 200 克，辣椒（青、尖）100 克，大葱 15 克，大蒜（白皮）、淀粉（豌豆）各 5 克，豆豉 10 克，植物油 30 克，麻油、酱油各适量。

制作：

1. 将鹅肠用滚水飞至五成熟，滤去水分。

2. 辣椒洗净去蒂、去籽切成环状；大蒜去皮洗净、剁成蒜蓉；葱洗净切段；淀粉加水适量，调匀成湿淀粉。

3. 用油起锅，将蒜蓉、豆豉泥、辣椒放在锅中炒匀。

4. 锅内添入些滚水，加上鹅肠，用芡汤、湿淀粉、深色酱油、麻油调匀为芡，随后迅速炒匀出锅即可。

香辣豆豉脆鹅肠

原料：

鲜香鹅肠 200 克，青椒 50 克，小米辣 30 克，香辣豆豉 1大匙。

制作：

1. 青椒、小米辣洗净后斜刀切成节；鲜香鹅肠用小刀去除肠上的油筋放入盆中，加少许料酒和盐反复揉洗后，切成长 5～10 厘米的节。

2. 油温烧至 5 成热，下入葱节和姜片炒香。接着加入香辣豆豉炒出香味。

3. 加入青椒节和小米辣节爆炒。

4. 加入鹅肠节大火迅速翻炒，炒至鹅肠微卷、变色，起锅装盘即可。

泡　菜　鹅　肠

原料：

鲜鹅肠 500 克，泡萝卜 50 克，蒜苗 10 克，泡红椒 20 克，香菜、花椒各 5 克，泡姜 15 克，精盐 2 克，盐花生、白糖、料酒各 10 克，混合油 75 克，红苕淀粉 2 克，味精 3 克。

制作：

1. 将鹅肠洗净，用竹筷刮去黏膜，改成长 10 厘米的段，下开水锅中过水捞起。

2. 泡萝卜切成丝；泡红椒、泡姜切成末；香菜洗净切成末。

3.将炒锅置于火上，下入混合油烧至六成热时，放进泡萝卜丝、泡红椒末、泡姜末炒香。

4.下入花椒炒出香味，再下鹅肠、烹入料酒翻炒，接着放入精盐、味精、白糖后，速勾水红苕淀粉，起锅前放入蒜苗掂转装盘，撒上盐花生、香菜末即成。

红 油 鹅 肠

原料：

新鲜鹅肠 400 克，蒜泥 15 克，红油 25 克，青椒、红椒各 10 克，盐 6 克，味精 5 克，白糖 4 克，干淀粉、香油、食用油各少许。

制作：

1.新鲜鹅肠洗净，待用；青椒、红椒均洗净，切圈。

2.把发好的鹅肠用开水烫一下后，立即冲冷水，再除去表面油渍，切成长段待用。

3.锅中加油烧热，下入青椒、红椒、蒜泥爆香，再放盐、味精、白糖和少许料酒，调好味后，倒入鹅肠爆炒几下再勾芡，淋上适量香油即可出锅。

酸菜鹅掌火锅

原料：

鹅掌 400 克，酸萝卜块、酸菜各 100 克，野山椒汁 15 克，枸杞、盐、香菜、野山椒、姜、葱白、料酒、胡椒粉各适量。

制作：

1.将所有原材料洗净；鹅掌加盐腌渍片刻。

2.将鹅掌放入锅中加水煮熟。

3.锅内倒油加热，放入酸萝卜块、野山椒、姜、葱内炒香。

4.再倒入适量清水，放入酸菜、枸杞,加盐煮沸,投入剩余调料,起锅倒入火锅中,最后放入其他原料,点燃火锅,即可烫食。

原料：

鹅心 5 个，辣豆瓣酱、青辣椒、黑芝麻、孜然、料酒、葱花、姜丝等各适量。

制作：

1. 鹅心清理干净对半切开，冷水浸泡 2 小时，期间换几次水。

2. 锅中放水烧开，倒入鹅心焯一下，过凉水洗净。

3. 锅中热油，放入适量辣豆瓣酱炒出红油，下入葱花、姜丝爆香。

4. 下鹅心翻炒 3～4 分钟后，烹入料酒去腥。

5. 最后撒入黑芝麻、孜然和青辣椒圈，均匀后出锅即可。

原料：

干蕨根粉 100 克，鲜鹅肠 200 克，芹菜末、葱花各适量。红油 2 大匙，豆瓣酱 1 大匙，香油 2 小匙，盐、醋、鸡精各少许。

制作：

1. 将干蕨根粉用温水泡发，捞出，沥干水分。

2. 鲜鹅肠放入漏勺中，再将漏勺放入开水锅中氽烫鹅肠至卷曲，捞出沥干水分，晾凉。

3. 将芹菜末、葱花及所有调味料兑成味汁。

4. 油锅烧热，将鹅肠、蕨根粉倒入锅中翻炒，再浇入味汁炒匀即可出锅。

小提示： 选购鹅肠时，以新鲜、粗壮、有一定厚度者为佳。鹅肠放入清水中浸泡至膨胀，然后用小刀将污秽刮去，洗净后放入冰箱存放即可，但不可放太长时间。

干煸蚕蛹

原料：

蚕蛹 250 克，香菜 25 克，干红辣椒丝 1 小把，葱、姜、盐、植物油、麻辣鲜、花椒粉、孜然粉等各适量。

制作：

1. 香菜洗净切段、葱姜切末备用。

2. 锅中加入适量清水烧沸，放入洗干净的蚕蛹焯 2 分钟捞出。

3. 炒锅加入少许植物油，待油温七成热时，放入葱、姜末炒香，再放入干红辣椒丝翻炒出香味，把蚕蛹倒入，用大火煸炒 3 分钟，将蚕蛹里面的水分炒出来，然后撒入少许盐、花椒粉、麻辣鲜、孜然粉，再撒上香菜关火即可出锅。

凉　菜

棒棒鸡

原料：

熟鸡肉 150 克，粉皮 200 克，葱白末、熟芝麻各 5 克，红油 20 毫升，花生酱 50 克，酱油、麻油各 3 毫升，盐、味精各 1 克，白糖 10 克，花椒粉 2 克，醋 10 毫升。

制作：

1. 煮熟的鸡胸肉用棒敲松，撕成丝。

2. 粉皮用水烫过，切成条，将粉皮条放在盘底，上铺鸡丝。

3. 花生酱加少许鸡汤调开，再加入所有调味料拌匀后，淋在鸡丝和粉皮上，撒上熟芝麻，吃时调拌均匀。

小提示："棒棒鸡"是川菜中的一道著名凉菜。此菜原是一种风味小吃，有"天府一绝"之称，明朝时起源于四川乐山市岷江岸边的汉阳小镇，20世纪20年代传入成都。因要用木棒敲打鸡肉使肉质变软，故而得名。

做此菜的鸡要选嫩鸡，也可适当加些鸡腿肉。粉皮也可用黄瓜丝或莴苣丝替代，但要经腌制，也可用鸭肉丝、牛肉丝、猪肉丝替代鸡丝。

山城棒棒鸡

原料：

嫩公鸡1只（约1000克），芝麻油20克，口蘑、酱油、葱花、白糖、红油辣椒各10克，芝麻面、芝麻酱各5克，花椒面2克，味精1克。

制作：

1. 鸡宰杀去毛并除去内脏，洗净后放入沸水锅中煮15分钟。

2. 掺入半瓢冷水，待水再次煮开时，将鸡翻面再煮约10分钟，再掺入半瓢冷水。

3. 待水烧开之后翻面，用小竹刺刺入鸡肉内，无血珠冒出时即可捞起，放入冷开水中浸泡1小时，取出晾干。

4. 鸡皮上刷一层芝麻油，再将鸡头、颈、翅、胸脯、背脊分部位宰开，鸡头切成两块，其肉用小木棒轻捶，使之柔软，切成筷子粗的条装盘。

5. 食用时将红油辣椒、芝麻粉、花椒粉、芝麻油、口蘑、酱油、白糖、葱花、味精等调匀成汁，即可蘸食。

川味棒棒鸡

原料：

鸡胸脯肉300克，鸡腿300克，葱白20克，芝麻酱15克，酱油、花椒粉、香油各 5 克，白砂糖 3 克，辣椒油 10 克。

制作：

1. 将鸡脯肉、鸡腿肉煮熟后撕去鸡皮、剔净鸡骨，捶松后撕成丝装盘，撒上葱白备用。

2. 将芝麻酱、酱油、白糖、味精、花椒粉、香油、红油等调匀成麻酱辣椒汁浇在鸡丝上即可。

原料：

仔公鸡半只（约 750 克），姜块、葱段各 15 克，毛葱葱花、花椒粉 5 克，盐 8 克，味精 2 克，酱油 50 毫升，白糖 15 克，芝麻酱 10 克，花椒 1 克，花椒油 3 毫升，麻油 15 毫升，红油 25 毫升，沸水 2 升，花生仁和熟白芝麻各少许。

制作：

1. 鸡肉洗净，放入沸水中烫一下，再放入已经加了姜块、葱段、精盐和花椒的沸水锅内，保持微开。鸡肉厚的地方用竹签扎眼，使汤水充分渗透，煮约 20 分钟后，连汤带鸡倒入盛器中，待温度自然降至 40℃取出，待完全冷却后，用小木棒（可用家用擀面杖代替）轻捶鸡肉每个部分。

2. 将芝麻酱、麻油放入碗内调散，加入白糖、花椒粉、味精、酱油、红油、花椒油、葱花、盐，充分搅拌成酱汁待用。

3. 扯下鸡皮切成丝，鸡肉用手撕成丝，盛入盘中，淋上调好的麻辣调味汁，撒上花生仁和芝麻即可。

美味棒棒鸡

原料：

已剖鲜鸡 1 只（取鸡肉 140 克），海蜇丝 320 克，生姜 40克，大葱 2 根，花椒 1 汤匙，盐、清水适量，香菜（芫荽）1 根；

麻辣汁的原料：芝麻酱 3 汤匙，麻油 1 汤匙，凉开水 60 毫升，盐 1/4 茶匙，酱油、大蒜末、大葱末、红辣椒末各 1 茶匙，辣椒油适量。

制作：

1. 海蜇丝用适量盐、糖、麻油调味后铺于碟子上；鸡挖去内脏及鸡油。

2. 沸水内放生姜、大葱、花椒，将鸡放进，慢火煮约 20 分钟离火，再浸泡约 30 分钟。

3. 鸡凉后取出，用小木棒轻轻拍打鸡身，使鸡肉松软，褪下鸡皮，鸡肉用手撕成鸡丝，放于海蜇丝上。

4. 将麻辣汁拌匀，浇于鸡丝上，再放上香菜末点缀，即可进食。

美味糟鸡

原料：

母鸡 1500 克，小葱 10 克，黄酒 70 克，盐 40 克，桂皮、八角各 5 克，白砂糖 4 克，香糟 100 克，姜 10 克。

制作：

1. 肥嫩光母鸡去净绒毛，洗净后斩去鸡头、脚、翼尖，将鸡放入沸水锅中，用旺火烧滚后，再用小火煨 30 分钟左右取出。

2. 冷却后斩成 4 块，两面用盐擦匀，腌 1 小时。

3. 将汤倒入锅中，加入黄酒、桂皮、八角、姜片、葱段、盐、白糖搅匀，烧沸后自然冷却。

4. 再将香糟捏碎装入布袋中，放入冷却的汤中。

5. 待其浸出味后，滤去渣滓，去尽香料，便成为糟卤。

6. 随后鸡放入碗内，倒入糟卤，用盖盖好后放进熟食冰箱内，卤 3 小时左右便可取食。

7. 食用时，将鸡斩成 6.5 厘米长、1 厘米宽的小条块形，装入盘中浇上原糟少许即可。

美 味 醉 鸡

原料：

半只草鸡，白酒、黄酒、盐、味精各适量。

制作：

1. 先把鸡放在水里煮开，慢火再煮20分钟捞起，稍微冷却一下。

2. 给鸡抹上盐，不能太多，按摩几分钟，让盐慢慢地渗入鸡肉里。

3. 将鸡切块，喷上白酒和少许味精，用保鲜膜封住焖一小时后再撒点盐，喷上一点黄酒，继续焖半小时可食用。

美味黑椒鸡脾

原料：

鸡脾300克，黑椒40克，生抽、老抽、白糖、油、泰式鸡酱等各适量。

制作：

1. 将洗净的鸡脾用厨房纸抹干后，在鸡脾正面用刀划两刀，加黑椒、生抽、老抽、白糖调味，腌至少3小时（有时间的话最好腌过夜）。

2. 将腌过的鸡脾放入烤盘，烤箱预热到250℃，上下热烤30分钟后取出。

3. 把油和泰式鸡酱抹上鸡脾，再放入烤箱，用180℃烤10分钟即可食用。

口 水 鸡

原料：

光鸡1只（约1000克），姜蓉15克，花椒、葱白粒、熟白芝麻各10克，蒜蓉、姜块、葱节各20克，烤花生末15克，花椒油、白糖、芝麻酱各1茶匙，香油、味精各1/2茶匙，料酒、红油、米醋各2茶匙，盐、生抽各1茶匙。

制作：

1. 锅内放入各类调料，将鸡放入煮至刚熟，捞起投入凉开水中浸泡。

2. 之后在其表面涂抹香油，斩件装盘，淋上由芝麻酱、盐等调料制成的味汁，撒上熟白芝麻、烤花生末即可。

川香口水鸡

原料：

小嫩仔公鸡1只（约750克），花生30克，芝麻、辣椒油各40克，酱油30克，醋10克，蒜泥8克，盐5克，糖15克，黄酒、花椒各少许。

制作：

1. 将鸡洗净，冷水下锅，大火烧开，撇沫后立刻关小火，然后放葱、姜、花椒、黄酒，用火的程度是保持水面有一点点开就可以了，这种方法叫泡，出来的鸡非常的嫩，皮也不容易裂开。

2. 泡10分钟左右，把鸡小心的捞起来，倒一下肚子里的水，然后再泡个10分钟就成了，也可以用筷子扎大腿根试试有血水没有。熟后捞出来泡凉水，冰水更好，这样鸡皮和鸡肉非常有弹性，皮弹肉嫩，口感非常好，然后把水晾干备用。

3. 先熬制一些辣椒油备用，接着调一个汁：首先要把酱油和糖放在一起完全搅化开，白糖不化开则味道出不来，然后放醋、盐、蒜泥搅匀，最后再放辣椒油，步骤一定要分开，别上来先放辣椒油，因为油和水混在一起味道比较乱。

4. 然后把鸡剁成条，把汁浇上就可以食用。

小提示：辣椒面不用特别细的，那样熬出来的红油不清亮。

椒 香 口 水 鸡

原料：

嫩公仔鸡一只（500～600 克），生花生米 100 克，花椒粒 20 克，酱油、料酒、香油各 15 克，陈醋 8～10 克、白糖 5 克、辣椒红油适量，熟芝麻 1 茶匙，葱段、姜片和蒜片各 10 克，冰块足量，油适量。辣椒油 12 克，花椒粉 5 克，花生酱 18 克，精盐 2 克，味精 4 克，黑芝麻 5 克，油酥花生仁 18 克，冷鸡汤汁 20 克，葱 5 克。

制作：

1. 黑芝麻用锅炒香；油酥花生仁加工成碎末。

2. 将洗净的公鸡放入沸水汤锅煮至断生时捞出，待晾凉后用刀斩成 5 厘米长、1 厘米宽的条装入盆内待用。

3. 用冷开水将花生酱搅散，加精盐、味精、辣椒油、冷鸡汤汁、花椒粉、黑芝麻、油酥花生仁拌匀，调成麻辣味汁淋于鸡条上，放入葱花上桌即成。

> **小提示：** 必须选用嫩公鸡，入沸水烫时务必去掉血沫；要保持一定时间沸而不腾，待熟时就出锅晾凉。

葵 花 口 水 鸡 片

原料：

土公鸡半只，葵花仁 50 克，复制甜酱油 1 匙，鸡汤若干，芝麻酱 1 小匙，四川辣椒油、花椒、山奈、老姜、盐、料酒、味精各适量。

制作：

1. 土公鸡冷水下锅，加入花椒和山奈，再来点老姜，加点盐和料酒。

2. 大火烧开后打去浮沫，加盖，用中小火煮 40 分钟至鸡肉

全熟，捞出以后晾冷。

3. 葵花仁冷油下锅，炸至酥脆以后捞出沥干油备用。

4. 用刀砍下鸡脖子，依次砍下鸡翅膀和鸡腿，鸡胸脯用手撕开作为垫底。

5. 鸡腿去骨后用作盖面，将鸡腿肉反扣于菜板表面用片刀均匀开片，片好的鸡腿肉码放于表面。

6. 调味汁：调味碗中加入复制甜酱油 1 匙，再加入煮鸡的原汤、1 小匙芝麻酱，之后加两匙四川辣椒油。

7. 调料加齐了后拌匀即可，也可依据自己口味调入盐和味精，将调好的味汁均匀浇在鸡片上，最后加入油酥的葵花仁即可上菜。

麻辣口水鸡

原料：

小型三黄鸡 1 只，葱 1 根，姜 3 片，麻辣酱 1 袋，盐少许，花椒 15 粒，植物油 2 大匙。

制作：

1. 鸡肉洗净，斩成小块，放入姜片和葱段，加少许盐腌制片刻。

2. 另取一只干净的碗，放入麻辣酱。

3. 起锅烧热，放入植物油，油烧至七成热时，放入花椒、葱姜爆香。

4. 用滤网滤去花椒、葱、姜，将热油倒入盛放麻辣酱的碗中，调和均匀。

5. 另起锅中烧水，水沸后将鸡肉与姜葱一同倒入锅中，余烫去血水。

6. 煮到鸡肉断生，立刻关火，保持鸡肉在水中浸泡 10 分钟左右后捞出，用清水洗去浮沫，放入冷水中浸泡 5 分钟，摆盘，取第 4 步中的红油淋在鸡肉上，撒少许葱花、花生碎即可食用。

麻辣汉阳鸡

原料：

汉阳鸡1只（约1500克），熟芝麻25克，葱末15克，葱段、姜片各10克，花椒5克，白醋2小匙，普油、味精、白糖、香油、辣椒油、花椒等各适量。

制作：

1. 将汉阳鸡宰杀后煺尽毛，从腹下开膛，取出内脏，把鸡放入盆内，加上清水、白醋调匀，浸泡10分钟，再换水洗净，用竹签在表面插些细孔以便于入味。

2. 净锅置于上，放入清水、葱段、姜片、盐烧热，放入汉阳鸡煮制（水要开而不大沸，以保证汉阳鸡不破不裂）。

3. 待把汉阳鸡煮至刚熟时，端锅离火，把鸡浸泡在原汤内，待晾凉后取出。

4. 花椒放入烧热的锅内煸炒片刻，取出放案板上压成碎末，筛除粗皮，晾凉后放在小碗里。

5. 加上葱末、酱油、白糖、味精、香油和辣椒油拌匀成麻辣味汁。

6. 把汉阳鸡剁成小块，整齐地码放在盘内，淋上麻辣味汁，撒上熟芝麻，上桌即成。

> **小提示：** 麻辣汉阳鸡是四川省眉山市青神县汉阳坝的著名特产。汉阳坝盛产粮食和花生。秋收季节，沙洲上花生收获了，农家养的鸡敞放田野，听任鸡啄食田间的昆虫和刨食沙土里残留的花生。因此汉阳坝养殖的鸡特别细嫩肥美，被外面的人称为汉阳鸡。

可口麻辣鸡

原料：

鸡腿5个，花椒数粒，姜蓉、蒜蓉、葱末、香菜末、盐、鸡精、生抽、醋、辣椒酱各适量。

制作：

1. 鸡腿用白水煮熟，捞起斩块，放入大容器内。

2. 花椒用小火过热一下研成细末（市场买的花椒面、辣椒酱也可）。

3. 姜、蒜切末，放进捣蒜器内捣成蓉状，一起倒进容器内，然后将盐、鸡精、生抽、醋依次加进去拌起来（感觉太干了可以适当加点鸡汤）。

4. 调好盐，最后放入葱末和辣椒酱（喜欢重口味儿可以多加点儿），装盘后撒上香菜末即可。

原料：

熟火鸡半只，黄瓜 1 条，姜丝、酱油、醋、油辣椒、胡椒、芝麻酱、油等各适量。

制作：

1. 将火鸡撕成丝，黄瓜切丝。

2. 淋上由姜丝、酱油、醋、油辣椒、胡椒、芝麻酱、油等各类香辣调成的汁料，即可食用。

原料：

鸡半只，葱、姜、八角、桂皮、香叶、花椒粒、白芝麻、蒜末、香菜、辣椒油、生抽、盐各适量。

制作：

1. 鸡清洗干净放入锅中，加水（没过鸡），再加入生姜、桂皮、香叶，大火烧开，转小火煮 30 分钟左右。

2. 取出鸡，切片，摆入盘中。

3. 制作麻辣汁：用生抽、少许辣椒油、适量的盐和鸡精混合均匀，将麻辣汁淋在鸡肉上。

4. 锅内热油，放入蒜末、花椒粒、芝麻爆香，淋在鸡肉上，撒上香菜即可。

红 油 鸡 片

原料：

土仔公鸡的1只鸡腿，大葱、酱油、盐、白糖、花椒面、鲜汤（煮鸡的鸡汤就可以）、红油辣子等各适量。

制作：

1. 将鸡腿冷水下锅，放点姜和花椒，大火煮开转小火加盖焖煮。大约15分钟以后用筷子插入鸡腿最厚部位，如果没有血水冒出就说明好了，煮好的鸡腿晾冷后去骨备用。

2. 大葱切成马耳朵放入盘中垫底。

3. 用斜刀将鸡腿切成薄薄的鸡片放入盘中。

4. 小碗中加入酱油、盐、白糖、花椒面、鲜汤调匀后淋在鸡片上。

5. 最后淋上香喷喷红油辣子即可食用。

椒 麻 鸡

原料：

嫩公鸡1只，花椒、葱、姜、酱油、盐、味精、鸡汤、麻油各适量。

制作：

1. 将鸡宰杀去毛、内脏，洗净后放入锅内，加葱、姜块煮熟，捞出过凉，沥干水分。

2. 将煮熟的鸡剁成块，拼摆在盘内。

3. 将花椒、葱叶剁细，加上酱油、盐、味精、麻油、鸡汤调成椒麻味汁，淋在鸡块上即成。

泡椒凤爪

原料：

鸡脚 500 克，泡椒、盐、姜片、八角、花椒、料酒、白醋各适量。

制作：

1. 将鸡脚剪去指甲，剁成小块，用水浸泡半个小时，中间换几次水，以便血污析出。

2. 锅中放水，加 1 大匙盐和适量的花椒，姜片、八角、料酒，烧开，放入浸泡过的鸡脚。

3. 锅开后要不时地将浮沫撇出，约 5 分钟，筷子能轻松穿透鸡脚即可关火。

4. 将煮好的鸡脚捞出，用凉水保持小水流，不间断冲泡 20 分钟以上。

5. 冲鸡脚的过程中，将花椒和泡椒、盐倒入盆中，加适量开水泡出麻辣香味，再倒入泡椒水、姜片。

6. 再视泡椒水加入的量加入适量白醋。

7. 将冲泡好的鸡脚放入泡椒水中浸泡 2～3 小时入味即可食用。中途要搅动翻几次，以便均匀入味。

泡椒公鸡蛋

原料：

鸡肾 6 个，剁椒、胡豆瓣酱、泡灯笼辣椒、大蒜、泡仔姜、白糖、白胡椒面、葱段、老姜、料酒、盐各适量。

制作：

1. 起锅，加入清水、葱段、老姜、料酒、盐及新鲜鸡肾，用中火煮开，去除鸡肾的腥味并成熟定型。

2. 水开后转小火煮 5 分钟左右，此时切忌用大火，否则鸡肾会爆开。

3. 锅内放入油，待油温达六成时下入剁椒、胡豆瓣酱并加入大蒜、泡仔姜和葱段后炒香。

4. 加入泡灯笼辣椒、鲜汤或清水及煮好的鸡肾。

5. 再加入一点白糖、白胡椒面后烧几分钟让鸡肾入味，最后勾芡，起锅装盘。

蒜香川味鸡胗

原料：

新鲜鸡胗 250 克，小米椒 1 把，大蒜 4～5 瓣，花椒 10 粒，盐、白糖、鸡精、酱油、淀粉等各适量。

制作：

1. 鸡胗买回来后要反复仔细清洗，用刀刮去内层残留的黄色杂质，之后切成薄片，加上些许盐及适量淀粉码味。

2. 青红椒切成约一个指关节长短的段、大蒜切片备用。

3. 烧开一锅水，之后加入少许料酒，放入鸡胗片焯烫，等到水再次沸腾时捞出鸡胗，用流动的清水冲洗干净。

4. 炒锅中加热底油，约五成热时，倒入大蒜片、辣椒段、花椒爆出香味。

5. 待蒜片开始变色、辣椒表皮开始起皱时，转成大火，迅速倒入沥干水分的鸡胗，加入盐、白糖、酱油、鸡精，快速翻炒上色后即可出锅。

酸辣凉拌鸡胗

原料：

土鸡鸡胗 400 克，生姜、大葱、花椒、八角、香叶、大蒜、红椒、香菜、料酒、酱油、盐、醋、味精、白糖、芥末油等各适量。

制作：

1. 鸡胗洗净，放入锅中，加清水和大葱段、生姜片、盐、花椒、八角、香叶、料酒，大火煮开，撇去浮沫，加盖转小火煮 40 分钟。

2. 捞出鸡胗晾凉，将鸡胗切片；大蒜捣碎成泥。

3. 将蒜泥、酱油、醋、盐、白糖、味精、芥末油、香菜段、红椒丁放入切好的鸡胗中拌匀即可。

> **小提示**：鸡胗有健脾和胃作用，鸡胗中的蛋白质含量与鸡肉的蛋白质含量几乎相当，但是其脂肪含量却只有鸡肉和鸭肉的1/5，鸡胗甚至要比动物的肉还要健康一些。土鸡的鸡胗虽然价格贵，但的确物有所值。土鸡鸡胗肉质紧密而又有嚼头，香而不腻。只是煮的时间要长些，如果使用高压锅，煮20分钟即可，但高压锅不易挥发鸡胗中的异味。煮熟的鸡胗要晾凉了以后再凉拌，吃起来才爽口。

麻辣脆鸡胗

原料：

鸡胗300克，香菜1小把，洋葱半个，姜、蒜各少许，盐、花椒粉、辣椒粉、蒜蓉、姜末、酱油、醋、白芝麻等各适量。

制作：

1. 鸡胗洗净，整块下入冷水中，放入两片姜片，少许料酒，开大火煮。从鸡胗下锅到关火捞起，用时15分钟。此时鸡胗正好在"脆"的阶段。炉灶火力的大小和鸡胗量的多少不同，可能时间会有稍许差别，不过大致应该都在15分钟左右，捞起后的鸡胗放凉、切片。

2. 将盐、花椒粉、辣椒粉、蒜蓉、姜末、酱油、醋、少许糖调成汁，用少量烧滚的油浇在汁上爆香。

3. 洋葱切丝、香菜切末，与调味汁和鸡胗片拌匀，撒上白芝麻，放入保鲜盒中移至冰箱冷藏2小时后食用口感更佳。

麻辣鸡肫毛豆

原料：

毛豆250克，鸡肫10个。

调味料 A：盐 1/3 大匙；

调味料 B：辣椒蒜泥酱 1/4 杯，糖 1 大匙，香油 2 大匙。

制作：

1. 将毛豆洗净，略泡水，去除杂质，沥干后，用热水加入调味料 A 汆烫约 3~5 分钟，捞起冲冷水，待凉后捞起沥干备用。

2. 用刀子将鸡胗的杂质刮除，冲洗干净，横切片，每片厚约 0.5 厘米即可，用盐开水汆烫约 1 分钟至熟，捞起放入冷水中冲凉后，沥干备用。

3. 将毛豆、鸡胗与调味料 B 搅拌均匀，略腌 30 分钟入味，即可盛盘上桌，一次可多做一点，放入保鲜盒，置于冰箱冷藏，随时都可享用。

凉拌黄瓜卤鸡胗

原料：

实料部分：鸡胗 250 克，黄瓜 1 根，姜片 2~3 片，八角 1~2 颗，香叶 1 片；

拌料部分：葱花、蒜蓉、干红辣椒各适量；

调味料：生抽、老抽、糖、料酒各适量。

制作：

1. 鸡胗洗干净，然后在锅里加没过鸡胗的水，放入八角、姜片、香叶，放入料酒 2 匙、生抽 2 匙、老抽 1 匙，糖 1 小匙，烧开后，再用小火烧 45 分钟。

2. 黄瓜切蓑衣刀，然后再切小段，用盐腌一下，片刻后挤去些水分；干红辣椒切小圈。

3. 做拌料：锅里倒一些油，下入葱花、蒜蓉、辣椒碎煸一下，加 1 匙料酒，2 匙生抽，1 小匙糖，搅一下就可盛出了。

4. 把卤好的鸡胗切片，加入黄瓜段及拌料，再撒一些芝麻后拌匀即可食用。

麻 辣 鸡 丝

原料：

鸡胸肉 300 克，香菜 1 把，干辣椒面、盐、香油、鸡蛋饼等各适量。

制作：

1. 鸡胸肉处理干净后白水煮熟，用手撕开肉成丝，加入香菜段、干辣椒面、盐、香油、鸡蛋饼拌匀备用。

2. 锅中玉米油烧热后，倒在鸡肉丝上面，拌匀即可。

川式怪味手撕鸡

原料：

鸡胸肉 1 块（约 300 克），现熬的红油 25 毫升，糖、花椒粉各 5 克，醋、鸡汤各 10 毫升，盐 4 克，姜蓉、香葱各适量。

制作：

1. 鸡胸肉洗净后放入锅内倒进适量水，再拍块姜一同煮开，撇去浮沫，中火煮至鸡肉熟透，立刻捞出晾凉。

2. 香葱切细丝；姜剁成蓉备用；鸡胸晾凉后，用手撕成细丝。

3. 在撕好的鸡丝内，调入红油、盐、糖、醋、花椒粉、姜蓉、香葱、鸡汤拌匀即可。

> **小提示：** 撕鸡肉尽量撕得细点，用现熬的红油来拌鸡丝会更香。

香 汤 鸡

原料：

三黄仔鸡 250 克，罗汉笋 50 克，熟芝麻、料酒各 5 克，油炸去皮花生 40 克，香菜、葱段各 15 克，特制红油 80 克，青花椒油 40 克，特制汁 200 克，老姜 10 克，盐 7 克，黄酒 25 克。

制作：

1. 黄仔鸡宰杀治净，放入沸水中，加进料酒、老姜、葱段、盐、黄酒，用小火煮 2～3 分钟，离火焖 25 分钟，取出改刀成重约 15 克的大块。

2. 罗汉笋洗净，放入沸水中大火汆 1 分钟，捞出用凉水冲凉，反复操作两次，控水后摆入盘中垫底，上面放上切好的三黄鸡块。

3. 特制汁浇入盘中，淋上花椒油、红油，撒上熟芝麻、油炸去皮花生、香菜点缀即可。

小提示： 特制汁的制作：锅内放入色拉油 50 克，烧至六成热时，放入洋葱丝 80 克，大蒜瓣、香菜段各 50 克，小葱段 30 克，用小火煸炒 2 分钟至出香，放入八角 2 个、香叶 5 片、草果半个、丁香 1 颗、桂皮 5 克，用小火翻炒 1 分钟，加入鲜汤 300 克，小火熬至大蒜用手可捏成蓉时，放入酵母、银耳汤、鲜酱油、美极鲜酱油各 5 克、生抽 15 克、泰国鱼露 10 克即成。

四川椒麻鸡

原料：

鸡腿 6 只，杭椒 6 条，小米椒 1 小把（可选），青葱 3 根，香菜 3 根，生姜 1 小块，藤椒油、红油辣椒、生抽各 2 汤匙，芝麻油 1/2 汤匙，白糖 1 汤匙，盐、味精各 1/2 茶匙。

制作：

1. 将杭椒和小米椒洗净去蒂后切成圈；青葱取 1 根切成末；香菜切小段；生姜切成片备用。

2. 将洗好的鸡腿和姜片以及另两根葱一起放入锅内，倒入适量清水没过所有材料。盖上锅盖，用大火煮开后，用勺撇去表面浮沫，然后再盖盖儿以中火煮 5 分钟熄火。熄火后不要打开盖子，继续焖 10 分钟。

3.10 分钟后，捞出鸡腿浸入冰水中至完全降温，然后捞出剁小块放入大碗中。

4. 往装着鸡块的碗里调入藤椒油、芝麻油、红油辣椒、生抽、盐、味精、白糖以及切好的青椒，然后拌匀。

5. 最后再倒入切好的葱末和香菜拌匀即可食用了。

小提示：制作这道菜最关键的就是花椒油的选择，去超市买一定要买"藤椒油"，而且出产地是"汉源"的才最正宗，汉源是盛产花椒最负盛名的地方。如果不喜欢用鸡腿，也可以选整只鸡来做，最好选 500 克左右的童子鸡，煮的时间也应适当加长。煮鸡的水要用冷水，不能用热水，不然外皮熟了而里面的肉还很生，煮好的鸡浸入冷水中可使鸡肉吃起来口感爽嫩。如果不习惯吃太辣，可不添加小米椒，只单纯使用杭椒即好。

彝椒奇味鸡

原料：

土仔公鸡 1 只（净重约 1500 克），青、红小米椒、洋葱丝各 200 克，彝椒油、鸡汁、保宁醋各 20 克，酱油 10 克，味精 16 克，盐 12 克。

制作：

1. 土仔公鸡宰杀治净，入开水锅中小火煮 15 分钟至熟，取出晾凉待用。

2. 青、红小米椒剁细，分别加一半盐、味精、彝椒油、鸡汁、酱油、保宁醋调成小米椒汁。

3. 洋葱切丝垫底，鸡斩成条整齐地摆放在洋葱上，将调好的小米椒汁浇在鸡肉上，成太极形即成。

> **小提示**：彝椒油是用细长的一种植物叶提炼而成，口味似花椒油，但其味比花椒油更香，麻味软而绵长。

老成都姜汁热窝鸡

原料：

土公鸡1只，青笋2根，老姜两大块，植物油、花椒、郫县豆瓣、红苕芡粉、醋、盐、水、葱花各适量。

制作：

1. 选用鸡脖、鸡头、胸骨部分。冷水下锅，放点姜和花椒大火煮开转小火加盖焖煮15分钟后捞起，宰成小块备用。

2. 青笋切滚刀，用开水先烫一下水，捞起后沥干备用；老姜切成小粒备用。

3. 锅内下植物油烧至约五成油温时，先下花椒再下郫县豆瓣炒香出色。

4. 放入姜粒炒香，加入鲜汤1碗，没有鲜汤加清水也可，大火煮开。

5. 加入煮好的鸡块，大火烧开以后转中火继续烧，10分钟以后加入青笋块。

6. 用红苕芡粉、醋、盐、水调成芡汁勾芡。（芡汁里的芡粉多一点，浓一点）

7. 最后撒上葱花起锅。

蘸 水 鸭

原料：

土鸭子1只，绿豆芽、生菜各50克，青椒、红椒各40克，姜、葱、蒜泥、食盐、味精、醋、白糖、鲜汤、料酒、香油等各适量。

制作：

1. 土鸭子经过初加工整理后，放入沸水中汆去血污；绿豆芽汆好备用。

2. 锅置于火上，加入清水、拍破的生姜、葱段、料酒，放入汆好的鸭子，水开几分钟后，连锅端离火口，盖上盖，焖制约30分钟后捞起，晾冷备用。

3. 将晾冷的鸭子去骨整理后，片成长4.5厘米，宽2厘米大小的片备用。

4. 将生菜叶洗净放在盘上垫底，再放入绿豆芽堆在盘中间，把片好的鸭片一片压一片，重叠摆放一圈。

5. 把青椒、红椒剁成细末，用小碗加入蒜泥、食盐、味精、醋和少许白糖、鲜汤、香油调匀，随鸭片一起上桌即可。

乐山甜皮鸭

原料：

土鸭子1只（约1500克），生姜、大葱、精盐、饴糖、冰糖、料酒、花椒、八角、桂皮、小茴、丁香、草果、砂仁、草蔻、甘草、鲜汤、熟菜油各适量。

制作：

1. 鸭子宰杀后去净毛，在尾部横割开6厘米长的口子，剔出内脏，洗净后用花椒、精盐、料酒抹遍鸭身内外，将鸭子放入盆中，腌渍5～6小时。

2. 炒锅上火，放入熟菜油烧热，将冰糖砸碎放入锅中，炒至冰糖完全熔化且呈棕红色时，立即掺入适量开水搅匀，即制成糖色汁。所有的香料用洁净纱布包成香料包。

3. 煮锅内掺入鲜汤，放入精盐、料酒、糖色汁、生姜（拍破）、大葱（挽结）和香料包，用大火烧开，转用小火熬1个小时左右，即成卤汁。将腌渍好的鸭子放入，煮卤至熟。

4. 将卤熟的鸭子捞起控干水分，放入热油锅中，炸至皮酥且呈棕红色时捞出，刷上饴糖即成。

> **小提示：** 卤汁中糖色不能放得过多，以卤汁呈浅红色为宜；卤水中香料不能放得过多，否则会感到"闷人"；如饴糖浓度过大，可用适量清水稀释后再使用（稀释时须上火熬过）。如没有饴糖，可用白糖加水熬化后代替。

四川樟茶鸭

原料：

鸭子1只，樟树叶、花茶叶各20克，盐4克，味精2克，酱油10克，醋、五香粉各少许。

制作：

1. 鸭子治净；樟树叶、花茶叶分别泡水取汁，与盐、味精、酱油、醋、五香粉拌匀成汁。

2. 将治净的鸭子放入盆中，倒入拌好的酱汁，腌渍2小时，再放在烤炉中烤熟。

3. 最后切成块，排于盘中即可。

泡椒鸭肝

原料：

鸭肝350克，芹菜、泡红椒各30克，盐、味精、料酒、红油、葱花各适量。

制作：

1. 鸭肝洗净，切块，余水后捞出；芹菜洗净，切菱形片。

2. 将芹菜、泡红椒加适量凉开水、盐、味精、料酒、红油调匀成泡汁。

3. 将鸭肝置于泡汁中，撒上葱花，浸泡1天即可食用。

原料:

鸭掌 12 只（约 300 克），干辣椒 6 个，姜 1 大块，小葱 4 根，料酒、生抽各 1 大匙，桂皮 2 小块，八角 2 个，盐、鸡精、香油或花椒油各 1/2 小匙，老抽 1 小匙，油辣椒 1 小匙，花椒 30 粒。

制作:

1. 鸭掌去掉趾甲，对半斩成两段后入锅焯水，捞出后洗净，放入汤锅，加水刚好没过鸭掌即可，放入调配料干辣椒、姜、小葱、料酒、生抽、桂皮、八角，大火烧开转小火煮 20 分钟。

2. 煮熟的鸭掌再次用凉水洗净，再用凉开水泡一下备用。

3. 煮鸭掌的汤汁舀 1 大匙，和调配料盐、老抽、香油或花椒油、鸡精混合，调成调味汁。

4. 将小葱和花椒剁碎。将调味汁、葱花和花椒还有油辣椒一起放入鸭掌中搅拌均匀即可。

魔 芋 鸭 肠

原料:

熟鸭肠 500 克，魔芋丝 100 克，油酥黄豆 30 克，小葱末、盐、味精、红油、红酱油、白糖、姜汁、蒜泥、花椒粉、香油各适量。

制作:

1. 鸭肠剖开，刮净污垢油膜。

2. 将鸭肠下沸水锅中烫 2～3 分钟，捞出切 5 厘米的段备用。

3. 将魔芋丝用开水烫一下，控干水垫在盘中，鸭肠放上面，另将红油、姜汁、蒜泥、红酱油、花椒粉、糖、味精、香油在碗内调匀，淋在鸭肠上面，撒上小葱末、黄豆即成。

原料：

鸭肫5个，盐，花椒粉，麻辣粉，香叶3片，姜3片，芝麻。

制作：

1. 洗净鸭肫，撒上1汤匙的盐、少许的花椒粉、十三香麻辣粉、香叶3片、八角2个、姜3片抓匀。

2. 在高压锅里放入鸭肫，加过鸭肫一半的冷水。

3. 开大火煮3分钟，冒气后关小火再煮5分钟。

4. 由于东西少，压力一会就消失。打开锅盖取鸭肫，切片。

5. 滴点香油，或其他个人喜欢的东西。

原料：

广东烧鹅500克，蕨根粉、芥蓝各50克，酥花生碎、香菜叶各10克。郫县豆瓣50克，豆豉30克，高汤800克，香料（八角5克，花椒10克，小茴香3克，砂仁、香叶各2克，紫草、山柰、草果、草豆蔻各1克），芝麻10克，色拉油50克。

制作：

1. 蕨根粉洗净，放入50℃的温水中浸泡30分钟；芥蓝洗净，放入沸水中大火汆1分钟，捞出控水待用；郫县豆瓣剁成蓉。

2. 锅内放入色拉油，烧至六成热时，放入郫县豆瓣、豆豉、香料，用小火煸炒5分钟至出香，放入高汤，用小火熬10分钟，出锅后过滤制成麻辣口水汁。

3. 将发好的蕨根粉垫入盘底，再放上斩成重约10克的烧鹅，淋上麻辣口水汁，用芥蓝围边，撒上芝麻、花生碎、香菜叶点缀即可。

红 油 鹅 肠

原料：

鹅肠300克，盐3克，醋8克，红油适量。

制作：

1. 鹅肠治净，切段后入沸水汆熟，捞出装盘。

2. 加入盐、醋、红油拌匀即可食用。

老干妈拌鹅胗

原料：

鹅胗200克，豆豉、芽菜、红油、味精、熟芝麻、盐、姜、葱、料酒各适量。

制作：

1. 鹅胗去底板，切成花，用盐、料酒、姜、葱码味。

2. 芽菜洗净汆熟过冷水挤干水分备用。

3. 锅置火上，放入水烧沸，下鹅胗花煮熟捞起。

4. 盘内放芽菜，摆上熟鹅胗花。

5. 调味碗内放豆豉、红油、味精，拌和均匀，淋在鹅胗花上，撒上芝麻即成。

> **小提示：** 在码味时可以加入适量料酒、焯烫的水里加入适量姜片、葱段都是很好地去腥办法。

萝卜干拌鹅肫

原料：

鹅肫200克，萝卜干50克，盐2克，辣椒酱5克，红油适量，葱、熟芝麻少许。

制作：

1. 鹅肫治净，切片后放入沸水中煮熟，捞出装盘；葱洗净，切成葱花。

2. 鹅肫加入萝卜干、盐、辣椒酱拌匀，淋上红油，最后撒上葱花、熟芝麻即可。

豆瓣鹅肠

原料：

鹅肠 400 克，绿豆芽 100 克，豆瓣 50 克，植物油 20 克，大葱 10 克，姜 5 克，料酒 15 克，大蒜（白皮）5 克，盐 3 克，醋 15 克，味精 1 克，红油（辣椒油）10 克。

制作：

1. 将鹅肠用盐、醋等反复揉匀洗净，划开，用刀刮去油筋，切段。

2. 绿豆芽择洗干净，豆瓣剁细备用。

3. 锅置于火上，加入清水、姜片、葱段、料酒煮开。

4. 下入鹅肠段焯水捞出，沥干水分，摆入盘中备用。

5. 绿豆芽焯水，捞出沥干水分垫底。

6. 取 1 碗，放入豆瓣、油、蒜泥、味精、鹅肠拌匀，倒在绿豆芽上，淋上红油，撒上葱花即可。

> **小提示：**鹅肠虽脆爽，但略带点韧，若以适量食用碱水腌过，使其本质略变松软，然后灼熟进食，则爽脆程度大增，口感极好。煮鹅肠时间不宜太长，断生即可，以免过老影响口感。

第四篇 素菜类

热 菜

麻 辣 烫

原料：

重庆火锅底料（或麻辣烫底料）30克，干辣椒10个，花椒15粒，八角1枚，老姜10克，大蒜2瓣，牛肉丸5个，鱼丸5个，鱼豆腐4块，豆腐泡5个，火腿肠2根，鲜香菇6朵，金针菇100克，生菜1棵，生抽、料酒各15毫升，白糖5克，植物油30毫升，盐适量，清水1000毫升，竹签若干。

制作：

1. 将生菜、金针菇和香菇洗净；大蒜拍破；老姜切片。

2. 竹签洗净，将牛肉丸、鱼丸、鱼豆腐、豆腐泡、火腿肠、香菇分别用竹签串好。

3. 锅中倒入油，放入花椒、干辣椒、八角用小火炒出香味，放入拍破的大蒜和姜片炒香。

4. 放入火锅底料煸炒1分钟出红油后，倒入清水，放入料酒、生抽、白糖和盐，搅匀后盖上盖子，转小火煮10分钟。

5. 将串好的丸子、豆腐泡等食材放入锅内煮熟，最后放入金针菇和生菜煮熟即可。

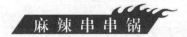

麻辣串串锅

原料:

豆皮 100 克,海带、油豆泡各 50 克,鸡胗 5 个,土豆 3 个,菠菜 1 把、魔芋粉、香菇各 40 克,重庆火锅底料 1 份,葱、姜、蒜、糖等各适量,生抽、黑胡椒粉、料酒、鸡精各少许。

制作:

1. 准备好自己喜欢的所有食材并全部切好,千张和油豆皮切宽条。

2. 锅中烧开水,加入少许盐,放入竹签煮上 5 分钟,捞出洗净备用。

3. 另一个锅中也烧开水,放入海带焯烫,鸡胗也用开水焯烫一下备用。

4. 将所有食材用竹签串好备用。

5. 炒锅中少倒一些油,放入火锅底料,小火炒至火锅底料融化出香,加入适量的高汤或者清水。

6. 加入葱、姜、蒜和适量的料酒。

7. 再加入少许生抽、白糖,加入少许的黑胡椒粉和鸡精。

8. 大火煮上 10 分钟,煮出香味。

9. 把串好的食材放入一个小锅中,将煮好的汤汁倒入,把小锅和酒精炉一起上桌,随吃随煮即好。

麻辣素香锅

原料:

娃娃菜 150 克,菠菜、金针菇各 60 克,干豆腐、粉丝结、香菇丸等各 50 克,花生碎、芝麻、葱、姜蒜各适量,火锅底料 1 份,糖少许。

制作:

1. 娃娃菜、菠菜、金针菇洗净;干豆腐切细丝,都焯水一下。

2. 锅里多放油，将葱、姜、蒜爆香，放入火锅底料炒化，再放少许糖，接着放娃娃菜、菠菜、金针菇、干豆腐丝、粉丝结炒一会儿出锅。装盘后，撒上花生、芝麻即可。

麻辣洋芋片

原料：

洋芋400克，菜籽油、盐、白糖、辣椒油、花椒油、味精、麻油、葱花等各适量。

制作：

1. 洋芋刨皮洗净，切成薄而完整的片，放入清水中浸泡、漂净淀粉，清洗干净捞出，沥干水分。

2. 锅中烧菜籽油至五成热，将洋芋片放入炸制，待呈金黄色、酥脆时捞出沥干控油。

3. 将辣椒油、花椒油、盐、白糖、味精、麻油放入拌盆中搅散，投放洋芋片拌和均匀，盛出装盘撒上葱花即成。

麻辣薯丁

原料：

中型马铃薯2个，辣椒粉、孜然粒、黑胡椒粉、盐、白糖、色拉油等各适量。

制作：

1. 马铃薯去皮，切成1厘米见方的小块，放入水中煮5分钟，捞出控水。

2. 取一个空碗，放入薯丁，放入适量的盐、辣椒粉、黑胡椒粉、白糖和少许色拉油，搅拌均匀并按摩一下，腌制10分钟。

3. 取平底锅洗净，擦干水，大火烤热，期间取一张锡纸，平铺一层，将腌制好的薯丁倒入少许色拉油（最多1汤匙），搅拌均匀，用锡纸包好，放入平底锅中，小火烤制10分钟，打开锡纸，翻动一下，继续烤10分钟，取出，撒上孜然粒即可食用。

小提示：薯丁的大小，1厘米见方为好，太小容易糊，太大不易熟。薯丁稍煮一下，去除淀粉更易烤熟。用平底锅烤时要打开吸油烟机；小火烤制，中途翻面，便于烤熟。假如没有锡纸，也可以直接在平底锅底部刷少许油，小火煎熟，再大火烤干，烤好之后可以试一下味道，假如味道不够，可以撒一些辣椒粉、黑胡椒粉、盐和白糖等调料，也可以搭配番茄酱、沙拉酱等食用。

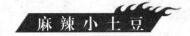

麻 辣 薯 片

原料：

土豆2个，辣椒粉1大匙（可依个人喜好增减），花椒粉半勺，盐、味精各适量。

制作：

1. 土豆切极薄的片，用清水冲洗净表面的淀粉后沥干水分。

2. 锅中放油烧至六成热，下土豆片，用中大火炸至呈黄色后，改中小火继续炸至呈金黄色，离火。

3. 用漏勺沥干油分。

4. 盛入碗里，放盐、味精、辣椒粉、花椒粉拌匀即可食用。

麻 辣 小 土 豆

原料：

小土豆250克，辣椒面、花椒面、孜然各1匙，糖、盐、鸡精等各适量，油15毫升。

制作：

1. 将小土豆洗净，沸水中放入少许盐，将土豆放入沸水中煮15分钟左右至软，用牙签能从土豆中间穿过即可，捞出土豆沥干水分备用，如果觉得土豆太大的话可以切对半。

2. 锅中放入一匙油，将煮好的土豆放入，煎至金黄。

3. 按口味放入辣椒面、花椒面、孜然、糖、鸡精，翻炒均匀即可。

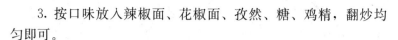

原料：

土豆若干，植物油 500 克，小葱、大蒜、花椒面、辣椒面、盐、味精、鸡精，孜然粉等各适量。

制作：

1. 土豆切成土豆条，小葱切成葱花，大蒜拍烂切成渣。

2. 用大火将植物油烧热，将切好的土豆条倒入锅中用油炸，注意翻炒，不然会糊，待熟后，将土豆条放入一个汤盆中，放入大蒜、小葱、花椒面、辣椒面、盐、味精、鸡精、孜然粉等各种调料拌好即可食用。

原料：

土豆 500 克，辣椒面、五香面、花椒油、盐等各适量。

制作：

先把土豆洗净去皮，切成滚刀块，再上锅蒸熟，然后拌入辣椒面、五香粉、花椒油、盐，装盘拌匀即可食用。

原料：

主料是粉丝 2 把，白菜叶 3 片，肉沫适量；配料是郫县辣椒酱、蒜末、葱花、盐、生抽、糖、植物油各适量。

制作：

1. 白菜切丝；葱切片；蒜切成碎末备用。

2. 油热后用葱花爆香，加入肉沫划散开，开始变色即加生抽、1 匙郫县辣椒酱和少许白糖，搅匀。

3. 倒入白菜丝，盐少放或者不放，翻炒几下加入水和白菜齐平，再加入粉丝。

4. 大火烧开后，再煮 5 分钟稍许收汁，撒上蒜末扒拉几下即可出锅。

> **小提示**：粉丝煮的时间太长会碎会断，所以要拿捏好时间，熟了就闭火。

麻 辣 藕 片

原料：

莲藕 1 根，酱油、醋、辣椒油、花椒粉、食盐、鸡精、姜末、蒜末、小葱末等各适量。

制作：

1. 把藕洗净、切片，大概 8 厘米厚。

2. 烧开水后，将新鲜的莲藕在水里烫一下，千万不能煮熟，不然藕片将失去爽脆的口感，变得绵软。

3. 稍烫后捞出沥水晾干，将酱油、醋、辣椒油、少许花椒粉、食盐、鸡精、姜末、蒜末、小葱末一起拌匀，洒到藕片上，盖上盖子，上下抖动，腌制半小时后入味即可食用。

麻 辣 酸 甜 藕 片

原料：

莲藕 1 根，花椒粒、干红尖椒各 1 小把，八角 1 个，大葱半棵，生姜数片，大蒜 6 瓣，红油两汤匙，醋、生抽、老抽各 1.5 汤匙，白糖 1 汤匙，植物油、盐适量，味精少许。

制作：

1. 莲藕切片，在沸水中焯一下捞出，浸泡在水中；葱切段；姜蒜切片。

2. 锅内烧油，油热了改小火，放入姜、葱、蒜炒出香味。

3. 放入花椒粒和小尖椒、八角，继续炒出香味。

4. 藕片沥干水，放入锅内。

5. 烹入红油、醋、生抽、老抽、白糖、盐，加半碗水，翻炒 3～5 分钟。

6. 到汁收浓时加入少许味精，出锅即可。

> **小提示**：莲藕容易发黑，所以要浸泡在水中。调料的比例依个人喜好调整。炒辣椒和花椒时一定要小火，否则会炒焦。红油和老抽都是为了更好的上色。翻炒的时候要注意，藕很脆，小心变成碎渣。

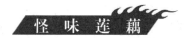

原料：

莲藕 500 克，调料干淀粉 30 克，色拉油 750 克，麻辣红油 30 克。

制作：

1. 莲藕去皮后洗净，改刀切成厚约 0.2 厘米的片，放入清水中浸泡 30 分钟。

2. 将浸泡后的藕片取出，控水后拍上干淀粉，放入烧至五成热的色拉油中小火浸炸 2 分钟后出锅。

3. 锅内留油 20 克，烧至六成热时，放入麻辣红油，小火煸炒出香，放入炸好的藕片小火翻炒 3 分钟后出锅即可。

原料：

豆腐 250 克，郫县豆瓣酱 30 克，青蒜或蒜苗 1 小把，姜 1 小块，酱油 5 克，辣椒粉 2 克，水淀粉、花椒粉各少许。

制作：

1. 豆腐切块，水烧开后撒少许盐，放入豆腐块煮 1～2 分钟捞出。

2. 豆瓣酱切碎，青蒜切段，姜切末备用。

3. 重新起锅烧油，油热后，倒入豆瓣酱炒香，加姜末、辣椒粉。

4. 加水煮开后，倒入豆腐块以及酱油、盐、青蒜段炒匀。

5. 水淀粉勾芡后即可出锅，盛出后撒上花椒面。

麻辣凉拌豆腐干

原料：

烟熏豆腐干适量，小葱 3 棵，生抽、辣椒油各 3 匙，陈醋 1 匙，盐、花椒油、味精少许。

制作：

1. 先将豆腐干用温水洗洗，多洗几遍，然后用开水烫几分钟，然后切薄片。

2. 小葱切成葱花备用。

3. 将葱花、生抽、陈醋、盐、味精、花椒油、辣椒油等放入切好的豆腐干中，拌匀即可食用。

罗勒麻辣肉豆腐

原料：

水豆腐 6 块，猪肉碎 300 克，指天椒 10 条，罗勒（九层塔）200 克，香芝麻少许，蒜 10 瓣，盐、酱油、蚝油、麻油、食油各适量。

制作：

1. 冲洗水豆腐后，抓碎控干水；指天椒切碎，蒜剁成蓉。

2. 热锅烧油，煸香蒜蓉，加盐后，将猪肉碎放入，炒 6~7 分熟。

3. 放入水豆腐碎，一起翻炒 5 分钟。

4. 倒入 1/3 杯水后，添加酱油、蚝油、麻油各少许。

5. 再投下九层塔（罗勒）一同翻拌焖煮透味。时间拿捏要不超过 10 分钟。

6.盛入盘中，撒下指天椒碎和香芝麻即可食用。

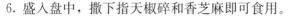

鸡汁麻辣豆腐干

原料：

老豆腐1块，豆瓣酱、葱、姜、花椒、大蒜瓣、干辣椒、青红椒、老抽、生抽、盐、白糖、椒盐粉、鸡汤、食用油等各适量。

制作：

1.豆腐切成薄片；蒜切末；姜切片；葱切葱花。

2.锅中放入食用油，放入豆腐，煎至两面金黄，捞出沥油备用。

3.另起锅放入少许油，再放入花椒、蒜片、葱白、姜片爆香，接着放进干辣椒和豆瓣酱，炒出红油后，放入煎好的豆腐块，再放鸡汤2大匙。

4.放入青红椒炒一小会儿，放入老抽、生抽、白糖、盐，再撒少许椒盐，煮一小会儿，等豆腐块把鸡汤吸的差不多了，即可出锅。

麻辣冻豆腐

原料：

冻豆腐2大块，猪绞肉200克，蒜苗1根，辣豆瓣2大匙，甜面酱、糖、姜末、蒜末、白醋、香油各1大匙，辣椒粉1小匙，花椒粉1/2小匙。

制作：

1.冻豆腐切正方块；蒜苗切斜片备用。

2.热一油锅，将猪绞肉及姜末、蒜末炒香，放入辣豆瓣、甜面酱、辣椒粉一起焖炒，再加入约1碗的水、糖及步骤1的冻豆腐，以小火烧至汤汁收干时，放入蒜苗及香油略微拌炒一下即可食用。

麻辣豆腐丝

原料：

干豆腐丝 100 克，干红辣椒、蒜各 50 克，酱油、盐各 30 克，糖、熟芝麻各 20 克。

制作：

1. 将干豆腐丝用水泡开，洗净，整理成长短适中的段儿；蒜拍碎。

2. 锅内放油烧热，放入豆腐丝和盐，之后加酱油，转至小火，用筷子轻轻翻动，直到均匀上色即可盛出备用。

3. 锅内放油，将蒜末和干辣椒炒出香味后放入刚刚炒好的豆腐丝，翻炒几下，撒上熟芝麻，即可盛出装盘。

麻辣五香豆干

原料：

白豆腐干 300 克，植物油 50 克，干红椒、新鲜红辣椒、葱花、蒜蓉、八角、花椒粉、熟芝麻、高汤、盐、老抽、高汤等各适量。

制作：

1. 白豆干放入油锅内小火慢煎，油量稍多为好，煎至金黄则翻面。

2. 煎完豆干后，浇适量高汤。

3. 加入八角、胡椒粉、老抽及水，加盖，中火焖煮至汁水收干，关火，盛起。

4. 做五香卤料（调味汁）：少量油烧热，放入干红辣椒、红辣椒、蒜蓉爆香。

5. 加少量水，放入适量盐、花椒粉、生抽，煮沸即可。调味汁浇淋到煎好的豆干上，撒上葱花和熟芝麻，拌匀即可食用。

小提示：如果不吃辣，也可不放辣椒，做成原味五香豆干；另花椒粉也可用花椒替代，在油中爆香，麻辣味更浓郁；五香卤料可按口味添加更多香料。

麻辣臭豆腐

原料：

香菇4朵，绞肉150克，臭豆腐8块，姜1块，蒜8颗，鸭血2块，葱2根，辣椒粉、鸡粉、料酒各1小匙，花椒、辣油、糖各1大匙，辣椒酱、香油、酱油膏各2大匙。

制作：

1. 将臭豆腐洗净；香菇切丝；姜切末；鸭血先切成大块，氽烫后捞出沥干水分备用。

2. 锅中倒入香油和一部分辣油，以小火烧至温热，先放入绞肉煸炒至松散，再放入香菇丝炒香后，倒入辣椒酱炒香，再加入辣椒粉和花椒炒香。

3. 加入适量的水、姜末、蒜末、葱段、鸡粉、酱油膏、剩余的辣油、臭豆腐、酒、糖和鸭血，以大火煮开，再转小火煮约50分钟至入味即可食用。

小提示：臭豆腐以质地较软的较易入味，另外先放入冷冻中冻成蜂窝状再烹煮也会比较容易入味；鸭血买回来后，需立刻泡入冷水中并移至冰箱冷藏，才不会使口感变渣；烹煮时麻辣酱汁需完全盖过食材，才能均匀入味；烹煮辣口味的料理时，不可加入太多盐，否则会使味道变苦；麻辣臭豆腐煮越久越入味、好吃，若时间足够可用小火慢慢炖煮1小时以上会更加美味。

麻辣乳香玉如意

原料：

豆芽菜 300 克，韭菜 100 克，蒜末、腐乳、糖、白胡椒、辣油等各适量，盐少许。

制作：

1. 锅内烧水至沸滚，下入豆芽菜、韭菜氽烫，捞起备用。

2. 将腐乳、糖，辣油（不吃辣不放可）、盐调匀为调料汁。

3. 起油锅，下入蒜末爆香后，将处理过的豆芽和韭菜下锅并将调料汁倒入，快速搅拌，撒点白胡椒粉，起锅装碟即可食用。

麻 婆 豆 腐

原料：

豆腐 500 克，瘦猪肉 200 克，小葱 30 克，郫县豆瓣酱、姜、蒜、酱油、食用油、淀粉各适量，花椒粉、味精、盐、白糖各少许。

制作：

1. 豆腐切小方块；姜、蒜拍碎切成末；小葱切成葱花。

2. 猪肉切成末；淀粉调成芡汁。

3. 锅中放入油，开火烧热后下入肉末、姜末、蒜末和豆瓣酱，炒香。

4. 加入适量清水和酱油、盐、白糖、味精，放入豆腐轻轻翻炒片刻。

5. 大火烧开后，转为小火，盖上盖子焖烧 5 分钟。

6. 兑入芡汁，撒入葱花和适量花椒粉，略翻炒一下即可出锅。

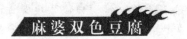
麻 婆 双 色 豆 腐

原料：

豆腐 300 克，鸭血 100 克，生姜少许，葱、蒜末、豆瓣酱、油渣、肉末、糖、酱油、醋、盐各适量。

制作：

1. 油烧热，放入一小把花椒炸出香味，捞出渣滓不用。

2. 另起一锅，放入少许生姜、葱、蒜末煸出香味，加入豆瓣酱、少许油渣和肉末煸出红油。

3. 略调入糖、一丁点酱油和一丁点醋翻炒，尝下咸淡，放入适量的盐，略炖即可。

四 川 豆 花

原料：

黄豆500克，大米1把，碱水（市面上现在卖的少了，需仔细找）适量，蒜蓉、姜末、生抽、酱油、醋、四川红辣椒、辣椒油、花椒粉、鸡精、小葱、香油等适量。此外还需预备榨汁机和过滤布。

制作：

1. 黄豆加上1把大米用温水浸泡2小时，将黄豆泡涨。

2. 清洗黄豆和大米混合物，再加入适量温水，加入搅拌机中搅碎，越细越好，加了大米搅拌后出来的豆花很嫩很白很滑。

3. 滤布最好也用白色的，孔越细越好，把豆汁慢慢过滤到干净的容器里。

4. 选一个大铁锅，不是煮汤那种，最好是广口铁锅，这样后期加碱水的时候更均匀。将滤过的豆汁全部倒入锅中，大火烧开，此时出来的就是豆浆了，立刻转小火，拿勺子舀一小匙碱水绕圈式的缓慢划过锅面，一次划2～3小匙，然后等待、观察，这个时候豆汁会开始出现豆花的絮状物了，越来越多，立刻关火，否则豆花就老了，直接用漏勺盛入容器中。

5. 调料：碟子中按个人口味加入蒜蓉、姜末、生抽、醋、四川红辣椒和辣椒油、花椒粉、鸡精、小葱末、香油形成蘸料。

6. 夹取豆花蘸调料即可食用。

小提示：点化碱水一定要慢，少量多次，随时观察豆花凝集的情况。烧开后火一定要用文火。

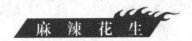

麻辣花生

原料：

花生米300克，干辣椒2把，花椒2汤匙，花生油7汤匙，盐适量，孜然粉1茶匙，五香粉、细辣椒粉各1/2茶匙。

制作：

1. 锅里烧足量的清水，水开后，马上将花生米全部倒进去，30秒后花生皮皱了，马上捞出来，用大拇指和食指一颗颗搓掉花生皮。

2. 干辣椒用水洗一下甩干，然后剪成丝。

3. 在没有水分的冷锅里倒花生油（千万不能用菜油），然后放入花生仁，用中小火不断翻炒。

4. 待锅内花生仁颜色变深，发出香气，铲动时会发出清脆的响声时盛出，晾凉。

5. 锅里留一汤匙底油，让它冷却，然后把花椒放进去，让油粘满，静置5分钟。

6. 开小火，炒香花椒后，再放入干辣椒炒香。

7. 下入炸好的花生仁，调入盐、孜然粉、细辣椒粉和五香粉，继续用小火炒1分钟后即成。

小提示：花生用开水烫的时间不能太久，否则花生就软了。剥皮是一件费时的功夫，最好将花生仁捏成两半更入味。炒花生仁时要用中小火、冷锅冷油。花生仁不亦炒过火，盛出后还有大量余热，容易让花生仁变糊。花椒用油稍微浸一下，更能释放香麻味。如果不能吃太辣的就少放点辣椒。做好的麻辣花生密封放上两天，味道更浓，但不能粘水。菜油用来

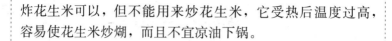

炸花生米可以，但不能用来炒花生米，它受热后温度过高，容易使花生米炒煳，而且不宜凉油下锅。

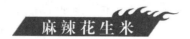

原料：

生花生米 300 克，菜油 150 毫升，干辣椒 10 条，花椒 10 粒，盐、八角粉、熟芝麻各适量。

制作：

1. 花生用冷水泡 3 分钟沥出，放盐和八角粉腌 5 分钟。

2. 炒锅置于中火上，倒入油，冷油即放入花生米，快速翻炒 4～5 分钟；加干辣椒后快炒 2 分钟，再加花椒炒一分钟。当花生仁开始变浅黄色，立即铲出并沥干油装盘，撒上熟芝麻。待花生凉冷后再食用味道更佳。

原料：

花生米 500 克，莴笋 1 根，八角、桂皮、小茴香、甘草、盐各适量。

制作：

1. 花生米浸泡 8 小时，锅中加进足量的水，再加入花生、八角、桂皮、甘草和小茴香开火煮。

2. 煮开后约 20 分钟关火，盖盖儿，原汤浸泡 30 分钟，捞出沥水，拌上盐腌制约半小时。

3. 花椒油、辣椒油、花椒粉、生抽、醋和糖拌匀备用。

4. 花生中加入所有调味汁，莴笋切小粒煮熟后过凉水，一起拌入花生中即可。

麻 辣 花 枝

原料:

花枝 300 克,甜豆、玉米笋各 60 克,蒜末、姜末各 10 克;

调料 A:辣椒酱、酱油膏、米酒各 1 大匙,细砂糖 1/4 小匙,水 50 毫升;

调料 B:太白粉水 1 小匙,香油 1 大匙。

制作:

1. 花枝洗净、切花切片,放入滚沸的水中余烫约 10 秒钟后捞出,沥干水分。

2. 甜豆及玉米笋洗净、切小块备用。

3. 热锅,倒入 1 大匙沙拉油,以小火爆香蒜末、姜末以及辣椒酱,炒香后加入步骤 1 的花枝片、步骤 2 的甜豆、玉米笋块以及调味料 A,以大火拌炒约 30 秒后,用调料 B 的太白粉水勾芡,再洒上香油拌匀即可食用。

手撕麻辣包菜

原料:

包菜半棵,干辣椒、花椒、蒜片、盐和鸡精各适量。

制作:

1. 包菜洗干净后,用手撕成比手掌心略小的块,一定要手撕。

2. 干辣椒用剪刀剪成 2 厘米长的小段;大蒜切片备用。

3. 锅中油热后,倒入花椒、干辣椒和蒜片,爆出香味后倒入包菜,略微翻炒几下,加盐和鸡精后,翻炒几下即可出锅。

麻 辣 青 菜

原料:

青菜 400 克,盐、鸡精、干辣椒、花椒等各适量。

制作：

1. 将青菜用开水焯一下，焯水的时候，加点油可以保持菜的翠绿。

2. 将青菜捞出沥干水分，加入适量的盐、鸡精。

3. 锅中倒油，放入干辣椒、花椒炸香后，将干辣椒和花椒捞干净后，倒入青菜即可。

原料：

甜不辣 400 克，干辣椒 60 克，葱 2 根，花椒 10 克，小黄瓜 1 条，油少许，盐 1/4 茶匙，细砂糖一茶匙，蚝油 1/2 茶匙。

制作：

1. 小黄瓜切滚刀块；葱切段备用。

2. 取一炒锅，烧热后加入少许油量，将甜不辣以小火煎香脆沥出。

3. 原锅中放入干辣椒、花椒以小火略炒后，放入小黄瓜略炒 30 秒，加入调味料、作法 2 的甜不辣、葱段一起继续炒 30 秒即可出锅。

原料：

苦瓜 1 条，火鸡皮少许，青葱 2 根，红椒 1 个，姜 1 小块，酱油、糖、醋、白胡椒粉、花椒油各适量。（调匀备用）

制作：

1. 苦瓜切薄片，用清水漂去苦瓜的咸苦味，入滚水焯一下，再放入凉水降温，以保持其清脆口感。

2. 火鸡皮切成手指宽的条状；姜切丝，与酱油、糖、醋、白胡椒粉、花椒油等调料调匀备用。

3. 青葱、红椒切丝。

4. 热锅，放植物油 1 小匙，煸炒辛香材料出香味。

5. 再投入鸡皮丝爆炒 10 秒左右，烹入料酒少许。

6. 然后放入苦瓜及调料，翻炒几下即可出锅。

麻辣金针菇

原料：

金针菇 400 克，胡萝卜半根，青椒 1 个，花椒油、辣椒酱、蒜末、葱花、生抽、盐等各适量。

制作：

1. 将胡萝卜、青椒洗净，均切成细丝；蒜切末。

2. 将金针菇去根洗净；胡萝卜放在沸水中烫一下，放在盆内摊开晾凉，待冷却后挤去水分。

3. 起锅、热油，放入蒜末爆香，再放青椒丝、金针菇、胡萝卜丝翻炒 30 秒。

4. 下入生抽、花椒油、辣椒酱、盐等炒匀，撒上葱花即可装盘。

麻辣海带

原料：

海带 200 克，麻辣汤底 600 毫升，牙签适量。

制作：

1. 海带先以清水冲洗干净，再以牙签固定备用。

2. 取一只锅，加入麻辣汤底，煮至滚沸后，放入步骤 1 的海带，改转小火卤约 5 分钟即可熄火，捞起备用。

3. 食用前，切成小块状，再放入加热后的麻辣汤底中，烫约 5 秒即可。

麻辣魔芋

原料：

盒装魔芋 1 盒，辣椒面、花椒各 1 小把，酱油、白糖、青红椒等各适量。

制作：

1. 魔芋用清水冲洗干净，或者按照包装要求进行焯烫；青红椒切丝备用。

2. 锅中加热，放入少许油，爆香花椒后倒入沥干的魔芋翻炒几下，加入少许盐入味。

3. 之后加入 1 匙量的酱油，让魔芋上色和增加香味，再加入辣椒面 1 匙、白糖 1 小匙，翻炒均匀，倒入青红椒丝，拌匀后加入半小碗水，将火转成大火，收干汤汁后即可出锅。

> **小提示：**魔芋，也有人称为蒟蒻。它同芋头同属一个家族，是一种低热量、高纤维素的传统食品。是糖尿病病人和体胖减肥者的理想食品。主要功效：排毒、减肥、通便、洁胃、疾病防治、平衡盐分、补充钙等等。未经过加工的魔芋口感涩麻，不能直接食用，必须用开水焯烫，保证卫生和安全。

麻辣蚕豆

原料：

蚕豆 500 克，香葱 2 棵，生姜 1 小块，花椒、白糖各 1 小匙，食用油 30 克，辣椒粉 1 大匙，精盐、味精各 0.5 小匙。

制作：

1. 将嫩蚕豆洗净沥干；葱、姜切成末。

2. 锅内放油，烧热，投入葱、姜末煸出香味时，加入蚕豆翻炒均匀，再加精盐、白糖、水、辣椒粉，继续炒 1 分钟左右，加进味精、花椒炒匀即可出锅。

> **小提示：**用清水将蚕豆泡开后再炒，吃起来更有韧性。

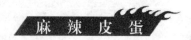

麻辣皮蛋

原料：

皮蛋 4 个，黄甜椒 50 克，辣椒、碧玉笋、花椒粒 20 克，葵花籽油 1 大匙，辣椒酱 1/2 大匙，盐少许，细砂糖 1/4 小匙，辣油 1 小匙。

制作：

1. 黄甜椒洗净、切片；碧玉笋、辣椒洗净切段备用。

2. 取一锅加水，将皮蛋放入，煮至水滚沸后捞出，待凉去壳切块，并蘸上太白粉，备用。

3. 坐油锅，至油温烧至约 160℃时，放入步骤 2 的皮蛋块油炸 1~2 分钟，捞出沥油备用。

4. 热锅倒入葵花籽油，以小火炒香花椒粒后，捞除部分花椒，放入步骤 1 碧玉笋段、辣椒段爆香，再放入步骤 3 的皮蛋块和所有调味料拌炒均匀入味，最后倒入太白粉水勾芡即可。

麻辣蜇头皮蛋

原料：

海蜇头 250 克，葱 2 根，姜 3 片，蒜 4 粒，皮蛋 3 颗，太白粉适量。糖、香油各 1 小匙，辣椒酱、冬阴功酱各 1 大匙，料酒少许。

制作：

1. 先将葱切丁，蒜切末，姜切丝；海蜇头放入水中浸泡去除咸味后，切成小块，再洗净挤干水分备用。

2. 取 1 个碗，加入辣椒酱、冬阴功酱、糖、料酒和香油拌匀，成为调味酱备用。

3. 皮蛋剥壳后先切为 4 瓣，再将切面上蘸上太白粉后略放一会儿至反潮，再放入烧热至 150~160℃的油锅中炸至定型后，起锅沥油备用。

4. 锅中烧热 1 大匙油，先爆香姜、蒜、调味酱和葱，再放入皮蛋和海蜇头快速拌炒均匀即可出锅。

> **小提示**：太白粉也可用地瓜粉取代，海蜇头大约需浸泡 3～5 天。

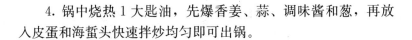

麻辣什锦汇

原料：

火锅底料 1 份，小蘑菇 100 克，剁椒 45 克，郫县豆瓣酱 30 克，花椒 10 克，老姜 1 块，蒜 1 头，干红辣椒 10 只，橄榄油 30 毫升，香油 5 毫升，高汤 800 毫升，青菜椒、红菜椒各 1 个，菜心 5 棵，白菜、西兰花各 50 克，海白虾 5 只。

制作：

1. 蒜去皮洗净；老姜切片；小蘑菇去根洗净；青、红菜椒、白菜洗净切成 2 厘米宽的条；西兰花洗净掰成小棵；菜心洗净整棵备用。

2. 大火烧热炒锅中的橄榄油，至七成热时，先放入花椒略煸，再放入蒜、姜片、干红辣椒、郫县豆瓣酱和剁椒一起翻炒，再把火锅底料掰成小块放入炒锅内，由于火锅底料容易炒焦，这时要改成小火炒至出香味。

3. 加入高汤熬 10 分钟，放入小蘑菇和海白虾煮 5 分钟，再放入切好的青、红椒、菜心、西兰花和白菜略煮 5 分钟关火，淋上香油即可盛入碗中。

> **小提示**：这道菜的关键在于底料的炒制，底料要炒出香味再倒入高汤。炒好麻辣底料后，可根据自己的喜好放入各种食材。

麻辣蔬菜锅

原料：

冻豆腐 200 克，菠菜 150 克，大虾 100 克，香菇、姜片、葱段、盐、鸡精、辣椒和花椒各适量。

制作：

1. 准备好所有食材，冻豆腐化开；菠菜洗净切段；大虾处理干净。

2. 砂锅放入适量水后，放入冻豆腐煮开，开锅后放入姜片、葱段和香菇。

3. 再次开后放入大虾。

4. 大虾变色后放入菠菜，调入适量的盐和鸡精，即可离火。

5. 换炒锅，炸香辣椒和花椒，然后泼在蔬菜锅上面即可。

农家麻辣山鲜

原料：

小竹笋 200 克，水发木耳 150 克，水发香菇 100 克，鲜红辣椒 25 克，干红辣椒 5 个，蒜 5~6 瓣，花椒 20 来颗，八角 2 个，姜末、郫县豆瓣、盐、菜油适量，糖、味精少许。

制作：

1. 将竹笋斜切薄片；木耳稍微切碎；香菇切细条；鲜红辣椒切细节；干红辣椒去籽剪成节；郫县豆瓣剁蓉；蒜切薄片。

2. 炒锅中放入 5~6 汤匙菜油，慢慢加热，加热过程中放入鲜红辣椒、干红辣椒、豆瓣酱、蒜片、姜末、花椒和八角，慢慢翻动至油变热。

3. 加入笋片、木耳和香菇一起用中火翻炒 7~10 分钟，至水分变干只剩下红油。

4. 根据豆瓣酱的咸度加入适量的盐、糖和少许味精，翻炒均匀出锅。

5. 出锅后马上吃的味道不是最好，放入玻璃容器密封，至少存放过夜后让菜都被油浸泡过以后吃味道更佳。

原料：

尖椒 8 个，大蒜 3 瓣；调料汁：酱油、醋、白糖各 1 汤匙，盐 1/2 茶匙。

制作：

1. 尖椒洗净去籽，擦干水，大蒜切末，调味汁混合均匀。

2. 煎锅放油，中火至四成热，排入尖椒，不时翻面并用锅铲轻按，使每面都煎成表皮起皱后离火。

3. 取 1 炒锅中火加热，倒少许油，四成热时放入蒜末煸至出香。

4. 倒入调料汁翻炒至沸腾，放入尖椒翻炒入味，待汤汁收浓即可出锅。

小提示：不想换锅的，煎好辣椒后盛出来，直接用煎锅煸蒜末就行；想更省事的，辣椒快煎好时，直接放入蒜末煸炒，再加调料汁煨辣椒也行。

香辣折耳根

原料：

折耳根（即鱼腥草）500 克，芹菜段（长 3 厘米）75 克，味精、盐各 5 克，淀粉、红干辣椒各 30 克，鸡蛋液 50 克，香油 8 克，花椒籽 10 克，姜丝 10 克，红油 20 克，色拉油 750 克。

制作：

1. 将折耳根洗净，切成长 8 厘米的段，控水后，将折耳根裹上鸡蛋液，然后再拍上淀粉。

2. 锅内放入色拉油，烧至六成热时，放入折耳根小火浸炸 2 分钟，取出后再放入烧至八成热的色拉油中，再用小火浸炸 1 分钟后取出，控油。

3. 锅内留油 15 克，烧至七成热时放入红干辣椒、花椒籽、姜丝大火煸炒出香，再放入炸好的折耳根、芹菜段大火翻炒 2 分钟后，加入盐、味精、香油调味，出锅前翻淋红油装盘即可。

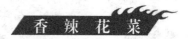

香 辣 白 菜

原料：

白菜半棵，麻辣香锅的底料适量，肉少许，盐和酱油各适量。

制作：

1. 白菜横着切丝，白菜帮子可以切的细一点，便于炒熟，叶子可以切宽一点。

2. 准备一点麻辣香锅的底料，想吃肉的可以再切点瘦肉丝。

3. 点火，锅热少放油，然后把麻辣香锅的底料放进去，煸炒后，把白菜帮子放进去，翻炒几下再放白菜叶子。

4. 菜炒到一定时候，放盐和少许酱油即可出锅。

> **小提示：** 白菜容易出汤，最好先把白菜洗好控水备用。

香 辣 花 菜

原料：

花菜 1 颗，带皮五花肉 150 克，红辣椒数只，蒜瓣数颗，孜然 1 大匙。

制作：

1. 花菜改刀掰成小朵；五花肉切厚片；红干椒切段；蒜瓣拍扁。

2. 五花肉撒少许盐、酱油、淀粉使劲抓匀备用。

3. 坐锅多烧点油，放入五花肉片滑散开盛出。

4. 余油放入蒜瓣和干椒段，以小火慢慢煸香，转大火放入花菜爆炒。

5. 给花菜调进盐味，拌入肉片，加 1 大匙清汤煨几分钟，喷酱油，撒孜然和鸡精就可以食用了。

> **小提示**：此菜油要多些，用滑过肉的油炒花菜会更加香；煸蒜瓣、辣椒时不能大火，否则容易糊；花菜不要炒久了，大火炒断生即可，脆脆的很好吃！

香辣洋葱圈

原料：

洋葱、鸡蛋各 1 个，麻辣炸粉 1 包，植物油适量，

制作：

1. 洋葱去掉外皮、洗净，横切成 0.5～0.8 厘米左右厚度的洋葱片。

2. 将切好的洋葱片，轻轻整理开成洋葱圈；全蛋打散。

3. 锅内放入植物油适量，待油热后，用筷子夹洋葱圈在蛋液里蘸一下，再放到麻辣炸粉里裹上一层粉，放入锅内，小火炸至金黄即可。

> **小提示**：洋葱圈很容易炸熟，如果油温太高了，可以关掉火，用余热来炸制。

香辣海带丝

原料：

海带丝 200 克，红椒 1 个，小红辣椒 1 个，干辣椒 3 个，麻辣花生 30 克，生抽 1/2 小匙，醋 1 小匙，辣椒酱 1 袋，糖适量，盐、香油各少许。

制作：

1. 海带丝洗净、切段；红椒去籽、去蒂、切细丝；小红辣

椒和干辣椒切碎；麻辣花生切碎。

2. 锅中烧水，水开后放入红椒丝，焯烫几秒钟后捞出，迅速放入冷水中浸泡，待冷却后捞出沥干。

3. 再将海带丝放入沸水中焯烫 2 分钟捞出浸入冷水中，待冷却后捞出沥干。

4. 将海带丝和红椒丝混合，加入生抽、醋，再加入糖和盐。

5. 另起锅，倒入少许油，油热后，放入辣椒酱和辣椒碎爆香，味溢出后放入花生碎。

6. 充分炒匀后即可关火，趁热将辣椒花生碎和热油一起倒入海带丝中，再加入少许香油，充分拌匀即可。

酸辣土豆丝

原料：

土豆丝 500 克，小红干辣椒 30 克，醋 10 克，辣椒酱 15 克，大蒜、生姜、葱各 10 克。

制作：

1. 把土豆去皮切丝，边切边用冷水浸泡土豆丝以去掉淀粉，可以让土豆脆，如果想配点青椒或者红椒也都需要切丝。

2. 大蒜、生姜切丝；大葱切段。

3. 热一油锅，放入小红干辣椒、花椒、大蒜、生姜、大葱段爆香。

4. 放入土豆丝翻炒，然后加入盐、醋，如果喜欢味精的，关火以后放入，最后加点小葱。

> **小提示：**煸炒过程中淋些水，以防土豆丝炒干、炒老。应挑选表面光滑、不伤不烂、无虫眼、无病斑、个体较大的土豆。因土豆皮下的汁液富含蛋白质，所以削土豆时，只需削掉薄薄的一层皮，不要多削。

酸辣魔芋豆腐

原料：

魔芋 400 克，酸菜 200 克，小米椒 1 个，生姜 1 块，芹菜 2 根，香葱 1 根，花椒 10 粒、盐、鸡精各 1 茶匙、芝麻辣椒油两匙、白糖半匙、郫县豆瓣酱 1 大匙、食用油适量。

制作：

1. 酸菜洗净切细；芹菜、葱白、生姜切丝；葱切葱花；小米椒切圈；魔芋洗净切片后，用开水焯两分钟取出备用。

2. 锅内放油烧热，下入花椒炒香，再加入小米椒及姜丝、葱白，小火炒出香味。

3. 加入郫县豆瓣酱，放入半勺白糖炒香。

4. 注入适量开水，用大火烧开，改小火熬煮 10 分钟。

5. 加入魔芋、盐翻炒均匀，用大火煮 2 分钟。

6. 下入酸菜及芹菜丝煮开，小火再焖煮 10 分钟。

7. 撒入香葱及鸡精提香。

8. 装盘后淋入芝麻辣椒油即可食用。

酸辣回锅豆腐

原料：

豆腐 1 块，葱段若干，郫县豆瓣酱、生抽、香醋、白糖、盐、鸡精等各适量。

制作：

1. 将豆腐放在案板上切成小块。

2. 烧锅倒油烧热，下入切好的豆腐炸至金黄色，捞出。

3. 接着，锅内留适量的底油，下入炸好的豆腐，加入适量的郫县豆瓣酱，再加清水煮开。

4. 然后加适量的生抽、香醋、白糖、盐以及鸡精调味煮开。

5. 最后，煮至汤汁快要收干时，放入葱段即可出锅。

原料：

魔芋 300 克，笋丝 250 克，剁椒 2 大匙，蒜蓉、葱花少许（葱花分成葱白和葱绿两部分），老抽 1 大匙，醋、糖、盐各 1 小匙，香油几滴，水淀粉适量。

制作：

1. 把魔芋和细笋分别用凉水泡一会儿，洗净，魔芋切条；笋切成丝。

2. 准备好蒜蓉和葱花。

3. 把各类调料除了香油和淀粉以外全部调成味汁。

4. 坐锅热油，等油冒烟以后加入蒜蓉、剁椒和葱白炒香。

5. 再加入魔芋和笋丝快速地翻炒几分钟，然后加入味汁翻炒均匀，再调入水淀粉，变得稍微粘稠以后，再撒上葱绿搅拌一下就可以关火。

6. 最后再滴上几滴香油即可出锅食用。

> **小提示：**葱花和葱白要分开放。

原料：

白菜 350 克，红尖椒、青尖椒各 10 克，辣椒（红、尖、干）、大葱、豌豆淀粉、白醋、香油各 5 克，姜、盐各 3 克，味精 2 克。

制作：

1. 将干辣椒切块；葱切段；姜切成细丝。

2. 青、红辣椒去蒂、籽，切菱形片；将白菜去叶，留颈部，改成 0.3 厘米厚的抹刀片。

3. 锅内加少许底油烧热，依次放入葱花、姜丝、干辣椒、青红辣椒片。

4. 爆香后加入白醋，然后迅速将切好的白菜放入锅内。

5. 加入精盐和味精翻炒，勾芡，加少许香油，出锅即成。

原料：

麻辣萝卜罐头半罐，香菇 3 朵，红萝卜少许，花椰菜半棵，蒜末 1/2 大匙，盐与水各适量。

制作：

1. 将花椰菜切成小朵洗净沥干；红萝卜切片；香菇切丝，全部准备好备用。

2. 水煮沸加入少许盐，放入花椰菜、红萝卜余烫至熟后，捞起冲凉备用。

3. 起油锅，放入蒜末爆香，依序再加入香菇、花椰菜、红萝卜及麻辣萝卜，翻炒均匀后，加入少许盐及水，略煮一下使其入味，即可盛入盘中食用。

原料：

包菜 1 个，上好五花肉 100 克，大蒜 1 头，青蒜 100 克，豆油 15 毫升，花椒 15 粒，白醋或糯米香醋 5 毫升，白糖 2 克，蒸鱼豉油 15 毫升，盐、葱、姜、干红椒（深红色，辣度较低的那种，自行切开去籽）适量，料酒、鸡精少许。

制作：

1. 将包菜剥成一片片后，用淡盐水泡 15 分钟洗净，用手撕成 5 厘米大小的块状，粗大的杆、茎要和叶子分开；大蒜洗净切片；五花肉切片，放 2 毫升蒸鱼豉油先入味；青蒜择好后，洗净，切斜刀。

2. 将撕好的菜放入加了盐和油（几滴即可）的开水锅中焯

一下，菜一变色就立刻捞出，迅速用冷水冲凉，将水分完全沥干。

3. 准备葱、姜、蒜、辣椒和花椒等调料。

4. 热锅凉油，放入花椒煸香后将其取出。

5. 放入辣椒煸炒一会儿后，放入葱、姜和蒜煸香，再放入五花肉翻炒。

6. 五花肉略变色，往锅边烹上料酒，待料酒出香味后，放入糖和蒸鱼豉油，继续翻炒半分钟。

7. 放入控干水分的包心菜翻炒均匀。

8. 加醋，翻炒1分钟关火，放盐和鸡汁调味，将菜放入干锅中，点上固体酒精继续加热，边加热边食用。

> **小提示：**干锅包菜烹饪可以根据自己的喜好，喜欢脆的可以少炒一会儿。如果用干锅的话，菜炒到即将出汤的时候就关火，然后再放盐和鸡汁或鸡精调味。为了使菜炒出来显得更绿、口感更脆，焯水时间不要长，焯水后要迅速用冷水冲凉。做干锅包菜尽量少用酱油，用蒸鱼豉油比用生抽味道更好。

干锅土豆片

原料：

土豆2个，色拉油1大碗、青椒3个，红椒2个，葱、姜、蒜各适量，郫县豆瓣1茶匙。

制作：

1. 将土豆切片，放清水里洗去表面的淀粉，控水，用厨房纸擦干土豆表面水分。青椒切丝；红椒切圈；葱切丝；姜切末；蒜切片。

2. 坐锅点火倒油，待油七八成热时放入土豆片，炸至金黄色捞出。

3. 锅中留少许底油，大火爆香葱、姜、蒜，倒入土豆片翻炒，加入青椒红椒，再加郫县豆瓣、少量盐（因为豆瓣咸）、一点点热水和少许鸡精，关火，再撒一点香葱出锅即可。

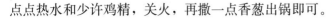

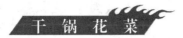

干　锅　花　菜

原料：

五花肉 150 克，花菜 500 克，油、盐适量，姜 3 片，蒜 6
粒，桂皮 1 小段，小葱、八角、蒸鱼豉油、胡椒、香菜等各适量。

制作：

1. 将清洗后的花菜撕成小块，放入加了盐和少许油的开水
中焯一下。

2. 水再次开后将花菜倒出沥干水分。

3. 将五花肉切成厚度适合的薄片，准备好蒜瓣、姜片、八
角、桂皮，切好小葱段等调配料。

4. 在烧热的锅中加入适量的油，凉油放入五花肉煸炒。

5. 五花肉煸炒变色后加入蒜瓣、姜片、八角、桂皮等，用
中小火慢慢煸炒。

6. 五花肉中的油脂煸炒出来后，五花肉已微微发焦，开大
火，加入花菜继续翻炒。

7. 翻炒至花菜表面微微发黄时，加入盐和胡椒调味。

8. 再加入蒸鱼豉油继续翻炒，出锅前加入小葱段，翻炒均
匀即可起锅装盘，中间点缀点香菜叶。

干　煸　豆　角

原料：

豇豆 500 克，肉馅 300 克，虾米 25 克，榨菜末 20 克，葱
末、姜末、蒜末、酱油等各 5 克，糖 7 克，精盐 10 克，香油、
醋各 3 克，味精 1 克，水、油各 50 克。

制作：

1. 豇豆摘除两头及筋，洗净沥干备用；虾米泡软剁两下。

2. 锅中放入食用油，七八成热时放入豇豆炸黄，再取出把

油沥干。

3. 锅留底油，加热后放入葱、姜末、肉馅、虾米末、榨菜末炒翻，最后倒入炸过的豇豆干煸出香味，并淋下酱油、糖、精盐、水、香油、味精、醋，继续翻炒至汁干即可出锅。

原料：

鲜雪笋 400 克，调料红油 100 克，高汤 300 克，精盐 2 克，酱油 1 克，味精、花椒油、葱花各 5 克。

制作：

1. 鲜雪笋剥去外皮，切成针状细丝后，放入清水中浸泡 30 分钟以去除异味。

2. 将浸泡好的笋放入沸水中，用大火汆 1 分钟，取出用凉水过凉，再放入沸水中汆半分钟，取出过凉，一共汆水 3 次后装盘成型。

3. 锅内放入色拉油，烧至七成热时，放入红油、高汤、精盐、味精、酱油，花椒油调味，出锅淋在雪笋上，撒上葱花即可食用。

> **小提示：** 笋一定要浸泡在水中去除异味及苦味，浸泡好的笋汆水后每次都要用凉水过凉，否则烹调出的笋口感会不脆爽。

虎 皮 青 椒

原料：

尖椒（选择个头较大、肉质较厚的青椒）200 克，油、生抽、醋各 15 毫升，盐、鸡精、糖各 3 克。

制作：

1. 将青椒洗净，去籽去蒂，一分为二待用。

2. 炒锅放火上烧热，不放油，将青椒放入煸炒，要不时翻炒让青椒均匀受热，并且要用炒勺不断按压青椒，目的是将水分炒出，使其变蔫。煸炒至青椒变软、表面发白有焦煳点。

3.青椒变蔫时，倒入油一起翻炒，再加入酱油和盐翻炒。之后加入醋、糖和鸡精，炒匀即可。

> **小提示：** 青椒要选择个头较大、肉质较厚的，并根据口味选择"不辣"、"微辣"或者"巨辣"的品种。在加入油以后，动作要快，将调料炒匀即可，不然青椒会过蔫。

翡翠金条

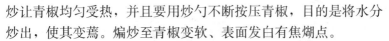

原料：

蒜薹 150 克，小馒头 4 个，干红椒 50 克；调料：盐 5 克，鸡精、姜、葱各 3 克，吉士粉 10 克，花生油 50 克，花椒 20 克。

制作：

1.小馒头改刀成筷子粗、约 5 厘米长的条，先浸一下水，粘上吉士粉，下入六成热的油中，用小火炸成金黄色；干红椒切 2 厘米长的段备用。

2.锅放底油，烧至六成热时，下入干红椒、姜、葱、花椒，中火煸炒出麻辣味，下入馒头条及蒜薹，加入盐、鸡精大火翻炒约一分钟，翻炒均匀即可出锅。

> **小提示：** 炒制时间不能过长，以保证馒头条和蒜薹脆嫩。

沙茶酱爆花枝

原料：

花枝 1000 克，西芹 600 克，红萝卜 40 克，黑木耳 50 克，葱段 30 克，蒜末、姜末、辣椒末各 20 克，牛头牌麻辣沙茶酱 2 大匙，牛头牌鲜味鸡晶、米酒各 1 小匙，香油和盐各少许。

制作：

1. 花枝洗净切片状；西芹、红萝卜去皮切片；黑木耳洗净切小片备用。

2. 将花枝片过一下沸水，捞起沥干备用。

3. 热锅倒入 2 大匙油，放入葱段、姜末、辣椒末、蒜末爆香，再放入步骤 1 的西芹片、胡萝卜片及黑木耳片炒匀。

4. 再加入步骤 2 的花枝片与所有调味料，炒至入味即可出锅。

孜然烧烤大拌菜

原料：

干豆腐 100 克，黄瓜、蟹肉丸（或鱼丸）、青椒各 80 克，香菜、孜然烧烤料、芝麻、糖、醋、盐、麻辣油等各适量。

制作：

1. 将蔬菜洗净，黄瓜拍成块；青椒去掉蒂和辣椒籽儿，掰成小块；香菜切成段，放入容器中备用。

2. 把干豆腐切成粗条；蟹肉丸（或鱼丸）切成小块。

3. 锅内放油，油热后，将孜然烧烤料（油和烧烤料稍微多放些）、芝麻加入，翻炒至香味出来。

4. 把干豆腐和蟹肉丸（或鱼丸）放入，接着翻炒。

5. 待炒至入味后，趁着热度倒入步骤 1 事先准备好的放青菜的容器中。

6. 加入少许麻辣油、盐，根据烧烤料的咸淡程度适量放入糖、醋（依据个人口味，喜欢酸甜口味的可多放点），用筷子搅拌均匀即可食用。

糖 醋 藕 片

原料：

藕 400 克，姜末、葱末、八角、花椒、白醋、白糖、酱油、鸡精、盐等各适量。

制作：

1. 藕洗净去皮，切成薄片。锅内加入清水烧开，将藕片下水焯3～5分钟，使藕片基本是半成熟，捞出沥干备用。

2. 将白醋2匙、白糖2匙、酱油大半匙、鸡精、盐一并加入小碗，搅拌均匀备用。

3. 另起一锅，加入适量的花生油，一并加入八角、花椒，点火加热，待油烧至七八成热时，再加入姜末，油爆3～5分钟，再加入事先准备好的一半葱末（另一半留作出锅用），油爆3～5分钟，之后将藕片下锅快速翻炒，同时加入事先调好的调味汁。

4. 调味汁下锅后，快速均匀翻炒，等锅内汤汁收尽时，再将剩余的另一半葱末加入锅内，再翻炒均匀即可以出锅了。

> **小提示：** 做这道糖醋藕片时，不需要再加淀粉，因为藕本身就含有一定量的淀粉，即使在焯水之后还是会有粘的感觉，再加上在糖醋藕片的做法过程中，还需要再加入白糖，收汁后很容易挂到藕片上的。

凉　　菜

红油绣球三丝

原料：

红皮萝卜半个、青笋半根、豌豆粉丝50克（也可以用任何荤菜或素菜自由搭配），盐、糖、白醋、味精、红油各适量。

制作：

1. 萝卜开片是第一关键，厚薄一定要切均匀，开片以后码好，匀速下刀切出均匀一致的萝卜丝（青笋也同样切成丝）。

2. 将盐、糖、白醋、味精放入萝卜丝和青笋丝里调味，静置几分钟。

3. 粉丝煮软，冲凉以后滤出，挤出多余水分，将过长的粉丝掐断并装盘垫底，将调味以后的萝卜丝和青笋丝挤干水分。

4. 挤干水分以后的双丝装入红酒杯中（装好以后轻压，以便成型）

5. 轻轻将成型后的双丝抖在粉丝上面。

6. 将红油淋在三丝上面就可以食用（不吃辣的朋友也可以用芝麻油或葱油代替红油）。

原料：

小黄瓜 5 根，大蒜 3 瓣，盐 3 克，花椒 10 粒，白糖、辣豆瓣酱 5 克，辣椒油 15 克，醋 10 克，香油适量。

制作：

1. 小黄瓜洗净、擦干，去除两端，切滚刀块装入碗中，撒入盐拌匀，腌渍 20 分钟；大蒜切片备用。

2. 用冷开水将小黄瓜冲洗一下，捞出并擦干水，再放入大碗里。

3. 将大蒜片、花椒粒及所有调料全部放进大碗中拌匀，再腌制一会儿即可食用。

麻辣凉拌海带

原料：

海带丝 300 克，粉丝 100 克，胡萝卜半根，香菜末、蒜末、盐、酱油、醋、白糖、炒熟的芝麻、花椒、干红辣椒丝、葱末、姜末、香油、菜油各适量。

制作：

1. 把海带丝泡好洗干净，粉丝煮好，胡萝卜切丝。

2. 将 3 大匙蔬菜油放入锅中烧热，放入花椒，炸成花椒油，取出花椒关火，放入干红辣椒丝炸香，然后放入葱末。

3. 把海带丝、粉丝和胡萝卜丝放入大钢盆里，加入适量盐、酱油、醋、白糖、（糖与醋比例为 2∶1）、香菜末、蒜末、炒熟的芝麻、姜末、一点香油搅拌，再将炸好的已经凉了的油放入凉拌菜里继续搅拌，直到滋味进入食材里面，洒上炒熟的芝麻即可食用。

麻辣红萝卜干

原料：

红萝卜、香菜、辣椒油、花椒末、麻油、盐、醋、白糖等适量，酱油、味精等少许。需要工具为：两根筷子、细棉线。

制作：

1. 红萝卜洗干净，架在两根筷子上。

2. 菜刀垂直于菜板，与红萝卜保持 45 度角，斜着切下去，切的过程中，保持筷子始终在红萝卜下面，这样红萝卜不会被切到底。

3. 直接把红萝卜翻个面，同样的切法，再从头到尾切一遍，像小时候做的纸制手工拉篮一样，红萝卜就被切成像螺旋弹簧状的又不会切断开的样子。

4. 用细棉线套住头部前几层红萝卜的位置，打结，挂起来。

5. 大概需要 8～10 天的时候，红萝卜干就晾到差不多了。

6. 取下来冲洗一下，再用清水泡 5～10 分钟。

7. 略挤干水，撕成小块，加上所有的调料，拌上香菜就可以食用了。

麻辣萝卜丝

原料：

萝卜 500 克，辣椒油、香油各 1 汤匙，酱油 10 克，盐、味精、花椒油各适量。

制作：

1. 将萝卜洗净，切成细丝，用少许盐将萝卜丝拌匀，腌 5 分钟左右，将水挤干，把萝卜丝放入盘中待用。

2. 将酱油、辣椒油、香油、盐、味精、花椒油倒在一起勾兑成调味汁，浇在萝卜丝上，拌匀即可。

香辣脆嫩豆腐

原料：

嫩豆腐 1 块（约 250 克），香菜 1 把，麻辣榨菜 20 克，麻油适量。

制作：

1. 嫩豆腐切小块，放入热水锅内水煮开即捞出装盘。

2. 在豆腐上放上香菜，再加麻辣榨菜和麻油调味即可食用。

凉拌鱼香茄子

原料：

茄子 1 根，泡辣椒和泡姜共 30 克，白糖、香醋各 1 匙，大蒜、菜籽油、盐各适量。

制作：

1. 茄子改刀后放入蒸锅蒸 8 分钟。蒸好后的茄子夹出晾凉，将冷却后的茄子沥干水备用。

2. 菜坛子中捞点泡辣椒和泡姜，与大蒜一起剁细（比例依次为 4∶3∶3），装碗备用。

3. 菜籽油烧到 8 成油温以后淋在剁细的料上，趁热加入 1 匙白糖，再加入 1 匙香醋（糖醋比例依据自己喜好口味调整）

4. 依据自家口味适当加盐，加入葱花以后拌匀将鱼香汁浇在茄子上面。

第五篇　主食小吃类

四川担担面

原料：

拉面 300 克，花生碎 100 克，酱油、芝麻油（香油）、红油、蒜泥各少许，白糖 1～2 茶匙，香醋、香葱末、芝麻酱各适量。

制作：

1. 将水烧开，放入拉面煮熟，捞入碗内，用凉开水过凉，这样拉面就不会粘连在一起了。

2. 将所有的调味料在碗里调匀，将煮熟的面条捞进盛入调味料的碗中，搅拌均匀，洒上香葱末即可食用。

> **小提示：**很多人在煮面条时习惯先将水烧开，再放入面条。其实，这种做法既费时又不易将面条煮熟。因为干面条进入沸水后的短时间内，面条表面迅速软熟，形成一层"隔膜"保护层，阻止沸水再深入干面条内部，造成了"硬心"面。正确的煮法是：在煮面的水沸腾前 2～3 分钟将干面条放入锅内，使干面条有一个被水渗透的机会，待水渗透干面条后，煮面水也沸腾起来，面条很快就会被煮熟了。

四川菜丝凉面

原料：

干荞麦面条 450 克，酱油、芝麻油各 50 毫升，米醋、白糖各1汤匙，辣椒油1/2茶匙，红柿椒1个，青葱230克，胡萝卜2条。

制作：

1. 取1个大锅加水烧开，水里加一点盐，放入面条，煮至面条咬起来软硬适度。捞出面条过一下冷水，然后沥干水，放大碗里待用。

2. 在1小碗里，将酱油、芝麻油、醋、糖和辣椒油放一起搅匀。

3. 红柿椒切细丝；青葱2/3切葱花；1/3切细丝；胡萝卜切细丝备用。

4. 将调料倒入装有面条的大碗，用筷子将面条和调料充分拌匀。盖上碗，放冰箱冷藏2小时，或最长可达24小时，偶尔拌一下。

5. 将拌好的面条拿出来，在室温下升温。加入余下的酱油和芝麻油拌匀。然后再加红椒丝、葱花和一半量的胡萝卜丝拌匀。

6. 吃前将绿的葱丝和橙红色的胡萝卜丝撒在面条上装点即好。

老成都浓汤海味面

原料：

干鱿鱼200克，剔骨肉100克，水发笋子、干香菇、淡菜、金钩各适量。鸡油、老姜、胡椒粒、盐各少许。

制作：

1. 干鱿鱼洗净后用温水发透（大概5个小时），发透以后将鱿鱼切小块下锅。

2. 水发笋子洗净、用开水煮透，切好后也下入锅中（水发笋子可以与玉兰片互换）。

3. 淡菜和金钩洗净，用温水发透后处理干净后同时下锅。

4. 干香菇洗净后用温水发透，切块以后下入锅中。

5. 新鲜剔骨肉洗净后，氽透，切小块下锅。

6. 最后加入老母鸡的鸡油、老姜、胡椒粒，开大火烧开，打去浮沫后用大火烧1小时，以后改小火煨2小时左右（以剔骨肉熟软为度），此时汤汁只有起初的一半左右了，加入适当的盐，海味臊子做好。

7. 将海味臊子浇在煮好的面条上，老成都浓汤海味面即可食用。

麻辣荞麦凉面

原料：

荞麦面条200克，胡萝卜半根，黄瓜一根，酱汁包括：麻酱一大匙，麻辣火锅蘸酱一袋，醋、海鲜酱油各一匙，盐一小匙，干辣椒、植物油各适量。

制作：

1. 烧水煮沸，放入面条煮熟。

2. 捞出面条过两遍凉水，滤出水分，备用。

3. 将各类酱汁材料充分混匀，如果较干，可以加少量水。

4. 热锅倒入一定量植物油，烧至七成热，放入干辣椒，炸成辣椒油，浇至酱汁上。

5. 将调制好的酱汁拌入荞麦凉面，充分拌匀。黄瓜和胡萝卜切丝，拌入凉面内即可食用。

蚝油麻辣笋丝荞麦面

原料：

荞麦面200克，小嫩笋、豆干各30克，牛肉麻辣酱、蚝油、盐、油、鸡精等各适量。

制作：

1. 豆干洗净切丝，小嫩笋撕开洗净。

2. 锅中倒油，加入牛肉麻辣酱煸香后，放入干丝嫩笋翻炒片刻，加入适量的蚝油和盐，再翻炒片刻即可加入鸡精装盘。

3. 锅中放水，大火煮开后，放入荞麦面和适量的盐，煮熟后，加入鸡精即可盛出。

4. 将面条盛入碗中后，放上刚刚炒的麻辣笋丝，再放上点牛肉酱即可食用。

荞面鸡丝

原料：

熟鸡肉 50 克，荞面 100 克，盐 2 克，酱油、醋各 10 克，味精、芥末油各 1 克，辣椒油、冷鲜汤各 20 克，芝麻油、葱花各 5 克。

制作：

1. 荞面煮熟晾凉，装入盘中；熟鸡肉切丝，放于荞面上；小葱洗净切成葱花。

2. 盐、酱油、醋、味精、芥末油、辣椒油、芝麻油、冷鲜汤调匀成芥辣味，淋在鸡丝荞面上，撒上葱花即成。

小提示：掌握好味汁酸辣度及芥末的用量。

宜宾鸡丝凉面

原料：

粉细面条 200 克，绿豆芽、熟鸡丝、陈醋、白糖、花椒粉、红油、盐、味精、芝麻酱、鲜汤、酱油、香油等适量。

制作：

1. 将粉细面条下锅煮熟捞出，放入麻油，抖散制成凉面。

2. 绿豆芽择根洗净汆熟，放入碗底。

3. 调好怪味汁，怪味汁由陈醋、白糖、花椒粉、红油、盐、味精、芝麻酱、鲜汤、酱油调成。具体程序是：先用鲜汤把芝麻酱调散，然后加酱油和醋，再之后把盐、糖、味精化散，最后加入红油、花椒面，还可加点香油提香。

4. 将凉面置于碗内，然后放上熟鸡丝，倒入怪味汁即成。

> **小提示**：煮凉面不宜过硬，调好怪味汁。

正宗宜宾燃面

原料：

鲜切面 200 克，碎米芽菜肉末、油炸花生米、芹菜末各 50 克，葱花、熟油、辣椒、大蒜、醋各 10 克，香油 20 克，酱油、花椒粉各 15 克，糖 5 克，味精适量。

制作：

1. 将油炸花生米放入保鲜袋中，用擀面杖将其擀碎；蒜切成蒜末。

2. 锅中加水烧沸，下入面条煮至刚断生，用漏勺捞起，用筷子压在上面固定住面条，另一只手握牢勺柄，用力甩干面条的水分。

3. 将面条盛入盘中，倒入香油拌匀，使面条互相不粘连，加入花生碎、蒜末及其他所有调味料拌匀即可。

> **小提示**：宜宾燃面好吃的秘诀：面条最好用手擀面或者是切面，最好别用挂面，影响口感，调料的用量依照个人口味酌情添加。

宜宾小吃千张面

原料：

臭千张 1 张，面条（碱面最好，在宜宾叫做"水叶子面"）350 克，高汤（大骨头汤或者鸡汤都行）、小葱、香菜、鲜莴笋叶、盐、味精适量。

制作：

1. 锅内放油，油温四成热时，放入葱丝、千张段，关小火，用油略煎。

2. 倒入高汤，中火熬煮。

3. 千张比较耐煮，多煮一会儿，一般要煮至千张变软，发酵后的豆制品特有的鲜香味出来，放入盐与味精，千张汤就制作好了。

4. 另取一锅，水开后，将细面下入，汤一开后即捞出。

5. 放入莴笋叶子烫熟，和面一起捞入碗中。

6. 浇上一匙煮好的千张汤，洒上小葱和香菜碎，鲜香扑鼻，清淡爽口的宜宾千张面就做好了。

> **小提示：** 宜宾千张面中最好吃、最精华的部分在于那碗千张汤，味道奇香、鲜美无敌，只有吃过的人才能懂得个中滋味。

麻 辣 面

原料：

面粉 250 克，豆瓣酱、虾皮、花椒、红辣椒、油、葱、香菜、肉、青辣椒、盐、醋等各适量。

制作：

1. 面粉、盐、油加适量水揉成面团（要稍硬些），用压面机四档压成面片，再用刀切成宽面片。

2. 水烧开后下入面片，待面片浮起，烧一个滚儿就捞出过凉水，盛入碗中。

3. 将青辣椒切丁，肉切丁，香菜切末，再准备好葱花、豆瓣酱、红辣椒、花椒、虾皮等材料。锅内放入少许油，将红辣椒和花椒炸熟，捞出放凉碾成末。用底油继续加肉丁、青椒、葱花、豆瓣酱炒出香味，加入适量水（如果有高汤最好）烧开。

4. 最后加盐、虾皮、香菜、辣椒和花椒末，倒入面片碗内即可，喜欢醋可多加些。

麻　辣　面　线

原料：

红面线 600 克，蚵仔 400 克，猪大肠 1200 克，姜片 3 片，葱段 30 克，菜脯 300 克，豆豉、蒜末各 20 克，沙拉油 2 大匙，小辣椒一条，高汤 3500 毫升，水 600 毫升；

调料 A：酱油 2 大匙，冰糖 1/2 小匙，米酒 1 大匙；

调料 B：盐 1 小匙，鸡粉、冰糖、酱油。

制作：

1. 烧一锅滚沸的水，将红面线放入沸水中氽烫约 5 分钟即捞出，泡入冷水中浸泡至红面线冷却，捞出沥干水分备用。

2. 猪大肠洗净后，放入沸水中氽烫约 10 分钟，捞出冲洗干净，备用。

3. 另取一锅，放入步骤 2 的猪大肠、水、姜片、葱段及调味料 A，以小火炖煮约一小时即熄火，将猪大肠继续浸泡在卤水中，待冷却取出切小段，备用。

4. 菜脯洗净切细；小辣椒切丁备用。

5. 热一油锅，放入 2 大匙沙拉油烧热，以小火爆香蒜末及小辣椒丁，再放入豆豉及作法 4 的菜脯，炒至香味四溢即为麻辣配料。

6. 另取一锅，倒入高汤煮至滚沸，放入作法 1 的红面线煮至汤汁再次滚沸，加入调味料 B，再以太白粉水勾芡，续入作法 3 的猪大肠段，以小火煮约 5 分钟即可起锅，食用时依个人嗜辣程度添加麻辣配料即可。

麻　辣　肉　丝　面

原料：

面条 200 克，肉丝 50 克，淀粉、酱油、辣椒、香油、味精、盐、四川榨菜各适量。

制作：

1. 肉丝用淀粉和酱油搅匀，备用。

2. 调汁：碗里倒点酱油、香油，放些辣椒、味精、盐及四川榨菜。

3. 水烧开，下入面条，用凉水点 3 个开，捞出面条盛碗。

4. 将腌好的肉丝用快火炒出来，这样炒出来的肉鲜嫩可口。

5. 将肉丝直接放进面碗里，撒上葱花，浇上调好的料及热鸡汤即可食用。

原料：

牛肉 1 块，盐少许，料酒 2 匙，面条一人份，麻辣香锅调料 2 小匙，橄榄油少许，蒜 2 瓣，干红辣椒 3 支，水 250 毫升，青菜适量。

制作：

1. 牛肉 1 块切厚片，加入一点盐和 2 匙料酒，用手抓均匀，腌一下。

2. 煮一人份面条，煮熟后捞起冲冷水备用；蒜 2 瓣切片；青菜洗净沥水备用。

3. 不粘锅小火加热，加入一点橄榄油用铲子抹匀，放入作法 3 和 3 支干红辣椒爆香，再加入 2 小匙麻辣香锅调料炒香。

4. 加入步骤 1 两面煎至 5 分熟，加入 250 毫升水滚一下，至牛肉熟了加入作法 2 煮一下。

5. 加入步骤 4 将青菜压入汤中烫一下，烫熟即可关火倒入大碗。

> **小提示：**麻辣香锅调料通常有点咸，所以汤里可以不再加盐。面条烫完冲冷水，面条会比较有弹性，但需要放在汤中煮一下，吃的时候才不会面条中间冷冷的。

原料：

牛腩2000克，毛肚、牛筋各600克，柳松菇120克，冻豆腐1块，空心菜适量，拉面适量，中式牛骨高汤5000毫升；

调料A：碗底油45毫升，蒜仁、青葱各180克；

调料B：花椒粒、姜各60克，八角3粒，白胡椒、大蒜粒各40克，辣椒粉30克，辣椒干10克；

调料C：辣豆瓣油60毫升，冰糖90克；

调料D：盐36克。

制作：

1. 牛腩、毛肚以滚水氽烫过，洗净后切块；牛筋先放入锅中，以滚水预煮20～25分钟取出，待凉后切块；青葱要切段状（葱白与葱绿皆要）备用。

2. 热油锅，先将调味料A放入锅中，接着用余油炒香B后，装入棉布袋内绑紧。

3. 将作法1的牛腩、毛肚与调味料C一起放入作法2的锅中翻炒至香，再连同作法1的牛筋及中式牛骨高汤、盐一起放入快锅中卤煮约20～25分钟。

4. 将拉面、柳松菇、冻豆腐、空心菜以滚水氽烫至熟，捞起放入大碗内，加入作法3的所有汤料即可食用。

麻辣麻酱面

原料：

阳春面300克，蒜仁40克，韭菜2根，花椒20克，豆芽菜、红辣椒粉各60克，沙拉油80毫升，水3000毫升；

调料A：麻酱汁1大匙，蚝油、麻辣油各1茶匙，盐、细砂糖各1/4茶匙，面汤100毫升，鸡精粉少许；

调料B：盐1/2茶匙，水10毫升。

制作：

1. 蒜仁切细末；韭菜切均等长段；花椒泡水刚好淹过即可，约 10 分钟后将水沥干；红辣椒粉用约 10 毫升的水拌湿放置大碗中，备用。

2. 将锅烧热，放入沙拉油及花椒，开小火，加入步骤 1 的花椒炸约 2 分半钟即用滤网捞起，再放入步骤 1 的蒜末炒至金黄色后，将沙拉油及蒜末盛起并倒入步骤 1 的红辣椒粉的大碗中拌匀，再依序加入调味料 A，充分拌匀后即成麻辣酱。

3. 取一汤锅，放入水 3000 毫升，滚开后，先加入 1/2 茶匙的盐，再放入阳春面煮 2 分钟，等再次水滚后捞起摊开备用；再放入韭菜及豆芽菜略烫 5 秒钟后捞起备用。

4. 将步骤 2 的麻辣酱倒入步骤 3 的阳春面搅拌均匀后，再铺上烫过的韭菜及豆芽菜即可。

蒸 凉 面

原料：

大米 500 克，韭菜、豆芽、芹菜、花生、榨菜等各 25 克，酱油、红油辣子、醋、盐、味精、蒜水、花椒、熟油各适量。

制作：

1. 把米泡胀后推磨成粉。

2. 在米粉中加入少许饭米，为其口感可适当加入少许糯米。

3. 在屉笼里铺上一层布，将米浆均匀倒入其中，蒸 5～8 分即可，取出晾冷。

4. 然后，根据食客喜好用刀随意切成窄宽不等的条状。

5. 最后，将酱油、红油辣子（密制）、醋（少许）、盐、味精、蒜水（把蒜剁碎，然后加开水）、花椒、熟油（清油炼制而成，适口味而定，如不要红油辣子，就加熟油）及适量的韭菜、豆芽、芹菜、花生、榨菜等混拌后即可食用。

川味香辣凉面

原料：

熟凉面360克，小黄瓜丝60克，红萝卜丝30克，葱花1茶匙，花生粉、糖、酱油、辣椒油、香醋1大匙，花椒粉1/4茶匙，凉开水3大匙。

制作：

1．将所有调味料加入凉开水搅拌均匀。

2．将熟凉面盛盘，放上小黄瓜丝、红萝卜丝、葱花与花生粉，淋上作法1的酱汁即可食用。

川味牛肉面

原料：

挂面300克，牛腱肉200克，竹笋100克，姜、香葱、豆瓣酱、白砂糖各10克，大蒜5克，料酒8克，辣椒油30克，酱油15克，盐3克，食用油适量。

制作：

1．将牛肉洗净，切成小块；竹笋洗净，也切成小块。

2．锅中加水烧沸，放入牛肉块氽去血水，捞出冲净晾干。

3．姜去皮，用刀背拍散；蒜瓣剥皮切去根部，用刀背拍散。

4．大火烧热炒锅，加入油和牛肉翻炒，用料酒炝锅后，放入白砂糖和酱油，再加入豆瓣酱和红油同炒，之后加入姜、蒜及能没过肉的开水，煮沸后改小火，加锅盖焖3小时。

5．另取一锅加水烧开，下入面条煮至熟，捞出盛入碗中，再捞出炖好的牛肉摆在面条上，淋上适量肉汁即可食用。

> **小提示**：牛肉可用牛腩代替，会更加香醇。川味牛肉面功效：有驱风寒之功能，还可治胃寒、风湿、类风湿等病，有滋阴补肾、强身壮体之功效，其营养价值极高。

红烧牛肉面

原料：

川味红烧牛肉1碗，面条200克，大白菜（或其他青菜）、姜蓉、蒜蓉、香菜、酱油、香醋、糖、花椒粉、油辣子和辣椒油，骨头汤（或开水）等各适量。

制作：

1. 香菜洗净切末；大白菜洗净切小块。

2. 将所有调料放在面碗里，再加入少量骨头汤或者开水搅拌均匀。

3. 烧水，煮大白菜和面条，煮熟后捞起放入步骤2的面碗里，在上面淋上红烧牛肉和红烧牛肉汤，最后在表面撒一把香菜末即可食用。

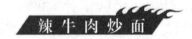

辣牛肉炒面

原料：

牛肉1块（约60克），料酒2匙，盐适量，面条一人份，葱1棵，麻辣香锅调料1.5小匙，熟腰果30克，酱油3匙，橄榄油、水少许，蒜2瓣，白砂糖3小匙，香油1.5匙。

制作：

1. 牛肉切丝，加入2匙料酒和一点盐用手抓匀腌一下。

2. 葱切段，分成葱白和葱绿；蒜剁成蒜蓉。

3. 面条煮熟捞起，冲冷水备用。

4. 不粘锅小火加热，放入一点橄榄油用铲子抹匀，加入葱白和蒜蓉爆香，再加入麻辣香锅调料炒香。

5. 加入步骤1的牛肉丝，煎至差不多熟，放入面条、3匙酱油、白砂糖、熟腰果仁和一点水翻炒均匀。

6. 加入香油1.5匙和葱绿翻炒几下装盘即可。

成都豆花面

原料：

韭菜叶面条 220 克，红苕豆粉 200 克，豆油、红油、花椒面、冬菜末、麻油、大头菜颗、麻酱、酥黄豆、酥花生仁、葱、豆花等各适量。

制作：

1. 石膏豆花先在锅内煨煮，加红苕豆粉使之成糊状备用。

2. 面碗内装豆油、红油、花椒面、冬菜末、麻油、大头菜颗、麻酱、酥黄豆、酥花生仁、葱以及连汤舀入的豆花。

3. 最后盛入煮熟的韭菜叶面条即成。

> **小提示：** 成都豆花面做法操作要领：冲石膏豆花时要先下芡，煮面条要软硬适度。此为成都名小吃店"谭豆花"的代表品种。

喷香燃面

原料：

切面 150 克，碎米芽菜 50 克（不可或缺，提香就靠这个），黄飞红麻辣花生 30 克，鲜榨辣椒油一大匙，香油 4 大匙，酱油 3 大匙，糖、白醋各一小匙，蒜 2 瓣，花椒粉、鸡精、葱花各适量。

制作：

1. 准备好切面 150 克，速冻、鲜的都行。

2. 锅中倒入水，煮开后下面，断生即可，不需煮得太烂，沥干水分后捞出放入盘中，用筷子挑起淋上香油拌匀，避免互相粘连。

3. 黄飞红麻辣花生放到密封袋中，用擀面杖擀碎，不需要太碎成末那种，颗粒的最好。

4. 制作鲜榨辣椒油：（油和辣椒比例为 4∶1），将大蒜压成蒜米，放到一个大点的容器中，同时放入辣椒粉（最好是颗粒大些），再加上白芝麻，锅中放入油，放入 2 颗八角，油烧九成热，明显有白烟冒起，捞出八角分次倒入辣椒碗中，遇油辣椒会膨胀，因此大一点的碗比较不容易溢出。

5. 把调料淋到面上拌匀后，放入芽菜，再加上花生碎即可。如在面上浇一勺炒香的肉臊就是荤燃面，淋上骨汤则成燃汤面。

达川什锦烩面

原料：

面皮若干，什锦面臊、鲜菜叶、胡椒粉、味精、精盐、化猪油、酱油等各适量。

制作：

1. 面皮切成 1.5 厘米见方的片，火旺时下适量鲜汤入锅中，待汤开，将面皮抖散下锅。

2. 待面皮煮至断生时，放入什锦面臊、鲜菜叶及胡椒粉、味精、精盐、化猪油、酱油等调味品定味起锅即成。

华兴街煎蛋面

原料：

鸡蛋 2 个，番茄 1 个，挂面、色拉油适量，盐、鸡精、白胡椒粉各少许。

制作：

1. 鸡蛋调散打匀。

2. 锅中放入色拉油，油热后倒入鸡蛋翻炒，用锅铲捣开。

3. 加水，大火烧，至汤发白为止。

4. 放入挂面，大火煮至面汤浑浊，面熟透。

5. 加入番茄、盐，继续烧一小会儿，至汤显出番茄红为止。

6. 关火，加入鸡精、白胡椒粉出锅。

小提示：先煎蛋，然后加水烧至汤发白，这是关键，否则汤口不鲜。

简阳牌坊面

原料：

搅糖 5500 克，回粉 4300 克，普通面条 500 克，五花猪肉 300 克，母鸡一只约 1250 克，猪骨头 1500 克，化猪油 100 克，净熟冬笋 100 克，水发青菌（鸡松菌）100 克，白酱油 75 克，食盐 25 克，胡椒粉 2.5 克，老姜 100 克，净大葱 150 克，花椒 20 粒。

制作：

1. 锅内加清水，将洗干净的母鸡和猪肉放入水中煮，烧开后捞去浮沫，再将洗净的姜、葱和花椒放入汤锅内同煮，将煮至七成熟的猪肉捞起切成拇甲片，冬笋、青菌也切成指甲片，切好 50 克的葱花待用；母鸡煮软熟后捞起另作他用；锅内的汤准备做臊子和煮面条用。

2. 锅放火上烧热，放入化猪油，炒切好的猪肉，炒干水分后掺汤，再放入切成指甲片的冬笋和青菌、食盐、胡椒面、少量酱油，然后将锅移至小火上慢慢煨约半小时，起锅装盆成为臊子。

3. 取 10 个小碗，放入少量酱油、少量鸡汤和切好的葱花。将面条下入开水锅中煮，待面条煮熟浮起时，分别挑入 10 个小碗内，将臊子浇在面条上即成。

甜 水 面

原料：

中筋面粉适量，豆芽菜若干，生抽 1 整瓶，花椒 1 小撮，桂皮 1 支，香叶 1 片，红糖、籽油、葱、蒜、八角、山奈、草果、豆蔻、冰糖、姜、白芝麻各适量。

制作：

1. 做红糖浆：红糖加水放入锅内小火熬到粘稠。

2. 熬复制酱油：生抽一整瓶，将八角、山奈、花椒、桂皮、香叶、草果、豆蔻等拍碎，冰糖、红糖适量，姜块拍散，一起放入锅中，用小火熬约 30～45 分钟即可起锅装瓶。

3. 熬红油：菜籽油入锅烧热关火，放入葱段、姜片慢炸，油温降下来后开最小火，放入和复制酱油相同的调味料，炸 20 分钟左右，捞出生姜和葱段，放入辣椒粉，撒入 1 把白芝麻，出香味后即可装瓶。

4. 中筋面粉加一撮盐，用冷水和面，饧 1 小时 取出揉光，擀开成 0.6 厘米厚度的片，用刀切开，抓住两头略为抻长，下到沸水里煮到熟即捞起入碗，豆芽煮熟。

5. 放入蒜泥、红油、红糖浆、复制酱油、陈醋调味，撒上一把炒熟的白芝麻 拌入煮熟的豆芽即可。

> **小提示：** 做好的红油不能立刻用，让香料在里面浸泡 24 小时后沥出香料，沉底的辣椒粉也弃去不用，只剩下红油和白芝麻就可以了。

炉 桥 面

原料：

面粉 300 克，酱油、红酱油、红油辣椒、花椒粉、芽菜末、味精、葱花、鲜汤等各适量。

制作：

1. 先将面和好、揉匀，饧一会儿，再将饧好的面团搓成直径 5 厘米的条，扯成每个擀一碗面的剂子，然后擀成圆形薄而匀的薄片。

2. 将薄片对叠成半圆形，用直刀在直线的一边切成面条，但圆边留 1 厘米左右不切断,展开成炉桥形。

3. 入锅煮熟,捞入放有酱油、红酱油、红油辣椒、花椒粉、芽菜末、味精、葱花、鲜汤的碗内即可食用。

原料:

米线 250 克,猪瘦肉 200 克,豌豆苗 100 克,植物油、酱油、醋、熟芝麻、油泼辣椒、花椒粉、盐、清汤、味精各适量。

制作:

1. 米线用沸水泡软;猪瘦肉洗净剁成细末,入油锅炒熟;熟芝麻捣碎。

2. 将酱油、醋、花椒粉、熟芝麻碎、油泼辣椒、味精、清汤、盐同放一个大碗里拌匀,制成料汁备用。

3. 锅中加水煮沸,下入米线煮至八成熟,捞出米线放入装有料汁的汤碗中,将豌豆苗放入沸水锅中略焯,捞出放入米线汤碗中,加入猪瘦肉末拌匀即可食用。

原料:

糯米 500 克,大米 75 克,黑芝麻 70 克,白糖粉 300 克,面粉 50 克,板化油 200 克,白糖及麻酱各适量。

制作:

1. 将糯米、大米混合淘洗干净,浸泡 48 小时,磨前再清洗一次,用适量清水磨成稀浆,装入布袋内,吊干成汤圆面。

2. 将芝麻去杂质,淘洗干净,用小火炒熟、炒香,用擀面杖压成细面,加入糖、面粉、化猪油,揉拌均匀,置于案板上压紧,切成 1.5 厘米见方的块做馅心备用。

3. 将汤圆面加清水适量揉匀,分成 30 坨,分别将小方块馅心包入,成圆球状的汤圆生坯。

4. 将大锅水烧开，放入汤圆后不要大开，待汤圆浮起，点入少许冷水，保持滚而不腾，汤圆翻滚，馅心熟化，皮软即熟。

5. 食用时可随上白糖、麻酱小碟，供蘸食用。

龙井汤圆

原料：

汤圆馅 100 克，糯米粉 250 克，浙江产上等龙井茶 25 克。

制作：

1. 糯米粉适量，用温水调揉匀，和汤圆馅分别包成大小均匀的汤圆。

2. 把茶放入杯中，冲入适量开水泡 2 分钟，将茶汁去掉不用，再适量冲入开水泡好。

3. 锅中放水烧开，汤圆下锅，煮熟，分别捞出放碗中，取适量茶汁浇入即可。

成都芝麻汤圆

原料：

糯米 1000 克，大米 150 克，黑芝麻 100 克，白糖粉 500 克，面粉 100 克，猪油 400 克，白糖及芝麻酱各适量。

制作：

1. 将糯米、大米淘洗干净，提前浸泡 2 天，用适量清水将米粒磨成稀浆，装入布袋内，沥干水分成汤圆面（多余的汤圆面可以掰成小块晒干，可长期保存）。

2. 将芝麻去杂质，淘洗干净，用小火炒熟、炒香，用擀面杖压成细面，加入糖粉、面粉、猪油（熔化），揉拌均匀，置于案板上压紧，切成 1.5 厘米见方的块做馅心，备用。

3. 将汤圆面加清水适量，揉匀成光滑的面团，分成若干剂子，分别将小方块馅心包入，搓成圆球状的汤圆。

4. 将一大锅水烧开，放入汤圆后转中火煮，待汤圆浮起，

放少许冷水，保持滚而不腾，待汤圆翻滚膨胀即熟。

原料：

芋头 1 个，糯米粉 300 克，木薯粉 150 克，猪板油一匙（可有可无），冰糖适量。

制作：

1. 芋头削皮切块，放入压力锅内，加入和芋头平齐的水，同时加入冰糖。

2. 用压力锅煮 10～15 分钟，煮熟后用勺子将芋头搅拌成泥，放凉备用。

3. 糯米粉和木薯粉按 2：1 比例用温水拌匀，没有木薯粉直接用糯米粉也可。

4. 把粉团搓成球形，然后用大手指头插中间，慢慢旋出一个窝，放入芋泥，然后合上，用两只手把芋泥汤圆搓圆了。

5. 锅中加水，烧到 7～8 成热就可以把汤圆下入锅里，一直煮到汤圆漂浮起来，再煮个 5～6 分钟就熟了。

> **小提示：**糯米粉里可以加入适量藕粉或者木薯粉，也可以加入一些葛根粉。加入藕粉是为了有透明感，加葛根粉是更劲道。当然直接就用糯米粉也可以，要温水和面。还可以自制芋头或者芝麻、花生、猪肉馅料等。

南瓜黑芝麻汤圆

原料：

糯米粉 100 克，南瓜泥 115 克，黑芝麻、绵白糖各 40 克，猪油 25 克。

制作：

1. 南瓜切皮洗净，切成小块，放入锅上蒸熟，尽量蒸的软些。

2. 黑芝麻放入小锅里翻炒出香味，炒好后放入料理机，打碎成黑芝麻粉末。

3. 盆里倒入打好的黑芝麻粉末、融化的猪油、绵白糖，搅拌均匀成黑芝麻馅，放入冰箱冷藏20分钟（冷藏后猪油会凝固，这样包的时候馅比较硬不会散，容易包）。

4. 蒸好的南瓜捣成南瓜泥（用料理机打成南瓜泥更细腻），南瓜泥里加入糯米粉（少量多次的加，不需要加水）。

5. 用手慢慢揉成光滑的南瓜面团（盆光、面光、手光，干了加点水，湿了加糯米粉），饧10分钟。

6. 取一块小面团（大约18克），用手按扁，包入黑芝麻馅，收口捏紧，包成汤圆，搓圆，如此下来，依次包好南瓜汤圆。

7. 锅中倒入适量水，烧开后下入汤圆，煮开后转中火，汤圆浮起来后再煮3分钟左右即可出锅。

小提示：没有猪油也可以用色拉油（必须无味），但是色拉油不好凝固，最好用猪油凝固后好搓成芝麻馅。黑芝麻馅也可以换成花生或豆沙馅；蒸好的南瓜含有水分，所以和面时不用加水，如果揉的干了可以添加一点点水，湿了再加一点糯米粉。包好的汤圆如果没有吃完，可以放冰箱冷藏2~3天，也可以冷冻可以保存更久。

酒 酿 汤 圆

原料：

汤圆150克，酒酿200克，细砂糖50克，桂花酱酌量。

制作：

1. 锅中加3碗水煮开，加入酒酿，至汤汁再次滚沸时，加入汤圆。

2. 煮至汤圆浮起，加糖煮融后熄火即成，食用时可酌加2

大匙桂花酱提味。

> **小提示**：酒酿又称为醪糟，是由糯米经过发酵而制成的一种
> 风味食品，深受人们的喜爱，其产热量高，富含碳水化合物、
> 蛋白质、B族维生素、矿物质等,是人体不可缺少的营养成分。

蛋花酒酿圆子

原料：

醪糟1袋（100克），糯米粉少许，鸡蛋1个，枸杞适量。

制作：

1. 糯米粉中加入适量的开水，调和成团备用。

2. 锅中水开后，将糯米团搓成小圆子下入开水中，待圆子飘至水面时，加入醪糟，转中火，加入少量的枸杞。

3. 鸡蛋打入碗中搅拌，开锅后打入蛋花，再次开锅后即可食用。

珍珠圆子

原料：

猪肉（瘦）400克，猪肉（肥）100克，糯米100克，荸荠100克，小葱、姜各15克，味精、胡椒粉、黄酒各5克，盐10克。

制作：

1. 将猪瘦肉剁成蓉，猪肥肉切成黄豆大小的颗粒。

2. 荸荠削皮，切成黄豆大的丁。

3. 糯米淘洗干净，用温水浸泡2小时后捞出沥干。

4. 猪肉蓉放入钵中，加入味精、精盐、葱花、姜末、黄酒、胡椒粉，分三次加入300毫升清水，搅拌上劲，再加入肥肉丁和荸荠丁一道拌匀。

5. 再挤成直径1.6厘米大的肉圆，将肉圆放入装有糯米的

筛内滚动，让每个肉圆均匀粘上糯米。

6. 再逐个地将粘上糯米的肉圆捡放在蒸笼内排放整齐，在旺火沸水锅蒸 15 分钟，取出装盘即成。

醪糟小汤圆

原料：

小汤圆 200 克，醪糟 300 克，鸡蛋 1 个，枸杞 8 克，白糖少许。

制作：

1. 先将鸡蛋打散，枸杞洗净备用。

2. 锅中放入适量水烧开，倒入醪糟煮至再次沸腾，加入汤圆，煮至汤圆浮起。

3. 然后淋入蛋液，撒入枸杞，加入白糖煮至熔化即可。

> **小提示：**当醪糟汤圆煮好后，有些醪糟会散发出冲鼻的酸味，解决的办法是醪糟烧开即可，不宜久煮。

醪糟粉子蛋

原料：

汤圆粉（糯米粉）100 克，鸡蛋 2 个，醪糟 2 汤匙（30 毫升），枸杞 6~8 粒，糖适量。

制作：

1. 将汤圆粉盛入大盆中，倒入 80 克温水和匀，揉成光滑的面团。

2. 锅中倒入 4 碗水烧开，再放入枸杞煮开。

3. 将糯米团分成若干小份，揉成手指粗的细条，再掰成指甲盖大小的块放入水中煮开。

4. 将鸡蛋打入水中煮开。

5. 待粉子煮熟（漂浮起来），放入醪糟搅散、煮开，关火放入糖调味即可食用。

原料：

汤圆粉 500 克，猪油、澄粉各 100 克，植物油、白糖、莲蓉、白芝麻各适量。

制作：

1. 将莲蓉搓条，切成小剂子做成馅。

2. 汤圆粉、猪油、白糖、澄粉放入盆中，加水搅拌均匀，搓至表面光滑，切成小剂子，包入馅，粘上白芝麻做成球形。

3. 锅内放油烧至六成热，把麻团放入锅中，炸至浮起，再用中火炸至金黄色即可食用。

原料：

豌豆 600 克，香菜 50 克，大葱 15 克，姜、冰糖各 3 克，大蒜 25 克，盐 8 克，花椒、味精 2 克，酱油 75 克，辣椒粉 10 克，花生油 150 克。

制作：

1. 将大葱、姜、蒜分别洗净，均切成末备用。

2. 将豌豆磨成粉末，装入桶内，加清水搅成水浆，用纱布过滤去渣，再用细罗筛滤 3 次，将渣除尽，顺着一个方向搅动成涡状，让其沉淀，水清见粉，底层粉凝结后，抽去上层清水，留下中层粉浆盛入另一桶，称为水粉，下面纯白的沉淀粉称为白粉。

3. 锅内倒入水，烧沸后倒入水粉搅匀，再将用温开水稀释搅匀了的白粉倒入，不停地用力搅动，待挑起牵丝，即证明已基本成熟，见锅中间起小泡就算完全熟了，此时，立即舀入瓦钵内，冷却后即成凉粉。

4. 炒锅内倒入花生油，烧至六成热时，放入姜末、花椒、葱末炸香捞出，待油温降到 50℃ 时，加入辣椒面搅匀，即为红油。

5.将冰糖捣碎，放入碗内，加入少许酱油，使其色浓鲜亮，并略带甜味。

6.将凉粉切成薄片装入碗内，分别加入香菜、精盐、蒜末，剩余的酱油、味精，淋上红油，即可食用。

四川凉粉

原料：

粉一汤匙，凉开水一匙，煮开的水 5 匙，糖、陈醋、酱油、蒜蓉、葱花、油辣子等各适量。

制作：

1.一匙子粉加一匙子凉开水搅匀，加入到煮开的 5 匙子的水里快速搅匀。

2.小火煮到冒泡就好了，稍凉就将它倒进饭盒里，放冰箱冷藏到冻结。

3.调料加点糖、陈醋、酱油、蒜蓉、葱花、油辣子，浇在已经切成条的凉粉上即可食用。

成都米凉粉

原料：

籼米 250 克，石灰水、蒜泥各 5 克，豆豉、酱油各 40 克，湿淀粉、豆瓣、芽菜粒各 10 克，味精 2 克，胡椒粉、五香粉各 1 克，芹菜粒 50 克，芝麻油辣椒 20 克。

制作：

1.将籼米淘洗干净，加清水 300 克磨成粉浆。锅置于旺火上，倒入米浆烧开，并不断搅拌，熬至半熟时加入石灰水继续搅动，直至用木棒挑起呈片状，改用小火煮 20 分钟，倒进已放入了少许油的盆内，凝固后即成米凉粉。

2.炒锅置于中火上，放入菜油烧至五成热，再放入用刀剁细的豆豉炒香，加入豆瓣炒香，接着放酱油、味精、胡椒粉、五香粉炒一下，用湿淀粉勾芡，起锅成浆。

3.将米凉粉从盆内翻出，用刀切成1.5厘米见方的块，放入漏勺中在开水中烫热，再倒入碗中，上面放上豆豉酱、红油辣椒、芹菜粒、芽菜粒和蒜泥即可食用。

> **小提示：** 成都凉粉实际上常用于热吃，风味地道，乡情浓郁，柔韧细腻，咸鲜香辣，豆豉味浓。制作时，石灰水不宜过多，过多影响口味，豆豉酱稀稠要适度。

怪味凉粉

原料：

凉粉350克，花生米、红椒各50克，盐3克，豆豉20克，葱、蒜少许，红油适量。

制作：

1.凉粉洗净，切成长条后焯水、装盘；花生米洗净待用；红椒洗净切圈；葱洗净切花；蒜去皮切末。

2.油锅烧热，放入花生米、红椒、豆豉、蒜末炒香，盛入盘中。

3.红油加盐调匀，淋在凉粉上，最后撒上葱花即可食用。

> **小提示：** 花生容易霉变，应晒干后放在低温、干燥处保存。凉粉焯水的时间不可太长，焯水后必须沥水、晾凉。

旋子凉粉

原料：

豌豆粉、白矾、甜红酱油、德阳豆油、醋、红油辣椒、花椒粉、蒜泥各适量。

制作：

1. 将豌豆粉用水调散调稀。另用大锅加水烧沸，加入白矾，然后慢慢将豌豆粉浆倒入沸水锅中，煮至起片，立即倒入盆内，晾凉。

2. 用专用工具将凉后翻出的凉粉旋成丝，装入碗中，分别加入以上各种调料，最后浇上蒜泥即成。

小提示： 豌豆粉浆要慢慢倒入沸水锅中，边倒入边搅拌；凉粉加调料调味时要突出醋味（醋量要多）。

香辣米凉粉

原料：

米凉粉1块，葱、姜、蒜、辣椒、豆豉、辣椒酱、麻辣酱、五香粉、花椒粉、糖、盐、酱油、蚝油、醋等各适量。

制作：

1. 米凉粉切成小方块备用，葱、姜、蒜和辣椒切末。

2. 锅里依次加入葱、姜、蒜、辣椒炒香，再加入豆豉、辣椒酱和麻辣酱（没有的就加老干妈之类的调料）。

3. 微火炒出红油。

4. 倒入切好的凉粉，将凉粉在锅中拌炒均匀。

5. 加入五香粉、花椒粉，再加入少量的糖、酱油以及蚝油，根据咸淡补适量盐，喜辣的还可以加入辣椒面等。

6. 继续小火翻炒，让调味料裹匀凉粉，但不要大火将调料炒苦。

7. 最后撒1把葱花，趁热拌匀即可食用。

麻酱凉粉

原料：

全青豆粉250克，芝麻酱、香油各50克，精盐10克，酱油20克，醋、白糖、豆豉蓉各5克，味精2克，葱花、芽菜各30克。

制作：

1. 选用全青豆粉中的渣块，用五倍于豆粉的清水浸发至透，搅动数下，让其澄清，滗出面上清水，之后再以同样方法进行一遍，以退去豆粉中的霉涩等异味，然后冲入清水1000克，搅匀成白浆状备用。

2. 净锅置火上，倒入搅匀的豆粉浆，并用炒瓢不停搅动，直至沸腾，起锅盛入容器内，让其自然冷却凝固备用；芽菜洗净，切成细粒。

3. 芝麻酱、豆豉蓉盛入碗内，加入香油，再逐一加入精盐、酱油、醋、白糖、味精调匀。食用时，将凉粉切成一厘米见方的条盛入盘中，淋上麻酱味料，撒上芽菜粒和葱花即可。

麻 辣 凉 粉

原料：

凉粉250克，熟蛋白2个，蒜泥、葱花少许，盐、鸡精、酱油、辣椒油、花椒粉、香油、醋等各适量。

制作：

1. 凉粉洗净、切成片放入盘中。

2. 熟蛋白切粒，放在凉粉片上。

3. 将盐、味精、酱油、蒜泥、葱花、辣椒油、花椒粉、香油、醋调成麻辣味汁，淋在蛋白粒、凉粉片上即可食用。

伤 心 凉 粉

原料：

凉粉若干，豆豉、豆瓣、酱油、味精、胡椒粉、五香粉、水豆粉、红油辣椒、醋、蒜泥汁、芹菜花、芽菜粒、花椒粉等各适量。

制作：

1. 炒锅置于火上，将油烧至五成热时，将剁细的豆豉炒至酥香，再加入剁细的豆瓣炒香上色后，放入酱油、味精、胡椒粉、五香粉略炒，再用水豆粉勾荧成卤。

2. 将凉粉切成 2 厘米见方，放入漏瓢，在沸水里烫热，分别盛入碗内。上面浇上豆豉卤、红油辣椒、醋、蒜泥汁，撒上芹菜花、芽菜粒、花椒粉即可。

> **小提示**：伤心凉粉是龙泉驿区洛带镇的特色小吃，很有川西风情。据说是因为吃的人都会被辣得流下眼泪而得名。小米椒威力巨大，让人"一把眼泪一把鼻涕"，"越吃越伤心"。

芹菜拌凉粉

原料：

凉粉 200 克，熟花生仁 30 克，芹菜梗 20 克，熟白芝麻 5 克，盐 2 克，红油、醋各适量。

制作：

1. 凉粉切条状备用；芹菜梗洗净，切粒，放入沸水锅中焯熟后，捞出沥干备用。

2. 将凉粉用盐、红油、醋一起拌匀后，装入碗中，再将熟花生仁、芹菜梗放在凉粉上。

3. 撒上熟白芝麻即可食用。

花生米拌凉粉

原料：

凉粉 400 克，熟花生米 100 克，盐 3 克，味精 1 克，熟芝麻、红油、葱、醋、生抽各适量。

制作：

1. 凉粉洗净、沥干后切厚片；葱洗净切葱花。

2. 将盐、味精、红油、醋和生抽置于同一容器，调成味汁。

3. 将味汁浇在凉粉上，加入花生米、熟芝麻和葱花，拌匀即可。

江安麻辣凉粉

原料：

绿豆粉 200 克，辣椒油、花椒油、酱油、香醋、麻油、姜水、蒜水、鸡精等各适量，白糖少许。

制作：

1. 把绿豆粉和水按 1：6 的比例调开，放到火上加热，不停地搅拌，以免糊底。

2. 大概 5 分钟，锅里的绿豆粉变成啫哩状，搅拌起来比较费劲了，就可以关火了。

3. 接着把凉粉放凉，然后再放进冰箱里冷藏。待凉粉凝结好后，从冰箱取出，扣在菜板上，用刀或者专门的凉粉刮子切（刮）成条状。

4. 接下来就是凉粉调料的配置。将辣椒油、花椒油、酱油、香醋、麻油、白糖、姜水、蒜水、鸡精等和凉粉拌均匀后即可食用。

南充锅盔灌凉粉

原料：

特级面粉 400 克，油、盐、花椒粉、胡椒粉、酱、醋、生姜、蒜水、芫荽、辣椒油、芝麻、凉粉各适量。

制作：

1. 将面粉和匀，扯下一小坨面团，涂抹上油、盐，花椒、辣椒面、芝麻。然后才卷成一个小卷，竖置案板之上，再用擀面杖将面卷从上向下擀，直到擀成一个圆圆的面饼，就摊开在平底锅上烫烤，并不断用一把铁夹翻边烫烤。

2. 待面饼金黄蓬松之时，就揭开平底铁锅，放进肚大口小的桶里一溜儿沿灶膛泥台竖置摆开烘烤，片刻工夫，面饼便烤制得变成了蓬松酥脆的飞碟一般。

3. 用一把小刀沿锅盔边沿切入，理开一道小口，然后将凉粉盛上一碗，放进红油、盐、酱、醋，抖上一点花椒粉、胡椒粉，浇上生姜、蒜水，撒上几丝青翠的芫荽，在土碗里拌得晶莹剔透，鲜红耀眼，然后就从锅盔切出的口子处灌进去，装满锅盔的肚子。此时锅盔灌吃起来：麻、辣、热、脆、香。

冰　粉

原料：

冰粉粉 10 克，开水 750 克，红糖适量（加水调成红糖水）、芝麻、碎果仁各适量。

制作：

1. 将冰粉粉放入开水中搅拌调匀，放凉后放入冰箱冷藏成型。

2. 取适量冰粉，加上红糖水和适量的芝麻、碎果仁拌匀即可食用。

小提示：冰粉是用一种叫冰粉籽的东西制作而成的，冰粉籽是一种叫假酸浆植物的种子，比芝麻略小，做冰粉的时候用纱布将冰粉籽包起来放入干净的水中搓揉，将其汁液搓到水中，因为假酸浆是酸性的，所以会放一些石灰或者牙膏在里面，等其凝固就好了。吃的时候盛一些冰粉在碗里，浇上红糖水和芝麻、花生仁等就可以吃了，晶莹剔透的冰粉吃起来像果冻一般爽滑香甜。但传统冰粉的做法颇为麻烦，最近超市有一种叫"冰粉粉"的袋装食品，用热水一冲就可以做冰粉，十分方便。

麻　辣　粉

原料：

川粉（一定要正宗）、海带、豆腐皮、生菜食材可以自由选择量及品种。干辣椒、花椒、八角、芝麻、葱、香菜等各适量，大骨汤适量。

制作：

1. 把干辣椒、花椒、八角、芝麻用料理机打碎，分别用容器装好。

2. 锅中放入1匙油，烧热后浇在辣椒上，做成辣椒油。

3. 川粉提前用温水泡软，海带最好能单独煮好，把其他所有食材涮熟。

4. 食材摆放在碗里，加上盐、鸡精、胡椒、十三香等调味料。

5. 放入刚才打好的花椒粉、辣椒油。

6. 浇上吊好的大骨汤即可食用。

原料：

红薯粉条150克，小青菜若干，花生、黄豆、葱、姜、蒜、香菜、榨菜、辣椒油、花椒粉、生抽、老抽、醋、盐、色拉油等调料各适量。

制作：

1. 香菜、葱切好备用；蒜和生姜切碎；榨菜切丁。

2. 锅里放1匙油，凉油放入花生不断煸炒。

3. 煸炒至花生颜色变红捞出备用。

4. 锅里留底油，放入黄豆煸炒备用。

5. 红薯粉用凉水浸泡20分钟备用。

6. 锅里放水，烧开后放入泡软的红薯粉，水开后煮1分钟即可。

7. 青菜也放锅里煮一下。

8. 取2匙红油，放入花椒粉、生抽、老抽、醋、盐、蒜蓉、生姜丁制成调料汁，加入高汤，再放入煮好的红薯粉，最后码上花生、酥黄豆、榨菜丁、葱花、香菜和小青菜即可食用。

自制麻辣宽粉

原料：

宽粉条若干，蒜泥（多一点），辣椒、盐各适量。

制作：

1. 首先将宽粉条剪成小段后，用水泡软备用。

2. 将泡好的粉条放入沸水中煮熟，注意不要煮的时间太久，熟了即可。

3. 将辣椒粉、盐、蒜泥放在碗里，用烧熟的滚烫的油浇上去。

4. 最后将碗里的调料倒在已煮熟的粉条上，将其搅拌匀，搅拌的过程中可以少许添加煮粉条的水。

麻 辣 凉 皮

原料：

凉皮2张，香菜2根，盐1/4小匙，陈醋半大匙，辣椒油适量，芝麻酱2小匙，油炸花生、酱油各适量。

制作：

1. 凉皮（没有凉皮，粉皮也可以，用水焯一下）切成宽条，而后用凉开水泡一下待用。

2. 香菜切段；蒜切成末；芝麻酱用温开水调成糊。

3. 根据个人口味在芝麻酱里依次加入白糖、盐、醋、酱油（少许）、鸡粉、芝麻、蒜调匀即可。

4. 把凉皮从清水中捞出，放入盘里，将调好的汁浇到凉皮上，加上豆瓣酱、洒上炸好的花生和香菜即可食用。

肥 肠 米 粉

原料：

肥肠500克，越南米粉200克，八角6颗，郫县豆瓣、茴香、姜等各适量。

制作：

1. 将肥肠过水，卤1~2个小时，把肥肠卤软，有个底味。

2. 油锅放入郫县豆瓣、八角、茴香和姜一起炒香。

3. 加入卤好的肥肠一起炒入味。

4. 锅里再加水或骨头汤，用小火熬至少半个小时。

5. 越南米粉在开水里烫一下捞起，用漏勺垫底，汤勺盛出做好的红汤（此举可避免汤里调料进到米粉汤里）。

6. 加葱、香菜，再加做好入味的肥肠当浇头，烫点蔬菜，调好味道即可。

原料：

红苕粉750克，猪肠、猪肺、猪心、猪骨、葱花、芽菜、酱油、胡椒粉、姜块、花椒、味精、红油、辣椒、川盐各适量。

制作：

1. 将猪肠、猪肺、猪心、猪骨洗净理好，放入开水锅内煮沸，撇去浮沫，转用小火炖，同时放入姜块、葱花、花椒（用布袋装着），待猪杂货炖熟烂后捞起备用。

2. 把这些猪杂货用刀切碎，芽菜剁末，葱切花。取10只碗，分别放入酱油、味精、胡椒粉、川盐、红油辣椒、芽菜末、葱花等调料。

3. 竹漏子内放入适量的各种猪杂，再放适量的粉，在沸汤内烫2分钟，连汤一起倒入有底料的碗内，最后往每碗内挤入花椒水即成。

> **小提示：** 肥肠粉是四川城乡间广为流传的传统名小吃，价廉物美，特点是"麻辣鲜香酸且油而不腻"！素有"天下第一粉"之美名。正宗的肥肠粉选用的是上等红薯粉、菜子油及干红辣椒、花椒等原料，锅汤则是用肥肠、猪骨头等以及多种佐料熬制而成。红油飘香，霉干菜榨菜末星星点点，炒黄豆焦黄浑圆。粉条糯软，卤香细腻，滑爽耐嚼。

顺庆羊肉粉

原料：

大米 300 克，羊头半个、羊肉、骨、猪骨若干，花椒、姜、胡椒粉、盐、味精、胡椒粉、红油、酱油、香菜等各适量。

制作：

1. 大米洗净浸泡推磨成浆，过滤后，经沉淀做成球状粉坨，上笼大火蒸 20 分钟至外熟内生，取出晾凉后捣碎，做成均匀的圆筒形坨，放入米粉机压入开水锅内煮熟，入清水中漂起待用。

2. 羊肉去骨切大块，煮至八成熟。将羊头、骨和猪骨入锅加水烧开，打尽浮沫，加花椒、姜、胡椒粉、羊肉，加盖煮至肉熟，起锅横切成指甲片，装入筲箕内，汤熬白后舀起作原汤。

3. 锅内掺水烧开，放入装有羊肉的筲箕，米粉装入竹漏瓢内，反复提放烫滚，倒入碗中，舀入原汤，放入盐、味精、胡椒粉、红油、酱油，撒上香菜即成。

> **小提示：** 顺庆羊肉粉历史悠久，制作精细，是南充乃至川北名特小吃之一。顺庆羊肉粉是由米粉（以大米制成的熟米粉）和羊肉汤、馅，配上考究的佐料而成，具有三鲜特色（粉鲜、馅鲜、汤鲜），米粉质细、绵软、馅味清香无腥膻，汤色乳白而滚烫。数九寒冬，食一碗羊肉粉可发热冒汗，大有驱寒祛湿之功，故有人喜用食羊肉粉发汗治疗感冒。现在南充除传统的羊肉粉外，还增加了牛肉粉、鸡肉粉、鳝鱼粉、三鲜粉、什锦粉等品种。

绵阳牛肉火锅粉

原料：

米粉 200 克，牛肉 100 克，烟熏笋丁、姜片、葱段、香菜、蒜末各适量。大红袍花椒5粒，牛油、豆瓣辣酱、五香粉各2大匙，醪糟、醋、干辣椒末、胡椒粉各1大匙，高汤3大碗，盐、味精各适量。

制作：

1. 米粉煮软，干辣椒末与部分豆瓣辣酱调匀备用。

2. 牛肉洗净、切小块，放入冷水锅中，加热、氽烫捞出备用。

3. 坐油锅，将牛肉块炒散，加剩余的豆瓣辣酱、烟熏笋丁、盐、胡椒粉、五香粉、高汤、姜片、葱段煮成肉臊子。

4. 重新将油锅烧热，下牛油熬化，放入下剩余材料、调料和适量水煮开，倒入米粉碗中，浇上肉臊子，撒上香菜即可。

> **小提示：** 适量放些香菜进去，不但增香，还能去除杂味，但香菜不宜久烫，否则会影响口感。牛肉要切小一点粒，米粉也要烫透；为保证汤清，最好不要加辣椒油；胡椒粉、盐可按照个人口味来酌量加入。

老成都火锅粉

原料：

标准中宽纯红薯粉条若干，火锅底料1块、特制香辣火锅粉（含香辣豆豉、花椒面、耗油、芝麻油、大头菜粒、芽菜粒调料等）适量，芹菜和葱花少许。

制作：

1. 干的红薯粉冷水下锅，水开后煮10分钟后关火再闷几分钟即可，吃起来口感劲道。

2. 碗里加一块火锅底料、特制香辣火锅粉调料各一大匙。

3. 喜欢吃蒜的可以加点蒜泥，喜欢吃醋的可以加醋。

4. 调好味的碗中再加入鲜汤或开水后，放入微波炉加热30秒左右（以牛油火锅底料融化为准）。

5. 将煮好的粉条加入调味碗中。

6. 最后放进芹菜和葱花后即可食用了。

梓潼片粉

原料：

淀粉 200 克，青菜、韭菜各适量。

制作：

1. 将淀粉稀释成浆，再将青菜汁、韭菜汁中的自然色素与之混合，舀入平底圆形金属锅内荡平，放入沸水锅中摆动数下。

2. 待粉浆凝结成薄膜状，将平锅提出，放入清水冷却，然后起出，平铺在桌上。

3. 照此做法，将做出来的薄膜粉片码 1～3 寸*高，用刀切成宽约 1 寸的长条。

4. 吃时一片一片撕开，薄滑透明，故称片粉。

豆　花

原料：

黄豆 125 克，馓子 100 克，榨菜 1 袋，干黄豆、碎花生、葱花各适量。豆豉酱 3 大匙，辣椒油、花椒油各 2 大匙，葡萄糖内酯、酱油、花椒粉各 1 大匙，盐适量。

制作：

1. 将黄豆用 500 毫升水泡发，再打成豆浆，滤渣后煮开，放凉后，往豆浆内放入葡萄酸内酯，并加少许温水调匀，加盖闷约 10 分钟，即成豆花。

2. 锅置于火上，放入干黄豆以小火炒香；馓子揉段，同辣椒油、花椒油、豆豉酱、酱油、花椒粉、盐及其余材料一起放入豆花中即可食用。

　＊ 寸为非法定计量单位，1 寸≈3.33 厘米。——编者

原料：

盒豆腐 250 克，枸杞子 20 克，醪糟 50 克，白糖 20 克，水淀粉 15 克。

制作：

1. 盒豆腐切成小颗粒状。

2. 锅置于火上，加少许清水烧沸，放入切好的盒豆腐略煮，然后放入少许枸杞子、白糖，然后用水淀粉勾芡，再加入醪糟即成。

> **小提示：** 勾芡宜薄些。

原料：

糯米 500 克，石膏 50 克，红糖 400 克。

制作：

1. 把挑选干净的糯米用葡萄井的水泡上，待能用手将其为捻成末时，滤去水。再在糯米里加进 700 克水，磨成细浆，过箩备用。

2. 把石膏用 200 克水泡上搅挥，再使之沉淀，澄清石膏水待用。

3. 红糖加入少许凉开水研成汁，放入冰箱内冰凉。

4. 将 2000 克井水放入铝锅内烧开，把米浆搅匀，冲入开水（慢慢倒），随冲随搅，直搅到浆熟时，滴入石膏水搅匀，使其凝固，取出一块放入井水内，用手摸时不黏手即可，若黏手可再滴几滴石膏水。

5. 将米糕放入方盘内按平，用冰凉的井水泡上，放入冰箱内。吃时切成小菱形块，浇上红糖汁即可。

白 糖 米 糕

原料：

米粉、白糖、水、酵母各适量。

制作：

1. 取部分米粉用水兑开后，放火上煮成稀糊状。

2. 稍凉后，与剩下的米粉搅匀成厚糊状，可适量再加点冷水。

3. 将提前活化的酵母水倒入，搅拌均匀。

4. 将菊花盏模子抹点油，也可以不抹（抹了更好脱模）。将面糊倒入约1/2高的位置。

5. 发酵涨至与模差不多高时，放入上气的蒸锅里蒸25分钟即可出锅食用。

巴 国 玉 米 糕

原料：

玉米（鲜）500克，玉米面（黄）、小麦面粉各500克，吉士粉10克，泡打粉5克，白砂糖200克，嫩玉米、精米粉、精玉米粉、面粉、吉士粉、奶粉、白糖各适量。

制作：

1. 将嫩玉米粒淘洗干净，放入盆内上笼蒸熟。

2. 取出后微冷，即加入面粉、精米粉、精玉米粉、吉士粉、泡打粉、奶粉、白糖和匀，稍饧发片刻。

3. 用菊花盏装上，再上笼用旺火蒸制而成。

藕 丝 糕

原料：

鲜藕500克，藕粉75克，鸡蛋1个，白糖250克，琼脂、芝麻油各适量，食用红色素、白矾各少许。

制作：

1. 将藕洗净去皮，用刀切成细丝，放入白矾水中浸泡，再放入开水中略烫，起锅晾干。

2. 锅内加清水 1000 克烧沸，放入白糖，下入蛋清，撇净浮杂，放入琼脂熬化。

3. 再放入适量食用红色素调成粉红色的糖水，藕粉调成稀糊状，倒入糖水中搅稠，倒入藕丝和匀。

4. 然后将其倒入抹油了的瓷盘内，放入冰箱冷藏。

5. 凉后用刀切成长约 4 厘米、宽约 2 厘米的小长方块即成。

原料：

年糕 1 块（约 400 克），蒜薹 10 根，辣椒酱、盐、糖、味精等各适量。

制作：

1. 年糕可在超市买，回家切片；蒜薹切丁。

2. 炒锅内放油，加热之后加入辣椒酱煸炒。

3. 倒入年糕，继续煸炒。

4. 加入一小碗水，炖一会儿，焙干水分。

5. 水分焙干后加入蒜薹、少许糖、盐，煸炒片刻，加入味精，出锅装盘即可。

原料：

小米 900 克，糯米 100 克，白糖、红糖、洗沙或汤圆心子、猪油少许。

制作：

1. 小米和糯米以 9 : 1 的比例放在碓窝中捣成米粉，然后用箩筛筛出细粉，再把细粉用火炒熟。

2. 在炒粉的过程中要特别注意火候，火过了，米粉要炒焦；火不够，米粉是生的也不行。炒熟的米粉还得筛过，才能装坛备用。

3. 蒸糕时，用清水洒湿米粉，用蚌壳作勺撮入木做的蒸盒内，然后轻轻地把米粉填满压平，上面再加上点白糖、红糖、洗沙（豆沙）或汤圆心子，还得放一小坨猪油，再盖上木制的笼盖，放在锅里蒸，仅几分钟就可蒸好。蒸蒸糕如同马蹄状，但比马蹄袖珍些，它色泽油亮洁白或白里透红、透黄，刚好一口的大小。

果酱白蜂糕

原料：

籼米 500 克，酵面浆 150 克，蜂蜜 200 克，白糖 100 克，瓜条、桃仁、猪板油各 50 克，红枣 12 颗，芝麻、红绿丝（或橘饼、青梅）各少许，食用红色素、果酱、小苏打粉各适量。

制作：

1. 将籼米洗净，用清水浸泡，磨前再洗净，加适量清水磨成米浆，加入酵面浆，发酵后加入白糖、蜂蜜，最后加入适量的苏打粉和匀成米浆。

2. 红枣洗净、去核，用两颗重叠卷成卷，再切成片；瓜条、桃仁均切成薄片，芝麻用食用红色素染成红色；果酱加入食用红色素备用；板油切细丁，在开水锅中烫好，凉后拌入白糖。

3. 笼内放入 1 块木板，隔开一大一小两部分，在大的一边垫上细纱布，倒入 1/2 米浆，蒸约 20 分钟，再拿下来，抹上一层果浆，再将余下的 1/2 米浆倒入糕上，准备制作第二层。

4. 在米浆上均匀地放上红枣、瓜条、桃仁（红绿丝或青梅片），撒上油丁、红芝麻，入笼蒸约 20 分钟，熟后翻出，撕去底布，翻面，略凉后用刀切成若干个菱形块即成。

椰香白玉糕

原料：

椰浆 1 罐，玉米淀粉 60 克，糖 40 克，水 50 克。

制作：

1. 椰浆加上 50 克水调匀放锅里，小火加热，加入糖搅匀。

2. 玉米淀粉加水化开，慢慢加入到椰浆锅里，边加边搅拌。

3. 小火加热，边加热边搅拌，煮成糊然后离火。

4. 几小时后就会凝结成冻，倒扣出来切块，滚上椰蓉，即可食用。

双色米糕

原料：

大米 500 克，白糖 150 克，大米母浆 100 克，苏打粉、食用红色素各少许。

制作：

1. 将大米浸泡 12 小时，洗净、加清水磨成米浆，再加入母浆发酵，再加入白糖、苏打拌匀。

2. 笼内放 1 块木板，将笼屉隔成两部分，一大一小，在大半边处铺好湿的细白纱布，先倒入米浆 1/2，上笼蒸。

3. 剩余的 1/2 米浆加入食用红色素成为粉红色米浆。待先倒入笼内的米浆蒸 20 分钟后，再将红色米浆倒入笼内蒸 15 分钟，至熟翻出蒸笼，撕去纱布，切成 40 个菱形块，装盘即成。

> **小提示：**苏打粉用量要适当，过量米浆发黄；入笼蒸时要用沸水旺火速蒸。

灯草糕

原料：

搅糖 27.5 千克，回粉 22.5 千克。

制作：

1. 回粉：糯米浸泡后滤干，以砂拌炒，再粉碎成细粉，并用100眼筛子过筛。然后置于专设的湿度较大的环境中吸收水分，成为回粉。

2. 搅糖：搅糖中川白糖占90%、花生油5%、饴糖5%。

3. 糖粉：搅糖与回粉混合，反复滚压，用60眼筛过筛。

4. 装盆：用专用方形锡盆。将糖粉装入锡盆后压紧，并用铜镜走平，再按规格切成块状。

5. 炖精：将糕盆置于热水锅内搭气（需加盖），水温80～90℃，时间10分钟左右。糕体微有热度时倒出，侧置于"气板"上，于锅内再搭气（行语"搭倒气"），水温60～70℃，经5～6分钟后，即起锅冷却。

6. 成型：将糕体两端着红色，静置12小时左右，即可成型。成型时先切成厚约1.5毫米的薄片，后切成方形丝条，即为成品。

黄粑（黄糕粑）

原料：

优质糯米、黏米、黄豆和红糖各适量，笋壳叶、粽子叶、竹叶做包裹（不含任何色素、保鲜剂）用。

制作：

先将洗净的黏米与黄豆打制成混合的米浆，再将糯米洗净，放入传统的木甑中蒸煮到七八成熟。然后将打制好的米浆与蒸好的糯米饭倒入大木盆中再行混合，其间还可加入少量的红糖。在大木盆中几经搅拌，待米浆中的水分被糯米饭完全吸收，便可将糯米饭搓打成一个个雪白的大饭团了。紧接着，便用清洗并煮制好的老笋壳叶或大竹叶将糯米饭团依次捆扎好后放入大木甑中加火蒸煮。

泸 州 猪 儿 粑

原料：

糯米粉 400 克，猪肉末适量，大菜叶、芽菜适量（喜欢吃甜点的可以把馅换成猪油或肥肉炸成的油渣、白糖或冰糖、炒香的花生和芝麻、陈皮、核桃，然后混合宰烂，就是甜甜的猪儿粑了）。

制作：

1. 锅中放油烧至五成熟，放入肉粒煸炒至断生，适量加入味精、盐等调料。喜欢吃大蒜和葱的朋友也可以适量的加点。

2. 放入碎米芽菜炒匀后装碗里备用。

3. 糯米粉里加水揉成团，菜叶子准备好。

4. 把糯米粉和好搓成团，拿出少许，搓成乒乓球样大小的圆形，在中间捏上一个小小的窝，把馅儿放进去，再封口捏好，做成略像小猪形状或椭圆的即可，用菜叶包上，然后把"猪儿粑"放在蒸格里。

5. 水开以后用中火蒸上 15 分钟左右就好了。馅不要放太多，不然不好封口，而且蒸的时候易破。

> **小提示：** 泸州猪儿粑选料考究，制作精细，质量优良，以其糍和而味香、糯软而不粘牙的独特风格，成为泸州名小吃之一。泸州猪儿粑分咸馅、甜馅两种。咸馅以鲜猪肉、冬笋、香葱、味精、精盐等为原料；甜馅以白糖、化边油、桔红、桂花糖或玫瑰糖、芝麻等为原料。包馅的原料，用八成上熟糯米、二成饭米磨浆吊干后的粉子。刚蒸熟的猪儿粑洁白而有光泽，仿佛是煮熟的小猪，故而得名。

叶 儿 粑

原料：

糯米粉 300 克，猪肉粒 100 克，叶儿粑的叶子若干、碎米芽菜适量。

制作：

1. 锅中放入油，烧至五成熟，放入肉粒煸炒至断生。

2. 放入碎米芽菜炒匀后装碗里，成为馅料备用。

3. 糯米粉里加水揉成团，叶儿粑叶子剪成段。

4. 取适量面团在手里捏成碗状。

5. 放进适量馅料，将周边往里收拢，用双手搓成圆球后放在一段叶子上。

6. 全部做完后上沸水蒸锅中，用中大火蒸六分钟即好。

阿坝洋芋糍粑

原料：

土豆、酸菜汤若干，精盐、红油辣椒或蜂蜜、炒黄豆面等各适量。

制作：

1. 先将土豆煮熟，剥皮，然后在专用器具里捶捣成泥、冷却备用。

2. 食用时，将土豆泥切成块状煮入酸菜汤内，再根据口味放入精盐、红油辣椒或伴以蜂蜜、炒黄豆面等，味道鲜美，营养丰富。

小提示： 制作完成的洋芋糍粑具有类似糯米糍粑的弹性和粘性，具有独特的质感。口感与西式快餐中的土豆泥差异明显。洋芋糍粑流行于我国西南部分地区，在四川阿坝，甘肃陇南，陕西商州，贵州贵阳等地均被看做地方特色小吃。各地制作方式大同小异，食用方式多种多样。甘肃、陕西、四川等地常见加入酸菜煮食，酸菜煮洋芋糍粑，贵州常见油炸。

凉　糍　粑

原料：

糯米500克，熟黄豆粉、洗沙馅、白糖、芝麻粉、蜜桂花等各适量。

制作：

1. 将糯米用温水泡3个小时，上笼蒸成粑，在盆内舂蓉成为糍粑，晾冷后分为两份。

2. 先将其中一份置铺有熟黄豆粉的案上，用手压平，约0.5厘米厚，铺上洗沙馅；再将另一份压平，盖在洗沙馅上，撒上白糖、芝麻粉、蜜桂花，切6厘米见方的小块，装小圆盘即成。

小提示：糯米要蒸粑，在蒸的过程中，可洒水2～3次；芝麻要淘洗干净，炒热碾细。熟黄豆面可以自己加工：将黄豆炒熟，磨成细面。

四　川　糍　粑

原料：

糯米粉300克，花生粉100克，细砂糖50克，清水适量、油少许（擦盘子用）。

制作：

1. 把30克细砂糖和糯米粉混合均匀后，一点点倒入清水调匀，调成糯米浆。

2. 用纸巾把盘子擦一层薄油，然后把调匀的糯米浆倒入盘内，放蒸锅上蒸15分钟后，取出稍微放凉。

3. 把花生粉倒入不粘锅里，用小火翻炒5分钟至香，然后盛出加入20克白糖拌匀备用。

4. 把稍微放凉的糯米糕用剪刀剪成小块放在花生粉里，全身裹上花生粉即可盛盘食用。

小提示：花生粉可以在超市买到现成，如果没有的话就把去掉红衣的花生炒熟后打成粉末即可，加水调浆的时候要把糯米粉调成米浆，而不是粉团；在蒸制前把盘子刷一层薄油可以更容易把蒸好的面团取出，蒸好的面团特别黏手，剪刀剪的时候可准备一碗清水在旁边，剪时用剪刀蘸清水就不会粘在剪刀上了。

丹 棱 冻 粑

原料：

籼米、水各适量。

制作：

1. 浸泡：使用地下水浸泡籼米 6～12 小时。

2. 发酵：将籼米磨好浆后，与预留的已发酵好的母浆混合发酵，发酵 12～36 个小时。

3. 蒸粑：将放有冻粑的蒸笼放置于已沸腾开水的容器内，蒸制时间 30～35 分钟。

4. 凉粑：自然冷却至常温后即可食用。

钟 水 饺

原料：

猪腿肉 500 克，饺子皮若干，鸡蛋 1 个，熟芝麻、花生碎、葱、姜、蒜、盐、料酒、香油、醋、红油辣椒、美极鲜酱油等各适量。

制作：

1. 葱、姜切成末。

2. 猪腿肉洗净后剁成肉馅，加入葱姜末、料酒、盐、香油，打 1 个鸡蛋清，朝一个方向搅拌至上劲。

3. 饺子皮放入适量的肉馅，对折成半月，捏合而成。

4. 碗中加适量盐、糖和醋、美极鲜酱油、香油、红油辣椒、压点蒜泥，再加一点点水，搅拌均匀后撒上熟芝麻。

5. 锅中水烧开，保持大火，放入饺子，煮沸后倒一小碗凉水，再次煮沸，重复 3 次，捞出饺子，沥干水分。将饺子放入调好的红油汁里，撒上花生碎和葱花，拌匀即可。

原料：

精面粉 200 克，拌制好的肉馅 100 克，蛋清适量，蛋黄末少许。

制作：

1. 面粉用温水调成面团，揉匀、搓条、摘成剂子。

2. 用擀面杖擀成直径 8 厘米的圆皮，四周涂上蛋清，放上鲜肉馅，将圆皮按五等份向上向中间捏拢成五个角，角上边呈五条边，用小剪刀将五条边剪齐，然后将每条边统一向怀里卷起，卷向中心与第二条边相连时，用蛋清粘牢，共圈成五个小圆孔，将圆孔向外微扩成梅花饺子。

3. 生坯上笼蒸 8 分钟即可，然后把蛋黄末均匀地填入饺子孔中，再复蒸 2 分钟。

红 油 水 饺

原料：

面粉 500 克，瘦猪肉 350 克，盐 10 克，花椒 3 克，花椒面 2 克，白糖 75 克，香油 3 克，红油辣椒、酱油各 150 克，葱白 50 克，姜 15 克，蒜泥 50 克，味精适量。

制作：

1. 面粉加 220 克水，搅匀揉透，搓成圆条，切成 100 个剂子，压扁，擀成直径 5 厘米的薄皮。

2. 猪肉去筋，捶成极细的肉蓉；姜捶蓉（加水）挤汁；花椒开水泡后挤汁；然后将猪肉蓉、花椒面、味精、盐、葱末、姜汁、花椒汁混合搅匀成馅。

3. 将肉馅置面皮内，对折捏成半月牙形的饺子。

4. 锅内水开后下饺子，用汤勺轻轻沿锅边推搅，煮6～7分钟，饺子浮起，皮起皱即熟，用漏勺捞起分盛入20只小碗内，每碗5只，碗内加蒜泥、白糖、香油、红油辣椒、酱油、味精即成。

小提示： 制作红油水饺，关键是掌握好馅味和调料味，如碗内不放红油调料，只加清汤，叫清汤水饺，用鸡汤叫鸡汤水饺。

银芽米饺

原料：

糯米200克，大米300克，绿豆芽、豆油、猪肥瘦肉、川盐、味精、胡椒粉、芝麻油、料酒各适量。

制作：

1. 将糯米、大米混合加入清水，浸泡20小时，洗净，加清水碾成米浆，装入布袋内挤干水分，然后用手揉匀成团，入笼蒸熟，倒在案板上用手揉匀、揉活。

2. 绿豆芽掐去头、根，在锅中微炒，切成0.2厘米长的小段；猪肥瘦肉斩碎，在锅中炒熟后，放入料酒、川盐、豆油微上色，最后起锅拌入银芽、味精、胡椒粉、芝麻油成馅料。

3. 面团搓成条，再摘成40个剂子，用手按扁，擀成圆形的饺皮，包入馅料，包捏成月牙饺，入笼蒸约10分钟即成。如用黄豆芽做馅，即称豆芽米饺。

麻辣茄饺

原料：

长嫩茄子250克，猪肉馅100克，鸡蛋2个，面粉50克，色拉油 750 克，湿淀粉 10 克，川椒、碘盐、味精各 5 克，麻椒面（或花椒面）、红油各 10 克，葱、姜末各 3 克，汤 75 克。

制作：

1. 茄子洗净，去蒂去皮，切面两半，再成夹刀片；川椒也切成段。

2. 肉馅加入盐、味精、葱末、姜末、半个鸡蛋搅均匀后，放入茄夹内，沾面备用。

3. 用剩下的鸡蛋，打入碗内搅成蛋液，再加入面粉搅成全蛋糊；用碗把盐、味精、麻椒面、汤和淀粉兑成汁。

4. 勺内放油烧五六成热，把茄夹拖全蛋糊入油勺炸，呈金黄色后，倒出沥油。

5. 勺内放入底油，烧热后用葱、姜末炝锅，放入川椒段略炒，倒入兑好的汁炒熟后，放入炸好的茄饺，颠翻均匀，加入红油，装盘即好。

> **小提示：**切夹刀片时要深而不透，全蛋糊要干稀适度。

原料：

面粉 500 克，猪肉糜、鸡脚、葱、姜、盐、鸡精、胡椒粉、麻油、酒酿、糖等各适量。

制作：

1. 和好面，做出饺子皮。

2. 做鸡汁冻：a. 鸡脚洗干净，剪掉指甲；b. 将 a 放入高压锅，加水没过鸡脚，再多出少许，放入葱姜，大火烧开后，压 15 分钟左右；c. 等高压锅凉后，拆去鸡骨，加入鸡精、盐，大火继续煮 15 分钟左右，捣烂鸡脚肉；d. 将 c 倒入碗内，放冰箱冷藏，直至鸡汁冻上。

3. 做馅肉：a. 葱姜拍碎，泡在水里做成葱姜水；b. 肉糜加入盐、鸡精、白胡椒粉、麻油、少许酒酿和糖，再分次加入鸡汤及葱姜水，用力朝一个方向搅拌至肉糜吸收水分饱和；c. 将做好的鸡汁冻切碎后加入拌好的肉糜里，再加入少许葱花，拌匀。

4. 包好饺子。

5. 锅内放入少许油，温热后，排放入饺子，饺子周围撒入少许面粉，喷入水在锅中，冲散面粉并没过饺子1/3以上，盖上锅盖，大火将水烧干。

6. 水快烧干时，听到锅内有劈啪的油炸声时，转中小火，慢慢收干水，底部煎得略微金黄时起锅，即可。

> **小提示：** 往锅内撒入面粉，煎出的饺子不会粘锅，避免起锅时粘锅戳破饺子，汤汁流出就可惜了。蘸一点镇江香醋，切几条姜丝放于醋中，可解油腻。

酥 皮 鸡 饺

原料：

嫩鸡脯肉 400 克，冬笋小片少许，盐、蛋清、豆粉、料酒、猪油或无色菜油、葱花、胡椒粉、味精等各适量。

制作：

1. 嫩鸡脯肉切成小片，加盐、蛋清、豆粉、料酒码匀腌渍入味。

2. 然后将其放入温猪油锅内滑熟起锅，加入冬笋小片、葱花、胡椒粉、味精拌成馅。

3. 油水面做成每个重15克的剂子，包入油酥面，擀叠成圆皮。

4. 每个圆皮包入馅心成半圆形，锁好花边，入猪油或无色菜油内炸制即成。

> **小提示：** 制馅时要注意保持鸡肉的鲜嫩；掌握好烹制的火候。

韩　包　子

原料：

特级面粉 450 克（包制 20 个的量），老醉面 50 克，半肥瘦猪肉 400 克，鲜虾仁 150 克，化猪油 15 克，小苏打 5 克，鲜浓鸡汁 150 克，精盐 2 克，酱油 45 克，白糖 25 克，胡椒末 1 克，味精 2 克，叉烧肉、芽菜、火腿、鲜肉、三鲜、香菇、口茉，附油等各适量。

制作：

1. 用老醉面发面，面发好后加少许白糖和化猪油揉匀，使之细嫩松泡。

2. 肉馅取净猪腿肉按肥四瘦六的比例剁成小颗粒，加上剁成蓉的虾仁和酱油、胡椒粉、花椒粉、鸡汁等搅拌而成馅料。

3. 将面团揪 20 个剂子，擀成包子皮，把每个包子皮均匀分配馅料包好。

4. 包子上笼后用大火蒸至皱皮、有弹力时即可食用。

叉　烧　包　子

原料：

猪肉 400 克，盐、甜酱、白糖、化猪油等适量。

制作：

1. 猪肉洗净切成片，入锅煸干水气，放盐、甜酱略炒，再放白糖炒，断生上味，出锅剁成肉粒。

2. 锅内炒好糖汁，再放入肉粒炒匀成馅，待冷却使用。

3. 用上等面粉发面，面发好，放入少许白糖和化猪油揉匀。

4. 将发好的面扯成节子，按扁包入馅心，捏成二粗花放入笼内，用旺火蒸 15 分钟即成。

> **小提示：**此品馅料用的肉，类似简单叉烧肉的制法，故名。

烹饪技巧：馅的放糖量不宜多，以咸鲜略甜为度；蒸时用旺火且不能闪火。

川味麻辣包

原料：

发面面团 300 克；

内馅 A：脆笋丝 400 克，白胡椒粉 16 克，花椒粉 10 克，辣椒末一茶匙；

内馅 B：绞肉 200 克，水 60 克，香油 30 克，细砂糖、盐各 20 克。

制作：

1. 坐锅，热后倒入 3 大匙油，将内馅材料 A 一起炒香，放凉备用。

2. 将内馅材料 B 所包含的所有材料搅拌均匀，至呈黏稠胶状时，再加入步骤 1 里已经加工过的内馅材料 A 拌匀，放入冰箱冷藏。

3. 取发面面团每个 60 克，擀成圆面皮，再取适量冰箱冷藏的馅料包入圆面皮中。

4. 将包好的麻辣包放入水已煮沸的蒸笼，用小火蒸约 10～12 分钟即可食用。

香辣鱿鱼馅饼

原料：

鱿鱼 3 条，面粉 400 克，洋葱 1 个，姜 1 块，蒜 6 瓣，老干妈、郫县豆瓣酱、辣椒面、花生酱、糖、盐、植物油、十三香、麻辣鲜等各适量。

制作：

1. 将鱿鱼洗净，切成 3 厘米长的条。洋葱去皮洗净，切成 1

厘米的丁。老干妈、郫县豆瓣酱及花生酱添加少许水，用榨汁机捣碎，姜和蒜也榨成汁。辣椒用植物油炸成辣椒油。将榨出的酱汁加入糖、盐、姜汁、蒜汁、少许十三香，麻辣鲜和鲜炸出的辣椒油，一起搅拌成香辣鱿鱼馅料备用。

2. 面粉用清水和成面团饧 30 分钟，然后揉成团，擀成薄厚均匀的饼状。

3. 在擀好的大饼上面撒上一些植物油，涂抹均匀，然后再撒上一层面粉。最后从边角卷起，卷成棍状（这样做会使做出的烤饼有层次感）。

4. 一直卷一直卷，直到卷完为止。然后揪成块（每块约有 125 克重），将每个面块擀成小圆饼。将搅拌好的香辣鱿鱼酱包入进去。

5. 烤箱 200℃预热 5 分钟，将包好馅的团子放入烤盘，用手按压成饼状。然后涂抹一层植物油，将烤盘放入，烤 10 分钟，然后转 180℃再烤 10 分钟即可食用。

原料：

菜籽油 250 克，白面粉 750 克，清油、油酥、椒盐、碱面各适量。

制作：

1. 制酥：用菜籽油 250 克下锅烧热，端离炉火，慢慢倒入上白面粉迅速搅拌均匀后，起锅盛入盆内待用。

2. 和面：将余下的白面粉全部倒在盆内；将碱面用 2150 克水化开（六成凉水，四成开水），先倒入 60％的碱水反复和好面，再倒入 25％的温水，搓揉成表面发光的硬面团，再将剩余的碱水洒入，并用拳头在面团上压榨，使碱水渗入面内。然后将面团移在面板上用力搓揉到有韧性时，拉成长条，抹上清油，摘成重约 65 克的面剂 100 个，为防止粘连，每个面剂上可分别抹些油，再逐个搓成约 12 厘米的长条。

3. 制饼：将搓成的长条压扁，再用小擀面杖擀成约 5 厘米宽的面片，逐片抹上 7.5 克油酥、撒上 0.5 克椒盐，右手拎起右边的面头，向外扯一扯，再按三折折起来，每折长约 20 厘米，然后由右向左卷，卷时要用右手指微微往长扯，左手两指撑面片两边往宽拨，边扯边卷成 10 余层，再将剩余面间扯长扯薄，抹上油酥，扭成蜗牛状（一个酥饼须扯约 4 米长）。

4. 上鏊：将面团压成中心稍薄，直径约 7 厘米的小圆饼。在鏊内倒 50 克油，将小圆饼逐个排放在鏊里，鏊下的火力要分布均匀，散在周围。鏊上的火力集中在鏊的中心，这样才能使酥饼的心子提起，使其涨发。约 3 分钟后，拿开上鏊，给酥饼淋 50 克清油，逐个按火色情况调换位置，防止烤焦、再将上鏊盖上，1 分钟后将酥饼翻身调换位置，达到火色均匀，两面酥黄出鏊即可食用。

牛 肉 焦 饼

原料：

面粉 600 克，无筋鲜牛肉 500 克，化牛油少许，醪糟汁、盐、豆瓣、酱油、生花椒粉、姜末、葱花、菜油等各适量。

制作：

1. 用开水将面烫好，和入少许的化牛油揉匀，做成剂子备用。

2. 无筋鲜牛肉斩细，加入醪糟汁、盐、豆瓣、酱油、生花椒粉、姜末拌好以后，再放入葱花调匀成馅。

3. 将面剂微按扁，包入馅心封口，用手掌压成圆饼形。

4. 平锅内烧菜油，将饼坯入锅煎炸至金黄色即成。

小提示：油炸时要掌握好油温。

桔　饼

原料：

鲜桔8000克，川白糖4500克，食油、石灰水适量。

制作：

1. 选料：选用新鲜柑桔，剔除薄皮柑、麻柑及青柑。

2. 制坯：将鲜桔用清水洗净，刨去云皮（外表皮）。用划缝器将鲜桔划成12～16瓣，用手挤压，以去其果汁及果核。

3. 灰漂：将处理好的桔坯倒入浓度为0.2％的石灰水中浸泡一小时左右。

4. 水漂：捞出桔坯沥净石灰液，置于清水缸内，浸泡24小时，其间换水2～3次，再行撩坯。

5. 撩坯：将清水入锅加热，快沸时倒入桔坯，并翻动桔坯，待水沸4～5分钟后即可捞出，入清水再次漂洗。

6. 再压汁：撩坯后的桔坯清漂至冷却后，每次逐个挤压，去余汁及石灰汁。再清漂24小时，再挤压其余汁，即可煮制。

7. 吸锅：将60％浓度的糖液连同桔坯下锅煮制（若果坯较软，则应先下糖液，待煮沸后再下桔坯），先用旺火，待煮制一小时左右改用中火。待果坯呈金红色，不现花点，糖液浓度达到65％左右时，即可滤起置于缸内。

8. 起锅：桔坯经静置蜜渍24小时后（静置时间长短视销售需要而定，可静置一年），即可再行煮制。配制浓度为60％左右的新鲜糖液，待糖液煮沸后再下桔坯，用中火煮制一小时左右。其间可用少量菜油或猪油下锅"散泡子"（即去除杂质）。煮制中糖液因水分蒸发减少时应及时添加，煮至糖液浓度为75％左右时，即可起锅。待稍冷后上糖衣，再经冷却，即为成品。

玻璃烧麦

原料：

猪肉肥瘦相间 400 克，特粉 500 克，小白菜 200 克，蛋清 1 个，盐、酱油、味精、香油、花椒粉等各适量。

制作：

1. 肥肉煮熟切成细粒，瘦肉宰细、放入各类调料拌成馅。

2. 小白菜煮熟剁细，混合拌制成馅。

3. 特粉、清水、蛋清揉匀，擀成烧麦皮，加馅包成小白菜形，上笼蒸熟即成。

> **小提示：**川味玻璃烧麦操作要领：擀皮应起荷叶边状；蒸到中途须适量洒水。

三丝锅盔

原料：

面粉 500 克，三丝 400 克（可根据个人喜欢自由搭配：豆芽、白萝卜、胡萝卜、粉丝、海带丝、莴笋丝……均可），酵母少许，酱油、醋、白糖、盐、味精、油辣子各适量。

制作：

1. 温水加酵母和面，发酵至两倍大后分成小剂子（500 克面粉做 12 个锅盔的分量较为合适）。

2. 取 1 块剂子，搓成长条，压扁。

3. 从面条的一端开始往另一端卷起，卷到头后把尾巴塞到一端里面去。

4. 把卷好的面团竖着放平，也就是把塞了尾巴的那一面放最底下。

5. 用手掌把面团压平，用擀面杖擀开，成为适合的大小形状。

6. 把擀好的面饼表面拍薄薄一层面粉，平底锅不用放油，把面饼烙熟成为白面锅盔。

7. 白面锅盔用刀切开 1/2 圈，成为口袋状，把三丝用酱油、醋、白糖、盐、味精、油辣子等调料拌匀塞进白面锅盔中就可以。

卤肉锅盔

原料：

小麦面粉 500 克，泡打粉 5 克，卤肉（瘦）200 克，花椒粉 2 克，辣椒粉 10 克，盐 5 克，芝麻、白砂糖各 15 克、植物油 25 克。

制作：

1. 面粉加入酵母、泡打粉、白糖、清水揉匀。

2. 把面团下剂，包入油面、压扁、粘上芝麻。

3. 放平锅里烙，翻面再烙，之后放入烤炉内。

4. 烤熟再用刀从中间剖开，取出油面。

5. 卤肉拌成麻辣味，用生菜包上，放入祸魁里面即成。

> **小提示：**四川堪称祸魁王国，祸魁因在历史夺当地炉食之魁而得名，是四川传统特色小吃。四川人发明了夹肉、夹菜法等各种做法及方法。四川祸魁品种繁多，有甜、咸、白味、五香等；从用料上看，则有芝麻、椒盐、葱油、红糖、鲜肉等等；从制作方法看，有包酥、抓酥（抹酥、炒酥）、空心、油旋、混糖等。

锅盔夹大头菜

原料：

四川特产腌制大头菜 1 个，白糖、花椒面、辣椒面各适量。

制作：

1. 将腌制大头菜开片、切丝，切好的大头菜丝加入白糖。

2. 然后再加入花椒面（一定是汉源的花椒经过炒制以后磨得花椒面，这样才又香又麻而且回味不苦）。

3. 加入特香辣椒面。

4. 这 3 种调料加下去以后就可以拌匀了，不加盐是因为大头菜已经腌制过了。

5. 将拌匀以后的大头菜夹到切成两半并加热后的白面锅盔中即可食用。

麻辣韭菜盒

原料：

韭菜盒子面皮 12 个，沙拉油 2 大匙，猪绞肉 560 克，冬粉 2 把，韭菜 320 克，豆干 100 克，姜末 40 克，辣椒粉 1 茶匙，花椒粉 1/2 茶匙，盐、鸡粉各 6 克，细砂糖、胡椒粉各 1/4 茶匙，香油 40 克，酱油、酒各 1 茶匙，太白粉 1 大匙。

制作：

1. 猪绞肉加入腌肉料所有材料拌匀。

2. 冬粉泡水至软切 1 厘米小段；韭菜洗净切 0.5 厘米小段；豆干平刀剖半再切成小丁。

3. 锅烧热，加 1 大匙油，放入步骤 1 的绞肉和豆干丁，再放入辣椒粉、花椒粉和姜末，用中火炒约四分钟盛出装盘，待凉放入冰箱冷藏。

4. 将步骤 2 的韭菜丁加入香油拌匀，再加入冬粉和其余调味料，再拌入步骤 3 混合成馅料。

5. 在面皮上放上步骤 4 约 40 克重的馅料，并用手整形压紧边缘。

6. 锅烧热，加入 1 大匙沙拉油，放入步骤 5 包好的麻辣韭菜盒，转小火将盒子三面平均烙过，最后盖上锅盖焖约 2 分钟即可出锅食用。

菊　花　卷

原料：

精面粉 350 克，酵面 50 克，小苏打适量，蜜樱桃 20 颗。

制作：

1. 将面粉倒在案板上，中间扒个窝，加入酵面，用清水和成团，用湿布盖好，过 2 小时待面发酵后加入小苏打反复揉匀，饧约 10 分钟。

2. 发好的面团揉匀，搓成条，摘成 40 个面剂，放在案板上，用湿布盖好，逐个面剂搓揉，用双手向两端相反的方向搓成像筷子样的细条，再用双手从两头反顺方向卷成两个圆卷，再用筷子在圆卷的腰部捏拢成 4 瓣，再用刀切成 8 瓣的花形。

3. 笼内抹油少许，分别将花卷放入笼内，蒸约 12 分钟至熟，在每个花卷上放上半颗蜜樱桃即成。

> **小提示：** 面团要揉匀饧透，揉至表面光滑不黏手为宜；入笼用沸水旺火速蒸，蒸至表面光滑不粘手即可。

枣　泥　如　意　卷

原料：

糯米、大米各 200 克，桃仁、蜜瓜、猪板化油、蜜枣、白糖各适量。

制作：

1. 蜜枣去核揉蓉；桃仁去皮炸酥切成丁；蜜瓜条切成丁；加入猪板化油少许揉匀成馅。

2. 糯米、大米泡后磨细成浆，吊干水分，入笼蒸熟后揉匀（揉时加白糖），擀成长方形，抹上枣泥馅裹成如意形，切成 2 厘米厚的块，竖立放于盘中即成。

火腿鸡丝卷

原料：

精面粉 500 克，酵面 50 克，熟火腿 75 克，苏打粉、熟猪油各适量，白糖少许。

制作：

1. 将面粉倒在案板上，中间扒个窝，加入清水、酵面揉匀成面团，用湿布盖好，等 2 小时发酵。熟火腿用刀切成细粒。

2. 饧好的面团放入苏打粉、白糖、熟猪油揉匀，用擀面杖擀成 2 厘米厚的长方形面皮，抹上熟猪油，再撒上火腿末，从外向内卷成筒，搓长后再用手按扁，切成长约 13 厘米的段，每段顺切成均匀的丝条，再微拉成约 16 厘米长的一个剂子，入笼蒸约 15 分钟至熟起笼。

3. 蒸好的丝条点心用刀切成 3 段，装盘即成。

油酥蛋卷

原料：

鲜猪腿肉、春卷皮各 500 克，芽菜 250 克，熟菜油 1000 克（实耗 250 克），味精 5 克，葱花 150 克，鸡蛋 150 克。

制作：

1. 猪肉洗净，切成小颗粒，放入油锅内炸酥出锅。加入剁细的芽菜、葱花、味精，拌成馅备用。

2. 用春卷皮包馅，卷裹成筒状，放入七成热的油锅内，将其炸至八成熟后捞出，鸡蛋打散，充分搅拌起泡，蛋卷蘸上蛋液，再入油锅内炸制成熟。

原料：

牛腿肉 300 克，馒头 1 个，西芹 2 棵，香菜 1 棵，李锦记麻辣酱 1 汤匙，葱、姜片、大蒜、新鲜杭椒、新鲜红辣椒、孜然粉以及食用油各适量。

制作：

1. 先将馒头切成大小均等的 2 厘米的见方块。

2. 铁锅内放入适量食用油，开小火，放入馒头块煎制。

3. 随着油温的升高，馒头块表面变得坚挺，色泽由白色向金黄色过渡，继续小火煎制，直到馒头块的每个切面都变成金黄色，用筷子把馒头块沥油夹出。

4. 煎好的馒头块放入盘中备用。

5. 牛腿肉泡在清水里浸泡 10 分钟，用清水冲洗干净。

6. 牛腿肉切成大小 2 厘米左右的见方块，放在碗中，加入 1/2 茶匙食盐、1 汤匙李锦记四川风味麻辣酱、淋入 1 汤匙食用油，用筷子搅拌均匀，放在一边腌制 10 分钟至牛肉入味。

7. 煎馒头剩下的食用油放在火上，倒入腌好的牛肉块，不要翻动，用铲子把牛肉块摊平在锅底，等牛肉块表面变得坚挺，再用铲子翻动牛肉块，一直炒到牛肉块变色六成熟。

8. 炒好的牛肉块连同红油一起倒在盘中。

9. 锅洗干净，重新倒入少量的食用油，葱、姜、蒜切末放入锅中，用小火煸香。

10. 新鲜杭椒和红辣椒用清水洗净，去蒂切成段；将辣椒段放入锅中，炒出香辣味。

11. 炒好的牛肉块倒入锅中，再将煎好的馒头块也放入锅中。

12. 西芹用清水洗净，去掉筋膜，用刀切成段放入锅中，用铲子翻炒均匀，让西芹吸收锅的热气变熟。

13. 撒入适量的孜然粉，将用清水洗净切成段的香菜放入锅中，用铲子翻炒均匀即可出锅。

阆中白糖蒸馍

原料：

精面粉 500 克，白糖 100 克，老酵面 20 克，食碱适量，蜜桂花汁 20 克。

制作：

1. 将面粉 75 克、清水 75 克、老酵面、白糖 20 克搅拌均匀，加盖发酵。夏天约 5 小时，冬天约 12 小时。发至成醪糟味时，即成新鲜酵面。

2. 面粉 400 克、白糖 80 克、清水 100 克、蜜桂花汁与新鲜酵面一起拌和揉匀，加盖静置，至面团内起小蜂窝状有酸味时，按嫩发面投入适量的碱（可按 5000 克嫩发面加 30 克食碱的比例投放），糅合均匀，静置 2 分钟。

3. 将面团揉搓成圆形长条（打上少许干面粉防止粘面板），用刀切成 10 个馒头坯（搓圆），每个中央划上一刀，装入旺火烧沸的笼锅中，约蒸 12 分钟即成。

艾 蒿 饽 饽

原料：

糯米 300 克，大米 200 克，艾蒿 50 克，红砂糖 200 克，白糖 100 克，草碱、菜籽油各少许。

制作：

1. 将两种米洗净合在一起，用清水浸泡 12 小时再洗净，加入清水磨成稀浆，装入布袋吊干水分后，取出放入盆内揉匀，用手扯成块，入笼蒸熟。

2. 艾蒿去根洗净，用沸水煮一下（煮时放草碱少许），捞出挤干水分，倒入石臼里，用力捶成蓉，加入少许水，至艾蒿涨发吸干水分后，放入红砂糖，用木棍搅匀成糊状，放入蒸熟的米粉，加白糖揉匀。

3. 揉匀的艾蒿粉团装入方形的框内，按在案板上（注意抹清油）抹平，晾凉后取出，切成所需的形状。

4. 平锅烧热，放少许油，放入艾蒿饽饽生坯，煎至两面皮脆内烫至熟即成。

> **小提示**：煎制时要用小火，受热要均匀，注意不要煎焦煳。

原料：

面粉 500 克，腊肠少许，酵母、食用油、麻辣粉、食用碱等各适量。

制作：

1. 面粉加酵母和水，和成软硬适度的面团饧发。

2. 麻辣粉是做火烧的调味品，也可以按照自己喜好味道选择调味。

3. 面团发酵过程结束后，在面板上放适量干面粉做垫面，取适量碱面用擀面杖压成细末，揉面团的时候，均匀的加入面团里。

4. 将面团整理长条状，双手各拉面团两端，拎起向空中甩拉、合并再甩拉。

5. 经过多次甩拉合并的面团，放在面板上沾干粉揉匀成长条，再继续进行甩拉过程，次数越多，越能激活面的香味，建议多做几次相同的动作。

6. 甩拉完毕的面团稍微整形后，用手揪大小相当的面剂并揉成长条状。

7. 擀成长牛舌形，将麻辣粉和食用油均匀放在面胚上。

8. 将腊肠切成碎粒，均匀地撒在面胚上。

9. 从面胚的底端一手拉伸面皮一手慢慢卷起。

10. 将卷好的面团树立起来用掌心按压下去。

11. 所有的面胚都卷成面团,用擀杖擀成大小相同的饼胚。

12. 取电饼铛,放入适量油,饼铛热了之后,放入饼胚,合上饼铛盖,大约 2 分钟后,饼皮金黄色即成。

三 合 泥

原料:

糯米 100 克,黄豆、芝麻各 50 克,化猪油、植物油各 50 毫升,白糖 100 克,桃仁、黄豆粉、芝麻各 5 克,蜜饯 2 克,清水 50 毫升。

制作:

1. 将糯米洗干净,用水浸泡 10 分钟;桃仁用水泡软,去掉皮,晾干水分。

2. 植物油烧至七成热,放入桃仁炸酥、起锅、压成碎末。将蜜饯撕成像玉米粒大小的小块。

3. 黄豆、糯米、芝麻分别放入油锅内炒熟,起锅后也压成细末。

4. 另起锅,放入猪油烧至六成热,放入糯米粉炒香,加入清水至收汁,再放入 90 克白糖炒到出油。

5. 接着放入黄豆粉、芝麻粉、碎桃仁、蜜饯块翻炒均匀出油,出香味盛盘即成。食用时可以撒些白糖在三合泥表面。

> **小提示:** 三合泥是四川老名的小吃,口感甜糯,酥香油润,甜而不腻。其主要原料包括三种:糯米、黄豆、芝麻,而且成品为泥状,由此得名三合泥。

蛋烘糕（甜味）

原料:

精粉 500 克,鸡蛋 250 克,白糖 300 克,红糖、密瓜砖、橘饼各 50 克, 蜜樱桃 25 克, 蜜玫瑰 20 克, 熟芝麻、熟花生仁、熟黑桃仁各 50 克,化猪油、酵母面各 50 克,水、苏打粉各适量。

制作:

1. 将面粉放入盆内, 在面中放入用蛋液、白糖 200 克和红糖化成的水, 用手从一个方向搅成稠糊状, 半小时后再放入酵母面与适量的苏打粉。

2. 将花生仁、芝麻、桃仁擀压成面, 与白糖和各种蜜饯(切成细颗粒)拌和均匀, 制成甜馅。

3. 将专用的烘糕锅(或平底锅)放火上, 待锅热后, 将调好的面浆舀入锅中, 用盖盖上烘制。待面中间干后, 放入 1 克猪油, 再放入 4 克调制好的甜馅, 最后用夹子将锅中的糕的一边提起, 将糕夹折成半圆形, 再翻面烤成金黄色即成。

蛋烘糕(咸味)

原料:

精粉 500 克, 鸡蛋 250 克, 白糖 300 克, 猪肥瘦肉 250 克, 化猪油、榨菜各 200 克, 盐、豆油、料酒、味精、胡椒面各适量。

制作:

1. 将肉切成细颗粒; 榨菜洗后也切成细颗粒。

2. 将锅烧热, 下肉炒散, 放入盐、豆油、料酒, 最后放入剁细的榨菜、味精和胡椒面, 稍炒即起锅, 制成咸馅。

3. 面浆与烘制方法与甜馅蛋烘糕相同。

玉 带 酥

原料:

清面粉 500 克, 白糖 200 克, 花生仁、芝麻、核桃仁、熟面粉各 50 克, 熟猪油 275 克, 食用红色素少许, 菜籽油适量。

制作:

1. 将花生仁炒熟去皮, 芝麻洗净炒熟, 核桃仁下油锅炸熟,分别擀成细末，与白糖、熟面粉和匀，再加入熟猪油125克全部和匀，揉成20个馅料。

2. 取面粉250克，加入熟猪油120克揉成油酥面团，余下的250克面粉加入30克熟猪油、90克清水、食用红色素少许揉成油水面团，用红色的油水面团包入油酥面团，按扁，擀成约0.5厘米厚的牛舌形薄面皮，对叠后再擀成约0.6厘米厚的长面皮，由外向内卷成圆筒，稍搓长，用刀切成10段，每段再对剖开，即成20个面段的面剂。

3. 每个面剂刀口朝下压成饼皮，分别放入馅料，收拢封口，向下按成椭圆形的饼坯。

4. 锅内加油烧至三成热，放入饼坯，边炸边用手勺舀油淋饼面，至起酥不浸油时捞出，沥净油即成。

麻辣牛肉饭

原料：

熟牛肉数片，日式腌萝卜适量，剩米饭1碗，麻椒1茶匙，八角1个，干辣椒2个，盐1/2茶匙，辣椒油1汤匙。

制作：

1. 炖好的牛肉或者酱牛肉切片若干，可根据喜好添加。

2. 牛肉切成小粒，腌渍萝卜切成同等大小的小粒。

3. 锅中倒入一汤匙炒菜油，放入麻椒和八角，小火加热。

4. 榨出麻椒的香味后，放入干辣椒和切好的牛肉粒炒香。

5. 放入剩米饭，加热炒散，放入盐、辣椒油一同翻炒。

6. 最后放入切好的腌渍萝卜丁炒匀出锅即可。

麻辣小排烩饭

原料：

牛小排、白饭各300克，洋葱20克，红甜椒、青椒各25克，蒜头1瓣，高汤80毫升，太白粉1小匙，清水2小匙，美极鲜味露、米酒适量，麻辣汁 2 大匙。

制作：

1. 洋葱、红椒、青椒洗净并切成细条状；蒜头用刀背拍碎；用上述调味料调制成太白粉水备用。

2. 牛小排洗净并切成薄片状，以适量的美极鲜味露稍腌一下使其入味。

3. 热油锅，将处理过的牛小排下锅煎至七分熟后起锅备用。

4. 另起油锅，将步骤 1 的材料下锅爆香，加入米酒、麻辣汁、高汤煮滚，再将步骤 3 的牛小排下锅，慢慢倒入太白粉水勾芡，起锅淋在白饭上即可食用。

肉丸豆汤饭

原料：

豌豆 100 克，米饭 1 碗，肉末、豌豆苗或其他青菜适量。

制作：

1. 市场买来豌豆，泡发后用高压锅压一下，做成豆沙。

2. 肉末用水打成馅儿，做成肉丸。

3. 1 碗陈米饭，最好是过夜饭，稍微硬一点。

4. 少油、小火，倒入豌豆炒匀。

5. 加入米饭和 1 碗水或者高汤煮上，喜欢喝汤的可以酌情加多些。

6. 放入肉丸，火不要太大，加入豌豆苗或青菜，最后加点盐调味。

怪味花生

原料：

花生 300 克，白糖 100 克，辣椒粉、花椒粉各 10 克、五香粉 5 克、盐 3 克、味精 2 克。

制作：

1. 花生米炸熟，然后去皮。

2. 净锅加白糖及少量水，先用小火熬，然后转大火（这个过程很快），待水分蒸发，加入所有调味料，翻动几下，火小点别弄糊了。倒入花生滚粘上调味料（这个速度要快，冷就凝结了，粘不上）出锅，冷却就可以吃了。

> **小提示：** 调味料多少依个人口味，不必太严格。主料换成腰果、蚕豆什么也可以，需要先炸熟。

怪味麻辣小花生

原料：

花生 200 克，胡萝卜 1 根，青椒、八角各 1 个，香叶 1 片，姜 2 片，桂皮 1 个，盐 0.5 匙，豆瓣辣椒酱 1 匙，五香粉、孜然粉各 1/4 小匙，芝麻、花椒、茴香各适量，味精 1/2 小匙，陈醋 2 匙。

制作：

1. 煮之前，将花生湿泡 10 分钟，而后连同水一起倒入锅内。

2. 在水里按量加入八角、花椒、茴香、香叶、盐、姜、桂皮，煮 30 分钟。

3. 快熟时，加入切好的胡萝卜丁即可。

4. 花生取出后加入其他调味料拌匀即可食用。

怪味花生仁

原料：

花生仁 125 克，玉米粉 75 克，鸡蛋清 25 克，色拉油、白糖、盐、辣椒粉、胡椒粉、花椒粉等各适量。

制作：

1. 花生仁用沸水冲泡、去皮，放入盆内，加入盐、胡椒粉腌拌入味。

2.将鸡蛋清和玉米粉搅拌成蛋糊，放入腌过的花生仁拌匀。

3.坐锅放入色拉油，烧至三成热时，将花生仁逐个放入油内，炸至呈金黄色时捞出。

4.净锅内加入25克凉水，倒入白糖，用铲子翻炒至糖起泡时，将炸好的花生仁投入翻炒，撒上胡椒粉、花椒粉和辣椒粉拌匀，盛入盘中即可。

原料：

干蚕豆200克，色拉油、甜面酱、芝麻酱、白糖、盐、醋、辣椒面、五香粉、花椒面等各适量。

制作：

1.干蚕豆放入盆中，加盐、五香粉和足量的水，泡一个晚上（约10小时）后取出，沥干水分备用。

2.将泡好的蚕豆放入微波炉中，烤至蚕豆酥脆后取出。

3.坐锅放入色拉油，放入白糖，炒至糖化并冒小泡时，加入醋、甜面酱、芝麻酱继续炒，至冒大泡时放入辣椒面、花椒面、蚕豆，将锅里食材翻转均匀，端离火口，继续用筷子不停地搅拌翻动，至蚕豆裹匀调味品，汁变凝固时即可。

原料：

花生300克，油100克，干红辣椒100克，盐20克，五香粉10克。

制作：

1.将花生米放在开水中泡一下后取出，剥去外皮。

2.锅内倒油烧热，放入花生米炸酥，然后取出来冷却。

3.锅内留油，放入干红辣椒炸酥，取出冷却。

4. 五香粉、炸好的干红辣椒、盐放在一起拌均匀，再放入花生米中一同拌匀即可。

油炸里脊

原料：

猪里脊肉 300 克，淀粉 60 克，鸡蛋 1 枚，油 150 克，盐、鸡精各少许。

制作：

1. 里脊肉切成 1 厘米宽、2 厘米长的薄片或者长条。

2. 将蛋清中加进淀粉、盐和鸡精搅匀成糊。

3. 把里脊放进糊里挂上薄薄的一层糊，注意别蘸太多，里头的肉不容易熟。

4. 油锅烧至九成热的时候，将里脊片（或者条）逐一放到油里炸，炸成金黄色，装盘即可。

> **小提示：** 喜欢的话可以撒点现成的花椒盐（超市有卖的）或蘸番茄酱吃，味道更佳。

烤五香里脊肉

原料：

猪里脊肉 400 克，五香粉、酱油、盐、味精、料酒、糖、花生油各适量。

制作：

1. 将里脊肉洗净，切成 1.5 厘米见方的方块。

2. 把肉块放入碗内加入五香粉、酱油、盐、味精、料酒、糖、花生油腌渍 15 分钟取出，数量均匀地用竹签穿成肉串。

3. 把肉串放到烤盘内，放入烤箱，用慢火翻转烤制成熟即可。

小提示：处理里脊肉时，一定要先除去连在肉上的筋和膜，否则不但不好切，吃起来口感也不佳；猪肉要斜切，可使其不破碎，吃起来又不塞牙；猪肉不宜长时间泡水，也莫用热水清洗，因猪肉中含有一种肌溶蛋白的物质，在15摄氏度以上的水中易溶解，若用热水浸泡会散失很多营养，口味也欠佳。另外，烤制中可以把剩余的调味料汁反复地刷在肉块上，增强入味和色泽。

孜 然 烤 肠

原料：

红肠若干，蒜蓉辣酱、黑胡椒、孜然、花生油各适量。

制作：

1. 先调酱料。取适量蒜蓉辣酱，加入黑胡椒和花生油，搅拌均匀备用。可根据个人口味和蒜蓉辣酱的口味，再加入适量的干辣椒粉和盐；黑胡椒建议多加一些，这样做出来的孜然烤肠味道更好。

2. 用食用刷子蘸调和好的酱料，均匀涂于红肠。红肠可以用刀在四周切口，更利于入味。

3. 烤箱先预热5分钟左右约200℃时再使用，将刷好酱料的红肠置入中间层，烤制20分钟左右即可。出炉前5分钟再将肠上均匀撒上孜然粒，再少刷一点花生油即可，中途可根据个人口味轻重，再刷一次酱料。

成都美食卤肉

原料：

主料：卤五花肉切碎备用（将五花肉焯水后切大块，加入卤水和香料，小火卤煮2小时，即成卤五花肉），配菜有西兰花、卤鸡蛋、卤藕、大蒜等各少许。

制作：

1. 西兰花需洗净掰成小朵；卤藕切丁；大蒜切碎备用；还需要准备洋葱碎和葱油。

2. 锅中加少许油，油热后放入西兰花，加2～3匙热水（淋少许热水，菜易熟，口感还嫩）和少许盐炒熟；炒好的西兰花用小盘装好，放在电饭煲蒸好的米饭上，可以保温。

3. 锅子里加入葱油，油热后下入洋葱碎。中小火煎炸。洋葱变成浅黄或金黄色即可关火，并将锅子拿开，用滤网将洋葱捞起（滤去多余油），平摊在盘子里，晾凉备用。滤去油、平摊、晾凉，炸好的洋葱才会酥。酥香的葱油酥是卤肉饭不可少的一味配料。

4. 接着将卤藕丁下入锅中，加入大蒜末，翻炒2～3分钟即可。卤好的藕，本身味道足够，只加点大蒜提味就好。

5. 卤肉末下入锅中，加入3～4勺卤水汁，加热，煮开即可。

6. 将卤肉末和卤汁浇在蒸好的米饭上，撒上葱油酥，配上大蒜卤藕丁、清炒西兰花、卤鸡蛋，"卤肉饭"即可食用了。

达县灯影牛肉

原料：

黄牛后腿部净瘦肉适量，盐、生姜、花椒少许，糟汁、五香粉、白糖、辣椒面、花椒面、味精、熟芝麻油等各适量。

制作：

1. 选黄牛后腿部净瘦肉，需要不沾生水，除去筋膜，修节整齐，片成极薄的大张肉片。

2. 将肉片抹上炒热磨细的盐，卷成圆筒，放在竹筲箕内，置通风处晾去血水。

3. 取晾好的牛肉片铺在竹筲箕背面，置木炭火上烤干水气，入笼屉蒸半小时，再用刀将肉切成长一寸五、宽一寸的片子，重新入笼蒸半小时，取出晾冷。

4. 菜油烧熟，加入生姜和花椒少许，油锅挪离火口。10 分钟后，把渍锅再置火上，捞去生姜、花椒。然后将牛肉片上均匀抹上糟汁下油锅炸，边炸边用铲轻轻搅动，待牛肉片炸透，即将油锅挪离火口，捞出牛肉片。

5. 锅内留熟油，置火上，放入五香粉、白糖、辣椒面、花椒面，再放入牛肉片炒匀起锅，加味精、熟芝麻油，调拌均匀，晾冷即成。

涮 牛 肚

原料：

熟牛百叶 500 克，辣椒油、韭菜花酱、豆腐乳、白糖、芝麻油、味极鲜酱油、芝麻酱各适量。工具：细竹签。

制作：

1. 百叶逐张用刀片下来，备用。

2. 将逐张片好的牛百叶改刀为小片，以利于穿竹签上。

3. 细竹签洗净之后，将切好的百叶逐个穿上竹签备用。

4. 芝麻酱蘸料制作：取 1 份芝麻酱，加入凉开水搅拌均匀，先加入凉开水拌匀，然后加入韭菜花酱、豆腐乳、白糖、芝麻油和味极鲜酱油。调拌均匀便成为涮牛肚的蘸料。

5. 另准备一碟辣椒油；用骨头煮一锅原味骨头汤备用。

6. 将穿好的肚串放入锅内涮，涮 1～2 分钟即可。

二 姐 兔 丁

原料：

去皮仔兔 1000 克，盐炒花生仁 50 克，郫县豆瓣酱 30 克，豆豉 20 克，大葱 10 克，盐 4 克，味精 2 克，白糖 8 克，香油 3克，花椒面 5 克，辣椒油 100 克，酱油 10 克。

制作：

1. 仔兔洗净，放入锅内加清水煮至七成熟，关掉火，用原汤，盖上锅盖趁热浸泡约20分钟后捞起，将兔肉切成5厘米见方的丁；大葱切成丁；盐炒花生仁去皮。

2. 锅内放油，用小火把郫县豆瓣酱炒香，倒入碗中；将豆豉剁细，再加油在小火上炒香，也倒入碗中。

3. 将兔丁放入大碗中，加入炒香的郫县豆瓣酱油和豆豉油、盐、味精、白糖、花椒面、辣椒油、酱油、香油、葱丁和花生仁拌匀，倒入盘中即成。

> **小提示：**此菜佐料需要好中选优。特别是海椒，一定要选用成都二筋条和朝天椒；花椒选用汉源优质料料；酱油、豆豉、花生、芝麻都要采用最佳原料。

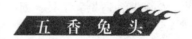

五香兔头

原料：

兔头5000克，大葱250克，姜50克，桂皮10克，八角5克，酱油500克，盐25克，白砂糖、料酒各250克。

制作：

1. 将兔头入沸水氽后洗净，放入大锅。

2. 将大葱、姜、桂皮、八角、酱油、盐、白砂糖、料酒一起下锅，加水至浸没，旺火烧滚。

3. 再用中火煮至酥时出锅，根据需要装盘。

4. 食时根据各人爱好外带所需的佐料。

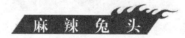

麻辣兔头

原料：

兔头1个，豆瓣酱1大匙，辣椒粉两大匙（可依个人喜好增减），花椒粉1大匙，卤水适量。

制作：

1. 将兔头整理干净后，放入卤水中卤制约半小时至软，捞出装盘备用。

2. 锅中留约 1 汤匙卤水烧沸，放入豆瓣，改微火略炒。

3. 再下辣椒、花椒粉炒约半分钟，放入兔头不停翻炒。

4. 炒至卤汁干时起锅装盘即可食用。

钵　钵　鸡

原料：

鸡腿 1 只，黄瓜半根，藕 1 小段，鹌鹑蛋 12 个，红甜椒半个，辣椒油 4 汤匙（60 毫升），生抽、糖、香油各 1 汤匙（15 毫升），花椒油 2 茶匙（10 毫升），盐适量，鸡精少量，葱、姜各 15 克，竹签若干。

制作：

1. 锅中放入适量清水，放入葱段、姜片和鸡腿煮大约 10 分钟，用筷子插入鸡腿没有血水了即可，捞出鸡腿放进冷水中过一下，捞出沥干，将鸡腿肉拆下来，切成片待用。煮鸡腿的水不要倒掉，去除姜葱，过滤以后待用。

2. 藕洗净去皮，切成薄片，切得尽量薄一些，然后放入沸水中煮断生，稍煮就好，不要煮久了，不然口感不脆，然后捞出浸入冷水中待用。

3. 黄瓜斜切成薄片，切得尽量薄一些；甜椒去蒂去筋切成小块。

4. 锅中放入适量水烧开，放入鹌鹑蛋煮 5 分钟，然后捞出浸入冷水中（这样便于剥壳），剥去蛋壳待用。

5. 将黄瓜片、甜椒、藕片、鸡肉片、鹌鹑蛋依次用竹签串好。

6. 取一个深一些的大盆，将鸡汤倒入，鸡汤的量以能没过什锦鸡串为准，然后将辣椒油、生抽、花椒油、香油盐、糖、鸡精调匀，味道可以根据自己的口味调整，然后将做好的什锦鸡串放入，浸泡 10 分钟以上即可食用。

图书在版编目（CIP）数据

新编川菜大全/董惠敏编著 . —北京：农村读物
出版社，2015.8
ISBN 978-7-5048-5758-3

Ⅰ . ①新… Ⅱ . ①董… Ⅲ . ①川菜－菜谱 Ⅳ .
①TS927.182.71

中国版本图书馆 CIP 数据核字（2015）第 126401 号

编　　著　董惠敏
参编人员　中　柏　韩　准　志　光　惠　平
　　　　　龙　泉　金　蕾　秋　玲　孙　鹏
　　　　　梅艳娜　王雪蕾　侯熙良　常方喜
　　　　　孙　燕　彭　利　徐正全　刘继灵
　　　　　郑希凤

中国农业出版社出版
（北京市朝阳区麦子店街 18 号楼）
（邮政编码 100125）
责任编辑　程　燕　育向荣
————————————
中国农业出版社印刷厂印刷　　新华书店北京发行所发行
2015 年 8 月第 1 版　　2015 年 8 月北京第 1 次印刷
————————————
开本：850mm×1168mm 1/32　　印张：11.5
字数：280 千字
定价：25.00 元
（凡本版图书出现印刷、装订错误，请向出版社发行部调换）